高等学校自动化类专业系列教材

自动控制原理实验教程

林　华　侯　叶　李建文
张菊香　白小平　编著

西安电子科技大学出版社

内 容 简 介

本书作为“自动控制原理”课程实践性教学的教材，较全面地涵盖了经典控制理论知识的重点和难点。本书所编排的实验章节内容与“自动控制原理”教材的课程内容相对应，共5章，分别为自动控制的基础理论、线性系统时域分析、线性系统频域分析、线性系统的校正与设计、非线性系统分析及线性系统的状态反馈，并按照自动控制原理知识体系精心设计了20个实验项目。

本书内容紧密配合理论教学，覆盖线性系统的时域分析法、根轨迹法、频域分析法和校正设计以及非线性控制系统分析等主要知识点，既可帮助学生加深对理论知识点的理解，又可培养学生的基本操作技能。

本书可作为高等学校自动化、电气自动化、机械制造及其自动化及相关专业“自动控制原理”课程的实验教材，也可作为理论学习的补充教材，还可供自学“自动控制原理”课程的科技人员及工程技术人员使用。

图书在版编目(CIP)数据

自动控制原理实验教程/林华等主编. —西安：西安电子科技大学出版社，2020.9
ISBN 978-7-5606-5782-0

Ⅰ. ① 自…　Ⅱ. ① 林…　Ⅲ. ① 自动控制理论—实验—高等学校—教材
Ⅳ. ① TP13-33

中国版本图书馆 CIP 数据核字(2020)第134695号

策划编辑　刘小莉
责任编辑　王　艳　雷鸿俊
出版发行　西安电子科技大学出版社(西安市太白南路2号)
电　　话　(029)88242885　88201467　　邮　　编　710071
网　　址　www.xduph.com　　电子邮箱　xdupfxb001@163.com
经　　销　新华书店
印刷单位　陕西精工印务有限公司
版　　次　2020年9月第1版　2020年9月第1次印刷
开　　本　787毫米×1092毫米　1/16　印张 10.5
字　　数　245千字
印　　数　1～2000册
定　　价　28.00元
ISBN 978-7-5606-5782-0/TP

XDUP 6084001-1

*****如有印装问题可调换*****

前　　言

“自动控制原理”是一门理论性和工程应用性都很强的专业基础课，而实验教学是使学生牢固掌握系统基本理论，综合应用所学知识，提高分析问题、解决问题的能力，培养创新能力的重要环节。本实验课就是为了使学生能更好地掌握所学知识而开设的，其目的及任务是使学生巩固和深入理解所学的理论知识，通过实验更好地掌握基本控制理论和控制系统的组成，以提高学生的动手能力、分析问题和解决问题的能力。

本实验教程是“自动控制原理”课程的配套教材，结合“爱迪克(AEDK)自动控制原理实验系统”装置，精心设计了20个控制理论基础实验，基本涵盖了自动控制原理的主要知识单元，同时也兼顾了“自动控制原理实验”作为一门独立课程在知识上的独立性和完整性。本书主要内容包括基础知识、实验基本理论和方法，每个实验前均有该实验涉及的相关理论知识的归纳总结，尽可能地帮助读者加深对理论知识的应用理解，加强对实验过程的理解，以提高学生分析问题和解决问题的能力。

本实验教程分为以下几个模块：

(1) 线性系统时域分析模块：主要包含控制系统的数学建模、典型环节的基本构成和主要参数、以二阶系统为重点分析控制系统的性能指标与系统结构参数之间的关系、高阶系统的根轨迹分析法。

(2) 线性系统频域分析模块：主要包含线性系统频域特性与系统传递函数之间的关系，并以二阶系统为重点，推导出系统性能指标与频率特性参数的关系，以及开环频率特性与闭环频率特性、开环对数频率特性、伯德图和奈奎斯特图的绘制及应用。

(3) 线性系统的校正模块：主要包括相位超前网络、相位滞后网络、相位滞后-超前网络各自的校正原理、方法、适用场合、元器件参数选择等，同时还介绍了反馈校正和前馈校正。

(4) 非线性系统分析模块：主要包括非线性典型环节的构成和特点、相平面法、描述函数法和状态极点配置。

由于“自动控制原理”课程的教材很多，为了方便读者查阅，本书中的基础理论部分对其他教材进行了总结和引用，略去了部分推导和证明，力求避免繁冗。

本书在编写过程中得到了许多专家、教授、老师的指导和帮助，特别是沈耀忠教授在总体策划、内容编排中提出了许多建设性意见，并不顾年老体迈，承担了内容审核工作，在此一并向诸位老师表示深深的谢意，感谢一路有你们的陪伴！

本书编者结合自己的教学实践经验，希望能在树立理论联系实际的科学观点，启发读者的创新意识和创新思维潜力方面，编写一本具有一些特点的、实用的实验教科书，但自觉这个愿望没有很好地实现。对于本书中存在的不妥之处，恳请广大专家和读者不吝指正。

编　者

2020年4月

目　录

第 1 章　自动控制的基础理论

本章主要是将古典(也称经典)控制理论中，涉及实验的基本理论、重点和难点知识加以总结和归纳，方便读者在做实验预习时查阅。本章对所做的总结和引用略去了推导过程和相应的证明过程，以避免繁琐。

1.1　控制系统的一般概念

1.1.1　自动控制系统中的术语

自动控制系统中有一些术语，现介绍如下。

自动控制：在没有人员参与的情况下，利用控制装置使被控对象或过程自动地按预定规律运行，例如炉温控制系统、数控机床等。

自动控制系统：能够对被控对象的工作状态进行自动控制的系统，一般由控制器和控制对象组成。

被控对象：被控设备和物体，或者被控过程，如化学过程或经济过程等。

被控量：被控对象的输出量。

系统：能按设计要求完成一定任务的一些元件或部件的有机组合。

扰动：对系统的输出产生不利影响的信号。如果扰动产生在系统内部，则称为内扰；如果扰动产生在系统外部，则称为外扰。外扰可以看作系统的输入量。

1.1.2　开环控制系统、闭环控制系统和复合控制系统

自动控制系统的种类很多，应用范围也很广，其结构、性能和控制方式也不尽相同。自动控制系统按控制方式可分为以下三种。

1. 开环控制系统

如果系统的输出量与输入量之间不存在反馈通道，即控制系统的输出量对系统没有控制作用，则这种系统称为开环控制系统。在开环控制系统中，不需要对输出量进行测量，也不需要将输出量反馈到系统输入端与输入量进行比较，如图 1-1 所示。

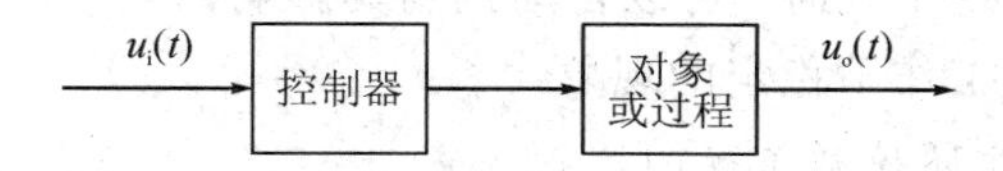

图 1-1　开环控制系统结构示意图

例如，全自动洗衣机就是一个开环控制系统。浸泡、洗涤、漂清等过程，在洗衣机中是

依次进行的，在洗涤过程中，不需要对其输出信号，即衣服的清洁程度进行检测。

在任何开环控制系统中，系统的输出量都不会与参考输入量进行比较。因此，对应于每一个参考输入量，便有一个相应的固定工作状态与之对应。由于系统的控制精度决定于校准的精度，因此为了满足实际应用的需要，开环控制系统必须精确地予以校准，并且在工作过程中保持这种校准值不发生变化。如果出现扰动，开环控制系统就不能完成既定的控制任务，所以只有输入量与输出量之间的关系已知，并且不存在内扰和外扰的情况下，才可以采用开环控制系统。

实际中凡是沿着时间坐标轴单向运行的任何系统，都是开环控制系统。例如，采用时基信号控制的交通管制系统就是一个开环控制系统。

2. 闭环控制系统

如果系统的输出量与输入量之间存在反馈通道，即系统输出量直接或间接地反馈到系统的输入端，形成闭环，并对系统有控制作用，这种系统称为闭环控制系统，如图 1－2 所示。

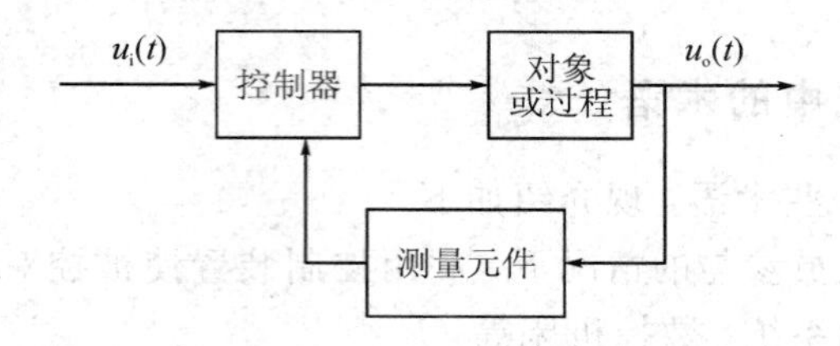

图 1－2 闭环控制系统结构示意图

1）闭环控制系统的基本组成

闭环控制系统的基本组成包括以下几部分：

（1）控制对象：被控制的设备或过程。

（2）执行机构：直接作用于控制对象。

（3）检测装置：用来检测被控量，并将其转换成与输入量相同的物理量的中间环节，一般指传感器、敏感元件等。

（4）给定环节：设定被控量的给定值。

（5）比较环节：将所测的被控量与输入量进行比较，确定两者之间的偏差量。

2）闭环控制系统的特点

闭环控制系统使用元件较多且结构复杂，有反馈作用。如果系统参数配置不合适，系统调节过程的性能指标会变得很差，甚至可能出现发散或等幅振荡等不稳定现象。只有按负反馈原理组成的闭环控制系统才能实现自动控制，且它具有如下特点：

（1）控制系统的输出量对控制作用有直接影响；

（2）控制系统中有反馈环节，并应用反馈减小误差；

（3）当控制系统中出现干扰时，可以自动减弱其影响；

（4）系统可能会出现工作不稳定的现象。

3）闭环控制系统与开环控制系统的比较

闭环控制系统具有偏差控制能力，可以抑制内扰和外扰对被控制量产生的影响，且其控制精度高、系统结构复杂，工程设计和分析比较复杂。

开环控制系统只有顺向作用，没有反向的联系，也没有修正偏差的能力，抗扰动性较差。因此，开环控制系统结构简单、调整方便、成本低、工作稳定性好，但它不具备自动修正被控输出量变差的能力，所以控制精度低。在精度要求不高或扰动影响较小的情况下，这种控制方式有一定的实用价值。

3. 复合控制系统

复合控制系统是将按偏差控制与按扰动控制结合起来，对于主要扰动采用适当补偿手段实现扰动控制；同时，再组成反馈控制系统实现按偏差控制，以消除其余扰动产生的偏差。复合控制系统如图 1－3 所示。

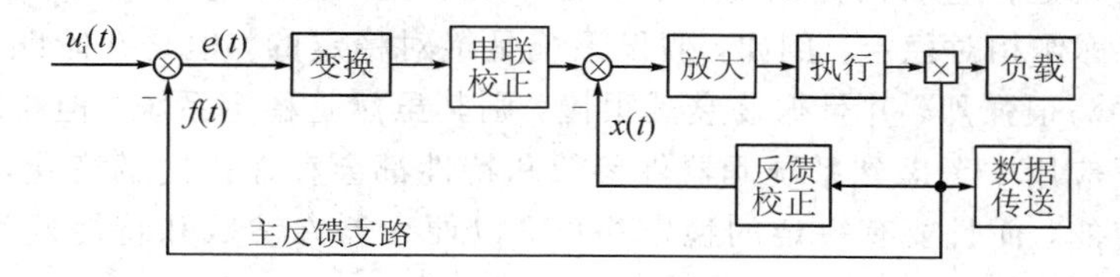

图 1－3　复合控制系统

复合控制系统的基本组成如下：

(1) 比较元件。比较元件也称误差敏感元件，它的作用是将系统的输出 $u_o(t)$ 和输入 $u_i(t)$ 转化为相同的物理量(一般为电量)并进行比较，得出系统的误差 $e(t)$，用以控制后级。

(2) 变换元件。它的作用是根据后级功率元件或校正元件的要求，将比较元件输出的误差信号变换为符合后级工作需要的信号。例如，在机电式控制系统中比较元件输出的误差信号可能是一个随误差缓慢变化的直流电压(简称直流误差信号)，也可能是一个振幅和相位随误差的大小和正负而变化的交流电压(简称交流误差信号)，而后一级驱动元件可能是交流电动机或直流电动机。为了能对后级起到控制作用，就必须对误差信号进行调制或检波，这就需要安装适当的变换元件。

(3) 串联校正元件。它是用来改善系统性能，以满足设计要求的元件或部件，一般由阻容网络或由运算放大器组成的有源网络构成。目前的控制系统中大多数是由微型处理机、小型计算机、单片机或通用计算机配以适当的软件来完成校正元件的功能的。

(4) 放大元件。它的作用是将前级送来的比较微弱的误差信号进行必要的电压、电流或功率放大，以便驱动后级执行元件工作。

(5) 执行元件。它的作用是在前级送来的信号控制下带动负载，使之按输入信号的要求进行工作。在随动系统中执行元件大多是各种动力机械，例如交流电动机、直流电动机、液压马达、气动机械等，它们的任务主要是拖动负载进行运动，因此也称为驱动元件。

(6) 反馈校正元件。反馈校正元件又称为部分反馈元件，它的作用是改善个别元件、部件以及整个系统的传递特性。在系统中由它构成的反馈回路通常称为内回路，用以区别系统中将输出 $u_o(t)$ 反馈到系统输入端的主反馈回路(外回路)。

(7) 数据传送元件。它的作用是把系统的输出量传送到需要这些数据的地方。

任何自动控制系统都可以看作由比较元件、控制器和控制对象三大部分组成。其中的比较元件和控制器随控制对象的性质、工作和使用条件等的不同，可以由不同类型的元件构成。在实际工作中能完成同一作用的元件，种类是非常多的，例如完成测量、比较作用的元件，可以是机械的、机电的、电子的、光学的或其他类型的。具体采用哪一种，要根据系统的用途、使用要求和工作条件等来决定。为了保证系统的工作性能达到一定的指标要求，校正元件往往是必不可少的。

1.1.3 自动控制系统的基本要求

自动控制系统的基本要求可以归纳为三个字：稳、准、快。

(1) 稳指的是稳定性，对恒值系统的要求是当系统受到扰动后，经过一定时间的调整能够回到原来的期望值。稳定性是对控制系统的基本要求，不稳定的系统不能实现预定任务。稳定性通常由系统的结构决定，而与外界因素无关。

控制系统的稳定性包含两方面含义：一是系统稳定，称作绝对稳定；二是输出响应振荡的强烈程度，称作相对稳定。例如，假设系统是绝对稳定的，但是在阶跃信号的作用下，系统输出响应振荡很强烈，并且振荡衰减很慢，则其虽然是稳定系统，但相对稳定性很差。

在实际工程应用中考虑到系统元器件参数和特性都会存在一定的变化，所以要求系统不仅必须是稳定的，而且要有一定的稳定裕度，以便元器件参数和特性发生变化时，系统仍能保持稳定。

(2) 准指的是准确性，用稳态误差来表示。在参考输入信号的作用下，当系统达到稳态后，其稳态输出与参考输入所要求的期望输出之差称作稳态误差。显然，这种误差越小，表示系统的输出跟随参考输入的精度越高。控制系统的误差主要有：

① 系统原理性误差：该误差既与系统的结构有关，也与输入信号的性质有关。

② 由于系统的结构和元件的特性不够完善以及非线性因素造成的误差，如传动机构中的齿隙、偏心、机械摩擦以及电磁元件的饱和、死区、磁滞等非线性因素引起的误差。

③ 控制系统内部和外部存在的各种干扰所产生的误差，如放大器中的起伏噪声、温度漂移、电磁元件中的杂散耦合、机械振动和风力矩等所引起的干扰误差。

(3) 快指的是快速性，是对过渡过程的形式和快慢提出的要求，一般称为动态性能。它要求被控量能快速按照输入信号所规定的形式变化，即要求系统具有一定的响应速度。由于系统中包含有一些惯性元件，因此在输入信号的作用下，其响应总是要经过暂态过程之后才能达到稳态。调整时间 (t_s) 就是反映系统响应速度的参数。

由于被控对象具体情况的不同，各类控制系统对上述三方面性能要求的侧重点也有所不同。例如，随动系统对快速性和稳态精度的要求较高，而恒值系统一般侧重于稳定性和抗扰动的能力。

在同一个系统中，上述三方面的性能要求通常是相互制约的。例如，为了提高系统动态响应的快速性和稳态精度，就需要增强系统放大能力，而放大能力的增强，必然导致系统动态性能变差，甚至会使系统变得不稳定。反之，如果强调系统动态过程平稳性的要求，系统放大倍数的取值就应较小，但会导致系统稳态精度的降低和动态过程的缓慢。由此可见，在工程设计过程中，对系统动态响应的快速性、准确性与稳定性之间的相互制约是需要综合考虑的。

1.2 控制系统的数学建模

1.2.1 微分方程

在分析控制系统的性能之前，先要建立系统的数学模型(描述系统在运动过程中的各变量之间互相关系的数学表达式）。常用的数学模型有微分方程、传递函数和频率特性。

同一个控制系统或元器件，要控制的变量不同或要求达到的控制精度不同，可以得到不同的数学模型。在建立数学模型的过程中，应根据系统的实际结构、参数及要求的控制精度，忽略一些次要的因素，使数学模型既能准确地反映系统的动态本质，又能简化分析计算工作。

微分方程是自动控制系统数学模型的最基本的形式，传递函数、频率特性都可以由它演变而来。

用解析法列写微分方程的一般步骤如下：

(1) 根据系统或元件的工作原理，确定系统和各个元器件的输入、输出量。

(2) 从输入端开始，按照信号的传递顺序，根据各变量所遵循的物理或化学定律，按照技术要求忽略一些次要因素，并考虑相邻元件的彼此影响，列写微分方程或微分方程组。

(3) 消去中间变量，得到描述输入量与输出量关系的微分方程或微分方程组。

(4) 将与输入量有关的各项放在等号的右侧，与输出量有关的各项放在等号的左侧，并按降幂排列。描述系统或元件的微分方程的一般表示形式为

$$a_n \frac{\mathrm{d}^n u_o(t)}{\mathrm{d}t^n} + a_{n-1} \frac{\mathrm{d}^{n-1} u_o(t)}{\mathrm{d}t^{n-1}} + \cdots + a_1 \frac{\mathrm{d}u_o(t)}{\mathrm{d}t} + a_0 u_o(t)$$

$$= b_m \frac{\mathrm{d}^m u_i(t)}{\mathrm{d}t^m} + b_{m-1} \frac{\mathrm{d}^{m-1} u_i(t)}{\mathrm{d}t^{m-1}} + \cdots + b_1 \frac{\mathrm{d}u_i(t)}{\mathrm{d}t} + b_0 u_i(t) \tag{1-1}$$

式中：$u_o(t)$ 是系统或元件的输出量；$u_i(t)$ 是系统或元件的输入量；a_n、a_{n-1}、…、a_1、a_0 及 b_m、b_{m-1}、…、b_1、b_0 是由系统结构或参数决定的常数。

在实际工程应用中，控制系统元部件的输入输出特性都存在着不同程度的非线性关系，只是在许多情况下非线性因素的影响比较小，可以忽略，这样输入输出特性可以近似地看作是线性的。对非线性因素的影响比较严重的系统，其数学模型就是非线性的。非线性微分方程的求解很困难，因此需要进行线性化处理。实际上，一般总是将非线性问题在合理的、可能的条件下简化处理成线性问题，比如非线性元件的变量在动态过程中对某个工作状态的偏离很小，则元件的输出量与输入量之间就可以近似为线性关系。

1.2.2　传递函数

传递函数是经典控制理论中最基本、最重要的数学模型，用于在复数域中描述线性系统，它不仅可以用来描述系统的动态性能，还可以用来研究系统的结构或参数变化对系统性能的影响。

在零初始条件下，线性定常系统输出量的拉普拉斯变换与输入量的拉普拉斯变换之比，称为系统的传递函数。其一般形式为

$$G(s) = \frac{U_o(s)}{U_i(s)} = \frac{b_m s^m + b_{m-1} s^{m-1} + \cdots + b_0}{a_n s^n + a_{n-1} s^{n-1} + \cdots + a_0} \tag{1-2}$$

式中：$U_o(s)$ 是系统或元件的输出量的拉普拉斯变换；$U_i(s)$ 是系统或元件的输入量的拉普拉斯变换。

传递函数的几点说明如下：

(1) 传递函数是由拉普拉斯变换推导出来的。拉普拉斯变换是一种线性积分运算，所以传递函数只适用于线性定常系统。

(2) 传递函数是在零初始条件下定义的，它有两层含义：一是在零时刻之前系统内的储能元件不储存能量(零状态)，即初始值为零；二是零时刻之前，系统没有输入和输出，即系统处于静止状态。

(3) 传递函数只取决于系统结构、元件参数，与输入信号的形式无关。

1.2.3 拉普拉斯变换

拉普拉斯变换(简称拉氏变换)是求解线性微分方程的简便方法，它能把系统的动态数学模型方便地转换成系统的传递函数，并由此发展出传递函数的零点和极点在 S 平面上的分布对系统动态性能的影响分析、频率特性分析、设计系统工程方法。这里只给出拉氏变换的定义、常用拉氏变换对照表以及拉氏变换的性质和定理，具体证明可查阅有关书籍。

1. 拉氏变换的定义

函数 $f(t)$，t 为实变量，若线性积分

$$\int_0^{\infty} f(t)\mathrm{e}^{-st}\,\mathrm{d}t \quad (s=\sigma+\mathrm{j}\omega \text{ 为复变量}) \tag{1-3}$$

存在，则称其为函数 $f(t)$ 的拉氏变换。变换后的函数是复变量 s 的函数，记作 $F(s)$，即

$$\mathscr{L}[f(t)]=F(s)=\int_0^{\infty} f(t)\mathrm{e}^{-st}\,\mathrm{d}t \tag{1-4}$$

称 $F(s)$ 为 $f(t)$ 的变换函数或象函数，而 $f(t)$ 为 $F(s)$ 的原函数。

拉氏变换的逆运算为

$$\mathscr{L}^{-1}[F(s)]=f(t)=\frac{1}{2\pi\mathrm{j}}\int_{\sigma-\mathrm{j}\omega}^{\sigma+\mathrm{j}\omega} F(s)\,\mathrm{e}^{st}\,\mathrm{d}s \tag{1-5}$$

常用拉氏变换对照表如表 1-1 所示。

表 1-1 常用拉氏变换对照表

原函数 $f(t)$	象函数 $F(s)$
$\delta(t)$ (单位脉冲函数)	1
$1(t)$ (单位阶跃函数)	$\frac{1}{s}$
t (单位斜波函数)	$\frac{1}{s^2}$
K (常数)	$\frac{K}{s}$
t^n ($n=1,2,\cdots$)	$\frac{n!}{s^{n+1}}$
e^{-at}	$\frac{1}{s+a}$
$t\mathrm{e}^{-at}$	$\frac{1}{(s+a)^2}$
$\frac{1}{T}\mathrm{e}^{-\frac{t}{T}}$	$\frac{1}{Ts+1}$

续表

原函数 $f(t)$	象函数 $F(s)$
$a^{\frac{t}{T}}$	$\dfrac{1}{s-\frac{1}{T}\ln a}$
$t^n e^{-at}\quad(n=1,2,\cdots)$	$\dfrac{n!}{(s+a)^{n+1}}$
$\dfrac{t^n}{n!}$	$\dfrac{1}{s^{n+1}}$
$\sin\omega t$	$\dfrac{\omega}{s^2+\omega^2}$
$\cos\omega t$	$\dfrac{s}{s^2+\omega^2}$
$e^{-at}\sin\omega t$	$\dfrac{\omega}{(s+a)^2+\omega^2}$
$e^{-at}\cos\omega t$	$\dfrac{s+a}{(s+a)^2+\omega^2}$
$\sin(\omega t+\varphi)$	$\dfrac{\omega\cos\varphi+s\sin\varphi}{s^2+\omega^2}$
$1-\cos\omega t$	$\dfrac{\omega^2}{s(s^2+\omega^2)}$
$t\sin\omega t$	$\dfrac{2\omega s}{(s^2+\omega^2)^2}$
$\dfrac{1}{a}(1-e^{-at})$	$\dfrac{1}{s(s+a)}$
$\dfrac{1}{(b-a)}(e^{-at}-e^{-bt})$	$\dfrac{1}{(s+a)(s+b)}$
$\dfrac{1}{(b-a)}(b e^{-bt}-a e^{-at})$	$\dfrac{s}{(s+a)(s+b)}$
$\dfrac{1}{ab}\left[1+\dfrac{1}{a-b}(b e^{-bt}-a e^{-at})\right]$	$\dfrac{1}{s(s+a)(s+b)}$
$\dfrac{\omega_n}{\sqrt{1-\xi^2}}e^{-\xi\omega_n t}\sin(\sqrt{1-\xi^2}\,\omega_n t)$	$\dfrac{\omega_n^2}{s^2+2\xi\omega_n s+\omega_n^2}$
$\dfrac{1}{\sqrt{1-\xi^2}\,\omega_n t}e^{-\xi\omega_n \sin\sqrt{1-\xi^2}\omega_n t}$	$\dfrac{1}{s^2+2\xi\omega_n s+\omega_n^2}$
$\dfrac{-1}{\sqrt{1-\xi^2}}e^{-\xi\omega_n t(\omega_n\sqrt{1-\xi^2}t+\varphi)}$ $\varphi=\arctan\dfrac{\sqrt{1-\xi^2}}{\xi}\quad(0<\xi<1)$	$\dfrac{s}{s^2+2\xi\omega_n s+\omega_n^2}$

2. 拉氏变换的性质和定理

1）线性性质

同一般线性函数一样，拉氏变换也具有齐次性和叠加性。齐次性表达式为

$$\mathscr{L}[af(t)]=aF(s)\tag{1-6}$$

叠加性：如果 $f_1(t)$ 和 $f_2(t)$ 的拉氏变换分别是 $F_1(s)$ 和 $F_2(s)$，则

$$\mathscr{L}[f_1(t)\pm f_2(t)]=F_1(s)\pm F_2(s) \tag{1-7}$$

2）微分定理

设 $F(s)=\mathscr{L}[f(t)]$，则

$$\mathscr{L}\left[\frac{\mathrm{d}f(t)}{\mathrm{d}t}\right]=sF(s)-f(0) \tag{1-8}$$

$$\mathscr{L}\left[\frac{\mathrm{d}^2 f(t)}{\mathrm{d}t^2}\right]=s^2F(s)-sf(0)-f'(0) \tag{1-9}$$

$$\vdots$$

$$\mathscr{L}\left[\frac{\mathrm{d}^n f(t)}{\mathrm{d}t^n}\right]=s^nF(s)-s^{n-1}f(0)-s^{n-2}f'(0)-\cdots-f^{(n-1)}(0) \tag{1-10}$$

式中：$f(0)$、$f'(0)$、…、$f^{(n-1)}(0)$ 为函数 $f(t)$ 及其各阶导数在 $t=0$ 时刻的值。

若初始条件为零，即

$$f(0)=f'(0)=\cdots=f^{(n-1)}(0)=0 \tag{1-11}$$

则

$$\mathscr{L}\left[\frac{\mathrm{d}f(t)}{\mathrm{d}t}\right]=sF(s) \tag{1-12}$$

$$\mathscr{L}\left[\frac{\mathrm{d}^n f(t)}{\mathrm{d}t^n}\right]=s^nF(s) \tag{1-13}$$

3）积分定理

设 $F(s)=\mathscr{L}[f(t)]$，则

$$\mathscr{L}\left[\int f(t)\mathrm{d}t\right]=\frac{1}{s}F(s)+\frac{1}{s}f^{(-1)}(0) \tag{1-14}$$

$$\mathscr{L}\left[\iint f(t)\mathrm{d}t^2\right]=\frac{1}{s^2}F(s)+\frac{1}{s^2}f^{(-1)}(0)+\frac{1}{s}f^{-2}(0) \tag{1-15}$$

$$\vdots$$

$$\mathscr{L}\left[\int\cdots\int f(t)\mathrm{d}t^n\right]=\frac{1}{s^n}F(s)+\frac{1}{s^n}f^{(-1)}(0)+\cdots+\frac{1}{s}f^{(-n)}(0) \tag{1-16}$$

式中：$f^{(-1)}(0)$、$f^{(-2)}(0)$、…、$f^{(-n)}(0)$ 为 $f(t)$ 的各重积分在 $t=0$ 时刻的值。

如果是零初始条件，即

$$f^{(-1)}(0)=f^{(-2)}(0)=\cdots=f^{(-n)}(0)=0 \tag{1-17}$$

则

$$\mathscr{L}\left[\int f(t)\mathrm{d}t\right]=\frac{1}{s}F(s) \tag{1-18}$$

$$\mathscr{L}\left[\iint f(t)\mathrm{d}t^2\right]=\frac{1}{s^2}F(s) \tag{1-19}$$

$$\vdots$$

$$\mathscr{L}\left[\int\cdots\int f(t)\mathrm{d}t^n\right]=\frac{1}{s^n}F(s) \tag{1-20}$$

4）终值定理

如果函数 $f(t)$ 的拉氏变换为 $F(s)$，并且 $F(s)$ 在 S 平面的右半面及除原点外的虚轴上解析，则有终值

$$\lim_{t \to \infty} f(t) = \lim_{s \to 0} sF(s) \tag{1-21}$$

使用终值定理时，要注意条件是否满足。例如 $f(t)=\sin\omega t$ 时，$F(s)$ 在 $\mathrm{j}\omega$ 轴上有 $\pm\mathrm{j}\omega$ 两个极点，且 $\lim\limits_{t \to \infty} f(t)$ 不存在，所以不能使用终值定理。

5）初值定理

如果函数 $f(t)$ 及其一阶导数存在拉氏变换，并且 $\lim\limits_{s \to 0} sF(s)$ 存在，则

$$\lim_{t \to 0} f(t) = \lim_{s \to \infty} sF(s) \tag{1-22}$$

使用终值定理和初值定理可以直接和方便地求出时域系统的初值和终值，而不必求出其时间函数 $f(t)$。

6）延迟定理

设 $F(s)=\mathscr{L}[f(t)]$，则

$$\mathscr{L}[f(t-\tau)] = \mathrm{e}^{-\tau s}F(s) \tag{1-23}$$

$$\mathscr{L}[\mathrm{e}^{-at}f(t)] = F(s+a) \tag{1-24}$$

式(1－23)说明实数函数 $f(t)$ 向右平移一个延迟时间 τ 后，相当于复域中 $F(s)$ 乘以因子 $\mathrm{e}^{-\tau s}$；而式(1－24)说明实数域函数 $f(t)$ 乘以 e^{-at} 所得到的衰减函数 $\mathrm{e}^{-at}f(t)$，相当于复数域向左平移 $F(s+a)$。

7）时标变换

对实际系统进行仿真时，常常需要将时间 t 的标尺扩展或缩小为 (t/a)，以使所得曲线清晰或节省观察时间，这并不妨碍实验的真实性。这里 a 是一个正数，可证得。

设 $F(s)=\mathscr{L}[f(t)]$，则

$$\mathscr{L}\left[f\left(\frac{t}{a}\right)\right] = aF(as) \tag{1-25}$$

1.2.4　相似系统

在利用系统传递函数分析系统的性能时，首先要计算出系统中各个元件的传递函数。根据定义，传递函数只适用于输入和输出呈线性关系的元件，可实际中大多数元件的输入输出特性是呈非线性的，这就需要对它们的特性进行线性化处理。线性化的方法很多，最常用的是小信号增量法。该方法的具体内容可在其他教材中查到，这里不再赘述。

将元件线性化之后，就可根据它们的输入输出关系式推导它们的传递函数。尽管控制系统中所使用的元件种类繁多，而且工作原理和用途也各不相同，但是它们的运动方程却有很多都是相似的，例如图 1－4 所示的 RLC 网络和图 1－5 所示的带有惯性负载的机械转轴，它们的结构和工作原理完全不同，但是它们的运动方程却是相似的。

根据基尔霍夫定理，可以列出图 1－4 所示 RLC 网络的运动方程式为

$$LC\frac{\mathrm{d}^2u_{\mathrm{o}}(t)}{\mathrm{d}t^2} + RC\frac{\mathrm{d}u_{\mathrm{o}}(t)}{\mathrm{d}t} + u_{\mathrm{o}}(t) = u_{\mathrm{i}}(t) \tag{1-26}$$

$$\frac{\mathrm{d}^2u_{\mathrm{o}}(t)}{\mathrm{d}t^2} + 2\xi\omega_{\mathrm{n}}\frac{\mathrm{d}u_{\mathrm{o}}(t)}{\mathrm{d}t} + \omega_{\mathrm{n}}^2u_{\mathrm{o}}(t) = \omega_{\mathrm{n}}^2u_{\mathrm{i}}(t) \tag{1-27}$$

式中：ξ 为相对阻尼系数，$\xi=\dfrac{1}{2}\omega_{\mathrm{n}}RC$；$\omega_{\mathrm{n}}$ 为自然谐振频率，$\omega_{\mathrm{n}}=\dfrac{1}{\sqrt{LC}}$。

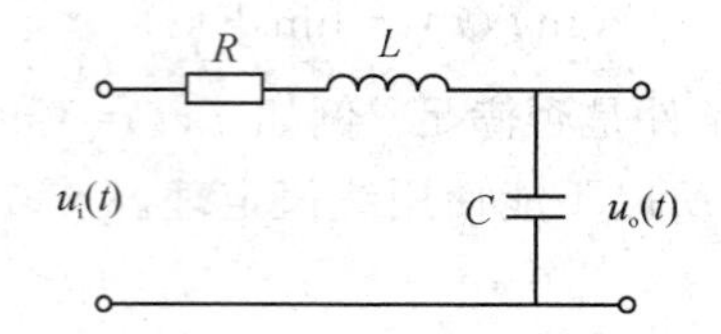

图 1-4 RLC 网络

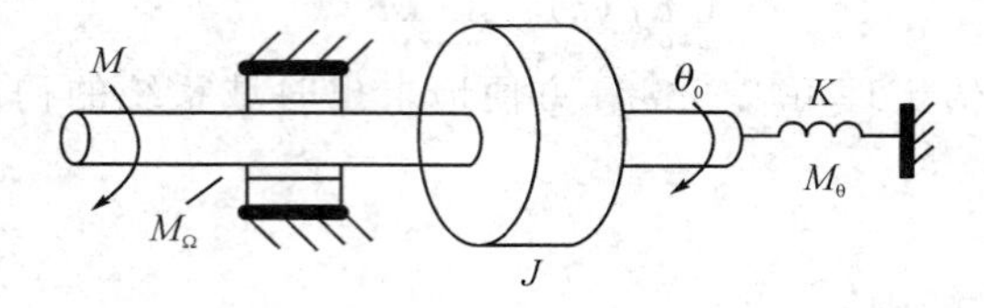

图 1-5 带有惯性负载的机械转轴

下面列写图 1-5 所示的带有负载的机械转轴的运动方程。设 M 为前级主动轴传送来的转矩；K 为转轴之间的弹性连接或转轴的扭转弹性；M_θ是相应的弹性力矩或扭力矩，它和转轴的角位移 θ_0成比例，即

$$M_\theta = C_\theta\,\theta_0(t) \tag{1-28}$$

式中：C_θ为扭转刚度(比例系数)。

图 1-5 中的 M_Ω表示加在转轴上的黏滞摩擦转矩，它和转轴的角速度成比例，即

$$M_\Omega = F\Omega = F\,\frac{\mathrm{d}\theta_0(t)}{\mathrm{d}t} \tag{1-29}$$

图 1-5 中的 J 表示包含负载在内的全部转动部分的转动惯量，由它而产生的惯性转矩为

$$M_J = J\,\frac{\mathrm{d}^2\,\theta_0(t)}{d\,t^2} \tag{1-30}$$

如果转动轴的一端固定，根据力学中的基本定理——达伦贝尔(D′Alembert)原理，可以列写出下列转矩平衡公式：

$$M_J + M_\Omega + M_\theta = M \tag{1-31}$$

即

$$J\,\frac{\mathrm{d}^2\theta_0(t)}{\mathrm{d}t^2} + F\,\frac{\mathrm{d}\theta_0(t)}{\mathrm{d}t} + C_\theta\theta_0(t) = M \tag{1-32}$$

与式(1-26)相比可看出，机械系统的转动惯量 J 相当于电系统中的电感量 L；机械系统中的黏滞摩擦系数 F 相当于电阻 R，而扭转刚度 C_θ的倒数相当于电容量 C。利用这些相似关系可以得出机械系统的相对阻尼系数 $\xi = \frac{1}{2}\,\omega_n \times \frac{F}{C_\theta}$，自然谐振频率 $\omega_n = \sqrt{\frac{C_\theta}{J}}$。

这些具有类似运动方程的系统称为相似系统，其相似关系如表 1-2 所示。可以看出，在同一输入信号(可以是不同的物理量纲)的作用下，相似系统的输出动态过程是一样的。

表 1－2　相似系统

元素		激励	响应
电阻 R		电流 i	电压 $U=Ri$
黏滞摩擦系数	F_v	速度 v	力 $F=F_v v$
	F_Ω	角速度 Ω	转矩 $M=F_\Omega \Omega$
电感量 L		电流 i	电压 $U=L\dfrac{di}{dt}$
质量 m		速度 v	力 $F=m\dfrac{dv}{dt}$
转动惯量 J		角速度 Ω	转矩 $M=J\dfrac{d\Omega}{dt}$
电容 C		电流 i	电压 $U=\dfrac{1}{C}\int i dt$
刚度 C_l		速度 v	力 $F=C_l\int V dt$
扭转刚度 C_θ		角速度 Ω	转矩 $M=C_\theta\int \Omega dt$

由于运动方程相似，所以相应的传递函数的形式也是相同的，为研究方便起见，通常将各种元件或部件的传递函数归并成几种基本类型，称为典型环节。

1.2.5　典型环节

开环传递函数 $G(s)$ 是由组成开环控制系统的各元部件的传递函数 $G_1(s)$、$G_2(s)$、…相乘而得到的，即 $G(s)=G_1(s)\times G_2(s)\times\cdots$。

虽然在控制系统中组成系统的各种元件的类别不同，名目繁多，且工作原理和用途各不相同，如有机电结合的、纯电子的、纯机械的……，但它们的数学模型很多都是相似的，因此它们的传递函数特性规律也都是相似的。为研究方便起见，可以将各种元件的传递函数归纳为下列几种类型(这里仅给出它们的运动方程和传递函数)。

1. 比例环节

微分方程：
$$u_o(t)=K u_i(t) \tag{1-33}$$

传递函数：
$$G(s)=K \quad (K\text{ 为比例系数}) \tag{1-34}$$

特点：控制系统的输入输出成比例，输出响应不失真且无时间上的延迟。

工程应用：运算放大器、电子放大器、变压器、感应式变送器、比较器、齿轮、皮带轮等，它们的数学模型都属于比例环节。

2. 惯性环节

微分方程：
$$T\frac{du_o(t)}{dt}+u_o(t)+1=K u_i(t) \tag{1-35}$$

传递函数：
$$G(s)=\frac{K}{Ts+1} \quad (T\text{ 为惯性时常数}) \tag{1-36}$$

特点：系统或环节中包含一个储能元件，输出响应有延迟，但无振荡。

工程应用：直流伺服电动机的励磁回路、电路中的 RC 网络。在控制系统中，大多数元件都属于这一类型，或具有这类环节的特性。

3. 积分环节

微分方程：
$$u_o(t)=\int u_i(t)\mathrm{d}t \tag{1-37}$$

传递函数：
$$G(s)=\frac{K}{s} \tag{1-38}$$

特点：输出与输入的积分成正比；当输入消失时，输出具有记忆功能，这也使积分环节可以做到无差控制。

工程应用：各种驱动元件、积分电路等，它们的数学模型都属于积分环节。

4. 微分环节

微分方程：
$$u_o(t)=\tau\frac{\mathrm{d}\,u_i(t)}{\mathrm{d}t} \tag{1-39}$$

传递函数：
$$G(s)=\tau s\quad(\tau\text{ 为微分时常数}) \tag{1-40}$$

特点：纯微分环节，输出正比输入变化的速度，能预示输入信号的变化趋势，做到提前控制。但实际应用中没有纯微分环节，它总是与其他环节一起构成复合环节，例如下面的微分方程

一阶微分环节微分方程：
$$u_o(t)=K\left[u_i(t)+\tau\frac{\mathrm{d}u_i(t)}{\mathrm{d}t}\right] \tag{1-41}$$

传递函数：
$$G(s)=K(1+\tau s) \tag{1-42}$$

二阶微分环节微分方程：
$$u_o(t)=K\left[u_i(t)+2\xi\tau\frac{\mathrm{d}u_i(t)}{\mathrm{d}t}+\tau^2\frac{\mathrm{d}^2u_i(t)}{\mathrm{d}t^2}\right] \tag{1-43}$$

传递函数：
$$G(s)=K(\tau^2s^2+2\xi\tau s+1) \tag{1-44}$$

工程应用：用来改善系统性能的校正元件一般多具有微分环节的特性。

5. 振荡环节

微分方程：
$$T^2\frac{\mathrm{d}^2u_o(t)}{\mathrm{d}t^2}+2\xi T\,u_o(t)+u_o(t)=u_i(t)\quad(0\leqslant\xi<1) \tag{1-45}$$

传递函数：
$$G(s)=\frac{1}{T^2s^2+2\xi Ts+1}=\frac{\omega_n^2}{s^2+2\xi\omega_n s+\omega_n^2}\quad(0\leqslant\xi<1) \tag{1-46}$$

特点：系统或环节中有两个储能元件，并可进行能量交换，其输出出现振荡现象。

工程应用：*RLC* 电路、机械阻尼系统等，它们的数学模型都属于振荡环节。

1.2.6 典型实验信号

实际应用或工程应用中，自动控制系统外加输入信号是时间的随机函数，或是不能用简单的数学形式来表示的。为了在分析、设计各种自动控制系统时，有一个对不同系统的性能进行比较的基础，需要规定一些典型的实验信号，而这些实验信号必须具备这样几个特点：① 能够反映系统的实际工作情况，或比系统可能遇到的更恶劣的情况；② 可以用简单的数学形式来表示；③ 容易在实验室通过实验的方法产生，以便由实验来验证控制系统的设计结果。常用的典型实验信号有以下五种。

1. 阶跃函数

阶跃函数也称阶跃信号，其表达式为

$$r(t)=\begin{cases}R & (t\geqslant 0)\\0 & (t<0)\end{cases}\tag{1-47}$$

式中：R 为常数，称为阶跃值。

当 $R=1$ 时，称为单位阶跃函数，记作 $1(t)$，其拉氏变换为

$$R(s)=\mathscr{L}[r(t)]=\mathscr{L}[1(t)]=\frac{1}{s}\tag{1-48}$$

单位阶跃函数的时域波形如图 1-6 所示。

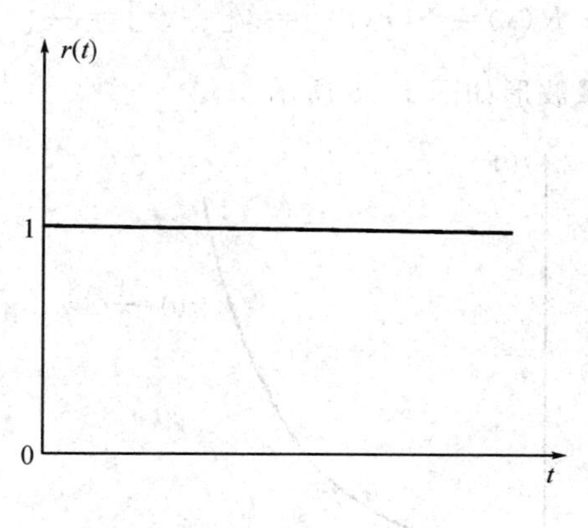

图 1-6　单位阶跃函数

2. 斜波函数

斜波函数(又称为速度信号)的表达式为

$$r(t)=\begin{cases}Rt & (t\geqslant 0)\\0 & (t<0)\end{cases}\tag{1-49}$$

它等于阶跃函数对时间的积分。斜波函数的导数就是阶跃函数。

当 $R=1$ 时，称为单位斜波函数，其拉氏变换为

$$R(s)=\mathscr{L}[r(t)]=\frac{1}{s^2}\tag{1-50}$$

单位斜波函数的时域波形如图 1-7 所示。

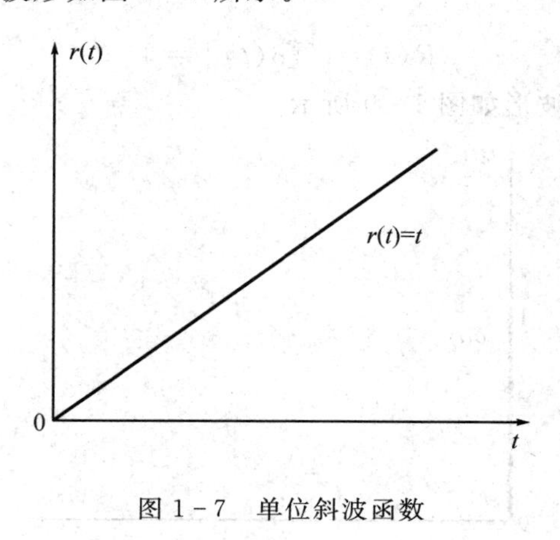

图 1-7　单位斜波函数

3. 抛物线函数

抛物线函数(又称为加速度信号)的表达式为

$$r(t)=\begin{cases}\dfrac{1}{2}Rt^2 & (t\geqslant 0)\\ 0 & (t<0)\end{cases} \tag{1-51}$$

当 $R=1$ 时，称为单位抛物线函数，其拉氏变换为

$$R(s)=\mathscr{L}[r(t)]=\mathscr{L}\left[\frac{1}{2}t^2\right]=\frac{1}{s^3} \tag{1-52}$$

单位抛物线函数的时域波形如图 1-8 所示。

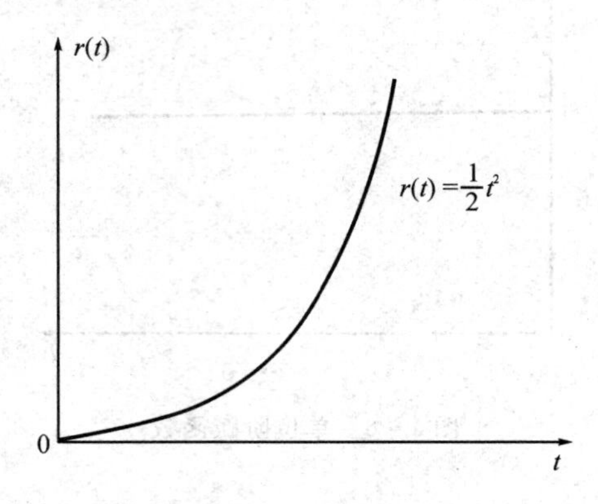

图 1-8　单位抛物线函数

4. 单位脉冲函数

单位脉冲函数的表达式为

$$r(t)=\begin{cases} r(t)=\delta(t)=\begin{cases}\infty & (t=0)\\ 0 & (t\neq 0)\end{cases}\\ \displaystyle\int_{-\infty}^{\infty}\delta(t)\,\mathrm{d}t=1\end{cases} \tag{1-53}$$

其拉氏变换为

$$R(s)=\mathscr{L}[\delta(t)]=1 \tag{1-54}$$

单位脉冲函数的时域波形如图 1-9 所示。

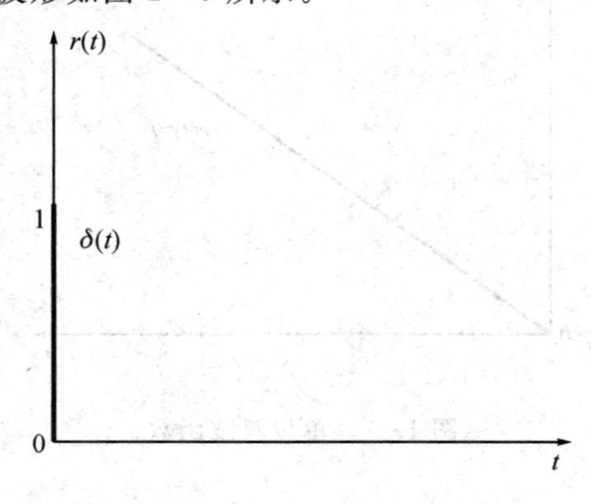

图 1-9　单位脉冲函数

5. 正弦波函数

正弦波函数的表达式为

$$r(t)=\begin{cases}A\sin\omega t & (t\geqslant 0)\\ 0 & (t<0)\end{cases} \tag{1-55}$$

其拉氏变换为

$$R(s)=\mathscr{L}[r(t)]=\frac{A\omega}{s^2+\omega^2} \tag{1-56}$$

当 $A=1$ 时，为单位正弦波函数，其时域波形如图 1-10 所示。

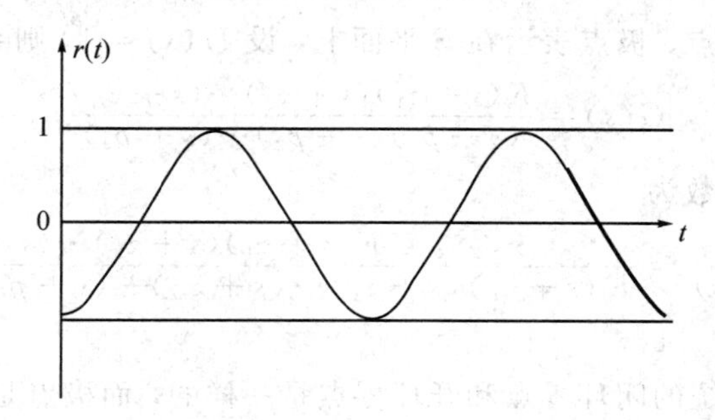

图 1-10　单位正弦波函数

1.3　控制系统的性能指标分析

1.3.1　系统传递函数的研究

一般控制系统的闭环传递函数方框图如图 1-11 所示。

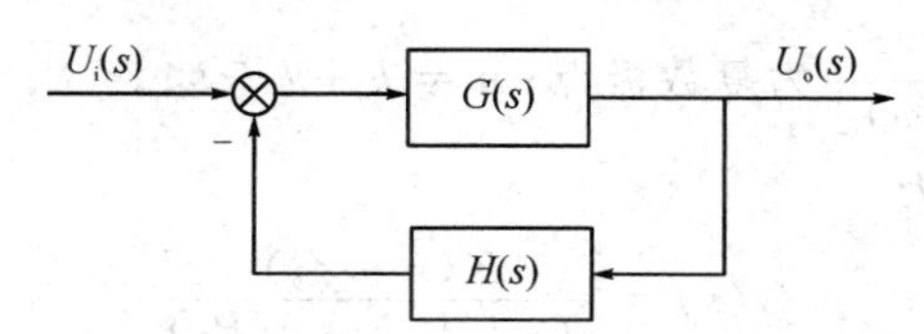

图 1-11　传递函数方框图

传递函数表达式为

$$\Phi(s)=\frac{G(s)}{1+G(s)H(s)} \tag{1-57}$$

其中：$G(s)H(s)$ 为系统开环传递函数，当 $H(s)=1$ 时，为单位负反馈；$\Phi(s)$ 为系统闭环传递函数。

传递函数的表示方式有以下几种。

1. 用零点、极点表示

$$G(s)H(s)=\frac{b_m s^m+b_{m-1}s^{m-1}+\cdots+b_1 s+b_0}{a_n s^n+a_{n-1}s^{n-1}+\cdots+a_1 s+a_0}$$

$$= \frac{K(s+Z_1)(s+Z_2)\cdots(s+Z_m)}{(s+P_1)(s+P_2)\cdots(s+P_n)} \tag{1-58}$$

式中：Z_1、Z_2、…、Z_m 称为传递函数的零点；P_1、P_2、… 、P_n 称为传递函数的极点。

2. 用典型环节表示

$$G(s)H(s) = \frac{K'(1+\tau_1 s)(1+\tau_2 s)\cdots(1+\tau_m s)}{(1+T_1 s)(1+T_2 s)\cdots(1+T_n s)} \tag{1-59}$$

式中：τ_1、τ_2、…、τ_m 称为微分时常数；T_1、T_2、…、T_n 称为惯性时常数。

3. 复数域的 S 平面

系统传递函数用零点、极点表示在 S 平面上，设 $H(s)=1$，则系统的开环传递函数为

$$G(s) = \frac{K(s+z_1)(s+z_2)\cdots(s+z_m)}{(s+p_1)(s+p_2)\cdots(s+p_n)} \tag{1-60}$$

系统的闭环传递函数为

$$\Phi(s) = \frac{G(s)}{1+G(s)H(s)} = \frac{K(s+z_1)(s+z_2)\cdots(s+z_m)}{K(s+z_1)(s+z_2)\cdots(s+z_m)+(s+p_1)(s+p_2)\cdots(s+p_n)} \tag{1-61}$$

由此可以看出，系统的闭环零点和开环零点是一样的，而极点是不同的。

极点有三种类型，即实数极点、重实数极点和复数极点。对式(1-61)使用部分分式法可得

$$\begin{aligned}\Phi(s) &= \frac{K(s+z_1)(s+z_2)\cdots(s+z_m)}{K(s+z_1)(s+z_2)\cdots(s+z_m)+(s+p_1)(s+p_2)\cdots(s+p_n)} \\ &= \sum_{i=1}^{k}\Phi_i(s)+\sum_{j=1}^{l}\Phi_j(s)+\sum_{g=1}^{h}\Phi_g(s)\end{aligned} \tag{1-62}$$

式中：$\Phi_i(s) = \frac{A_i}{s+s_i}$ 为实数极点；$\Phi_j(s) = \frac{A_j}{(s+s_j)^2}$ 为重实数极点；$\Phi_g(s) = \frac{A_g}{[s+(\alpha+j\omega)][s+(\alpha-j\omega)]}$ 为复数极点；$n=k+l+h$。

例如：开环传递函数为

$$G(s) = \frac{K(s+Z_1)}{s(s+P_1)(s+P_2)} \tag{1-63}$$

开环有三个单实数极点 0、$-P_1$、$-P_2$，一个零点 $(-Z_1)$，其闭环传递函数为

$$\begin{aligned}\Phi(s) &= \frac{K(s+Z_1)}{s(s+P_1)(s+P_2)+K(s+Z_1)} \\ &= \frac{K(s+Z_1)}{s^3+(P_1+P_2)s^2+(P_1 P_2+K)s+KZ_1} \\ &= \frac{K(s+Z_1)}{(s+s_1)[s+(\alpha+j\omega)][s+(\alpha-j\omega)]}\end{aligned} \tag{1-64}$$

系统有一个实数极点 $-s_1$，一对复数极点 $s_2=-\alpha-j\omega$，$s_3=-\alpha+j\omega$，一个零点 $-Z_1$。其在 S 平面上的分布如图 1-12 所示。

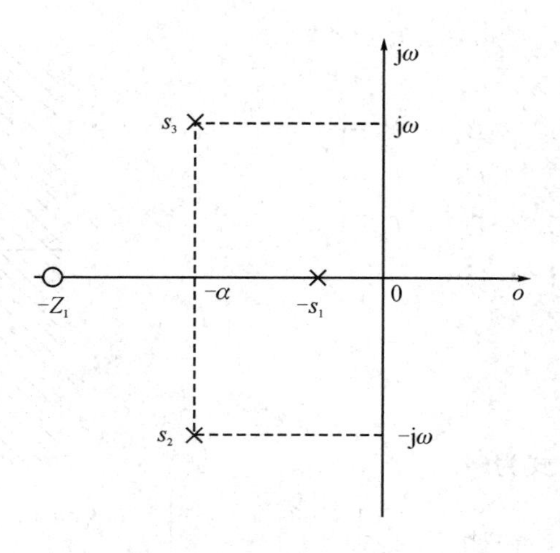

图1-12　S平面上的零点和极点分布

1.3.2　控制系统的稳定性

系统稳定是控制系统的基本要求，其定义是：系统在受到外力干扰后经过一段时间能回到原来的平衡状态，即 $\lim\limits_{t\to\infty} u_o(t)=0$，系统稳定。

设干扰信号为 $\delta(t)$，则其拉氏变换为 $\delta(s)=\mathscr{L}^{-1}[\delta(t)]=1$，输出为

$$u_o(t)=\mathscr{L}^{-1}[\Phi(s)\delta(s)]=\mathscr{L}^{-1}[\Phi(s)]$$
$$=\mathscr{L}^{-1}\left[\sum_{i=1}^{k}\Phi_i(s)+\sum_{j=1}^{l}\Phi_j(s)+\sum_{g=1}^{h}\Phi_g(s)\right] \tag{1-65}$$

式中：$\Phi_i(s)=\dfrac{A_i}{s+s_i}$ 为实数极点；$\Phi_j(s)=\dfrac{A_j}{(s+s_j)^2}$ 为重实数极点；$\phi_g(s)=\dfrac{A_g}{[s+(\alpha+\mathrm{j}\omega)][s+(\alpha-\mathrm{j}\omega)]}$ 为复数极点；系统有 n 个极点，$n=k+l+h$。则

$$u_o(t)=\sum_{i=1}^{k}A_i\,\mathrm{e}^{s_it}+\sum_{j=1}^{l}A_j\,\mathrm{e}^{s_jt}+\sum_{g=1}^{h}A_g\sin\omega t\,\mathrm{e}^{\alpha t} \tag{1-66}$$

由定义 $\lim\limits_{t\to\infty} u_o(t)=0$，可得

$$\lim_{t\to\infty} u_o(t)=\lim_{t\to\infty}\left[\sum_{i=1}^{k}A_i\,\mathrm{e}^{s_it}+\sum_{j=1}^{l}A_j\,\mathrm{e}^{s_jt}+\sum_{g=1}^{h}A_g\sin\omega t\,\mathrm{e}^{\alpha t}\right]=0 \tag{1-67}$$

则所有的 s_i、s_j 和复数极点的实部 α 必须为负值，才能成立，系统稳定。

结论：系统稳定的充分必要条件是控制系统的闭环传递函数的极点必须全部位于S平面的左半平面，如图1-13所示。

控制系统的特征方程是高阶的，对其求解有一定的困难。可以用劳斯稳定判据来判断系统的稳定性，即不必求系统的极点在S平面上的具体位置，也就是说不必求解特征方程的解，用劳斯阵列即可判断控制系统的稳定性。

设控制系统的特征方程为

$$a_n s^n+a_{n-1}s^{n-1}+\cdots+a_1 s+a_0=0 \tag{1-68}$$

劳斯阵列为

$$
\begin{array}{lllll}
s^n & a_n & a_{n-2} & a_{n-4} & a_{n-6}\cdots \\
s^{n-1} & a_{n-1} & a_{n-3} & a_{n-5} & a_{n-7}\cdots \\
s^{n-2} & B_1 & B_2 & B_3 & B_4\cdots \\
s^{n-3} & C_1 & C_2 & C_3 & C_4\cdots \\
s^{n-4} & D_1 & D_2 & D_3 & D_4\cdots \\
\vdots & \vdots & \vdots & \vdots & \vdots \\
s^2 & E_1 & E_2 & & \\
s^1 & F_1 & & & \\
s^0 & H_1 & & &
\end{array}
$$

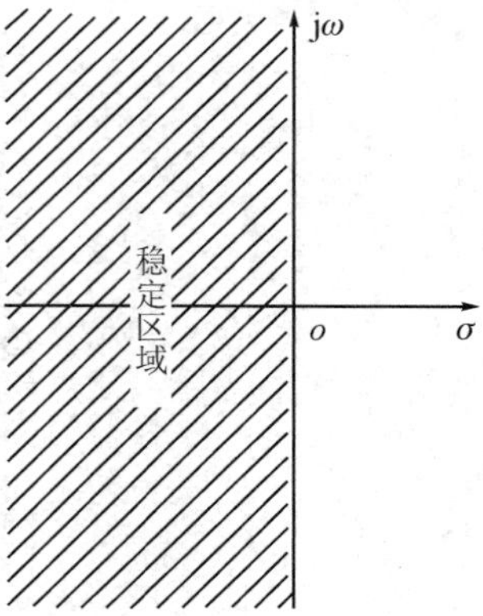

图 1-13　S 平面上的稳定区域

阵列中元素的计算公式为

$$B_1=-\frac{1}{a_{n-1}}\begin{vmatrix}a_n & a_{n-2}\\ a_{n-1} & a_{n-3}\end{vmatrix};B_2=-\frac{1}{a_{n-1}}\begin{vmatrix}a_n & a_{n-4}\\ a_{n-1} & a_{n-5}\end{vmatrix};$$

$$B_3=-\frac{1}{a_{n-1}}\begin{vmatrix}a_n & a_{n-6}\\ a_{n-1} & a_{n-7}\end{vmatrix};B_4=-\frac{1}{a_{n-1}}\begin{vmatrix}a_n & a_{n-8}\\ a_{n-1} & a_{n-9}\end{vmatrix};\cdots;\text{直到 }B\text{ 值为零。}$$

$$C_1=-\frac{1}{B_1}\begin{vmatrix}a_{n-1} & a_{n-3}\\ B_1 & B_2\end{vmatrix};\ C_2=-\frac{1}{B_1}\begin{vmatrix}a_{n-1} & a_{n-5}\\ B_1 & B_3\end{vmatrix};$$

$$C_3=-\frac{1}{B_1}\begin{vmatrix}a_{n-1} & a_{n-7}\\ B_1 & B_4\end{vmatrix};\ C_4=-\frac{1}{B_1}\begin{vmatrix}a_{n-1} & a_{n-9}\\ B_1 & B_5\end{vmatrix};\cdots;\text{直到 }C\text{ 值为零。}$$

$$D_1=-\frac{1}{C_1}\begin{vmatrix}B_1 & B_2\\ C_1 & C_2\end{vmatrix};\quad D_2=-\frac{1}{C_1}\begin{vmatrix}B_1 & B_3\\ C_1 & C_3\end{vmatrix};$$

$$D_3=-\frac{1}{C_1}\begin{vmatrix}B_1 & B_4\\ C_1 & C_4\end{vmatrix};\quad D_4=-\frac{1}{C_1}\begin{vmatrix}B_1 & B_5\\ C_1 & C_5\end{vmatrix};\cdots;\text{直到 }D\text{ 值为零。}$$

$$\vdots \qquad\qquad \vdots$$

一直计算到“s^0”行，每两行元素减少一个，最后一行只有一个元素。

控制系统稳定的充分必要(充要)条件是：劳斯阵列左边第一列所有元素都是大于零的，即全部为正数，此时系统特征根均位于 S 平面的左半平面，控制系统是稳定的。如果第一列出现负值，说明系统有特征方程根位于 S 平面的右半平面，系统将出现不稳定，并且第一列元素符号改变几次，特征方程就有几个不稳定根(右根)。

应用劳斯稳定判据判断系统的稳定性，其优点是不需要求解特征方程的根，这对高阶系统特别方便，但是劳斯判据没能给出避免系统不稳定的方法或途径。

1.3.3　控制系统的动态分析

控制系统的工程研究包含两方面的工作：分析和综合。已知系统结构和元器件参数，推算系统的性能指标，是“系统分析”；已知系统的性能和受控对象的参数，要求选择控制器的结构和参数，从而使整个系统的性能满足指标要求，是“系统综合”。分析是综合的基础，也是必须掌握的基本技能。描述控制系统性能的指标分稳态和暂态两大类。

1. 稳态分量和暂态分量

控制系统的微分方程的解总是包含两部分：稳态分量和暂态分量。稳态分量反映了系统的稳态指标或误差，而暂态分量则提供了系统在过渡过程中的各项动态性能信息。

2. 稳态性能和暂态性能

稳态性能是指稳态误差，通常是在阶跃函数、斜波函数或加速度函数作用下进行测定或计算的。若时间趋于无穷时，系统的输出量不等于输入量，则系统存在稳态误差。稳态误差是对系统控制精度或抗干扰能力的一种度量。

暂态性能又称动态性能，指稳定的控制系统在单位阶跃信号的作用下，动态过程随时间 t 的变化规律的指标，这些指标具体如下。

延迟时间 t_d：系统输出响应曲线第一次达到其终值的一半所需要的时间。

上升时间 t_r：系统输出响应曲线由终值的 10%上升到终值的 90%所需要的时间。但对于有振荡的系统，定义响应曲线第一次达到其终值所需要的时间为上升时间。上升时间是系统响应速度的一种度量，上升时间越短（t_r 越小），系统的响应速度越快。

峰值时间 t_p：系统输出响应曲线超过终值到达第一个峰值所需要的时间。

调整时间 t_s：系统输出响应曲线到达并保持在终值的±5%或±2%内所需要的最短时间。调整时间 t_s 也是描述系统稳定性的一项指标。

超调量 $\delta\%$：响应的最大偏离值 $u_o(t_p)$ 与终值 $u_o(\infty)$ 之差的百分比，即

$$\delta\% = \frac{u_o(t_p) - u_o(\infty)}{u_o(\infty)} \times 100\% \tag{1-69}$$

以上指标在图中的表示如图 1-14 所示。

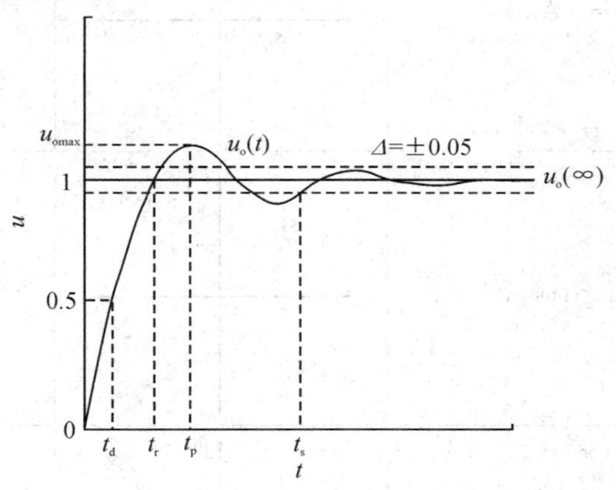

图 1-14　系统在单位阶跃函数作用下的动态性能指标示意图

在实际应用中，常用的动态性能指标多为上升时间 t_r、峰值时间 t_p、调整时间 t_s 和超调量 $\delta\%$。通常用上升时间 t_r 或峰值时间 t_p 评价系统的响应速度，用超调量 $\delta\%$ 评价系统的阻尼程度。调整时间 t_s 是反映系统响应振荡衰减的速度和阻尼程度的综合性能指标。

1.3.4　二阶系统动态性能指标与传递函数参数的关系

二阶系统的传递函数为

$$\Phi(s) = \frac{\omega_n^2}{s^2 + 2\xi\omega_n s + \omega_n^2} \tag{1-70}$$

其特征方程为

$$s^2 + 2\xi\omega_n s + \omega_n^2 = 0 \tag{1-71}$$

特征方程的解，即二阶系统的闭环极点为

$$s_{1,2} = -\xi\omega_n \pm \omega_n\sqrt{\xi^2-1} \tag{1-72}$$

可见，二阶系统的动态性能指标取决于阻尼比 ξ 和自然谐振频率 ω_n。

闭环极点在复平面上的分布与系统稳定性的关系如表 1-3 所示。由表 1-3 可知，当 $0<\xi<1$ 时，称为欠阻尼状态，系统特征根为一对实部为负的共轭复数；当 $\xi=1$，称为临界阻尼状态，系统特征根为两个相等的负实数；当 $\xi>1$，称为过阻尼状态，系统特征根为两个不相等的负实数；当 $\xi=0$，称为无阻尼状态，系统特征根为一对实部为零的纯虚根。

表 1-3 二阶系统参数与闭环极点的关系

阻尼系数	特征方程的根	根在复平面上的位置	单位阶跃响应
$\xi>1$ （过阻尼）	$s_{1,2} = -\xi\omega_n \pm \omega_n\sqrt{\xi^2-1}$	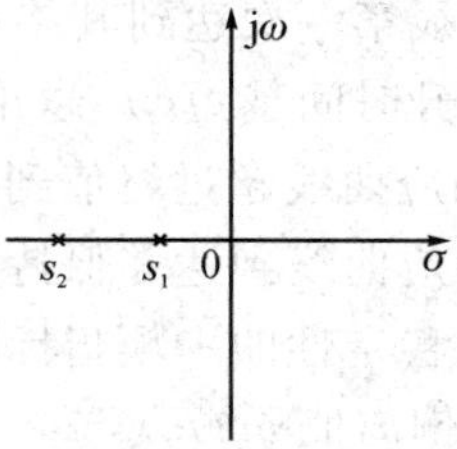 $j\omega$, s_2, s_1, 0, σ	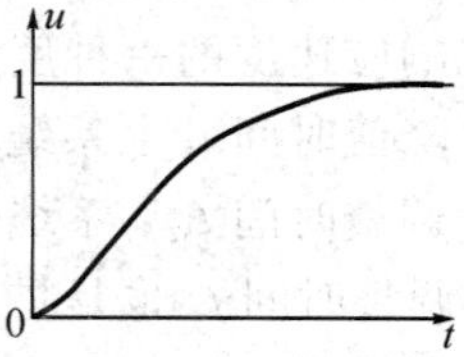 u, 1, 0, t
$\xi=1$ （临界阻尼）	$s_{1,2} = -\xi\omega_n$	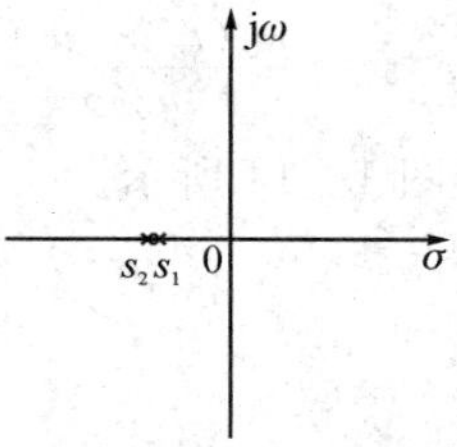 $j\omega$, $s_2 s_1$, 0, σ	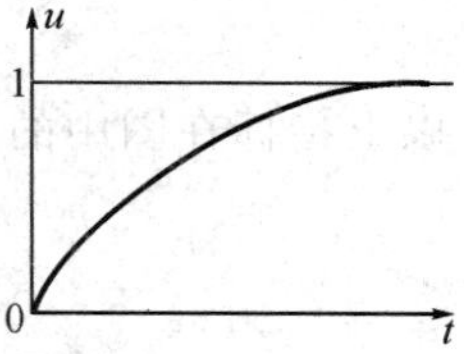 u, 1, 0, t
$0<\xi<1$ （欠阻尼）	$s_{1,2} = -\xi\omega_n \pm j\,\omega_n\sqrt{1-\xi^2}$	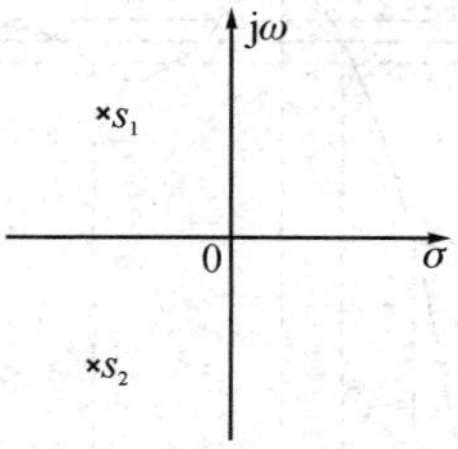 $j\omega$, s_1, 0, σ, s_2	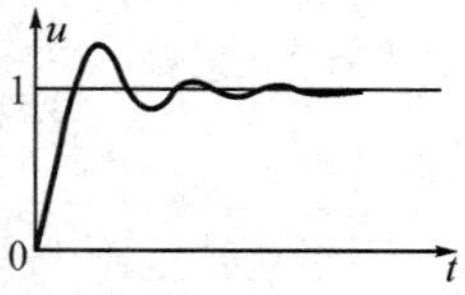 u, 1, 0, t
$\xi=0$ （无阻尼）	$s_{1,2} = \pm j\omega$	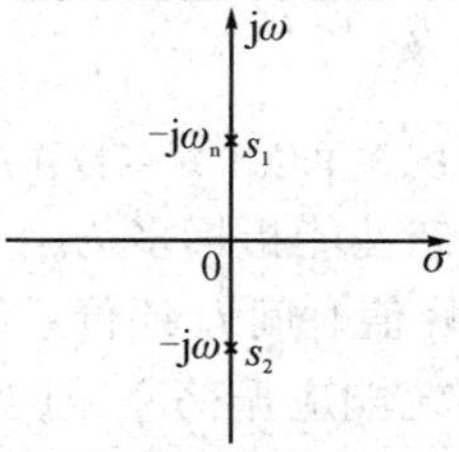 $j\omega$, $-j\omega_n$ s_1, 0, σ, $-j\omega$ s_2	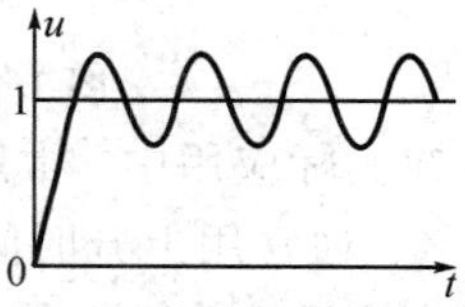 u, 1, 0, t
$-1<\xi<0$ （发散振荡）	$s_{1,2} = \xi\omega_n \pm j\,\omega_n\sqrt{1-\xi^2}$	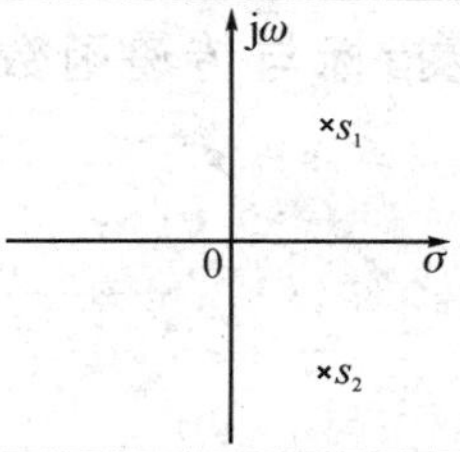 $j\omega$, s_1, 0, σ, s_2	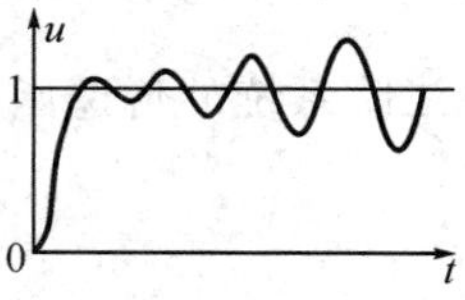 u, 1, 0, t

续表

阻尼系数	特征方程的根	根在复平面上的位置	单位阶跃响应
$\xi=-1$ （单调发散）	$s_{1,2}=\xi\omega_n$	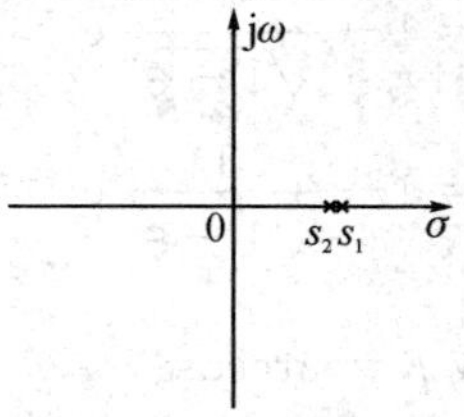	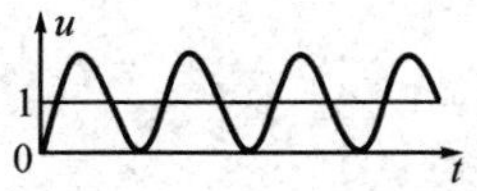
$\xi<-1$ （单调发散）	$s_{1,2}=\xi\omega_n\pm\omega_n\sqrt{\xi^2-1}$	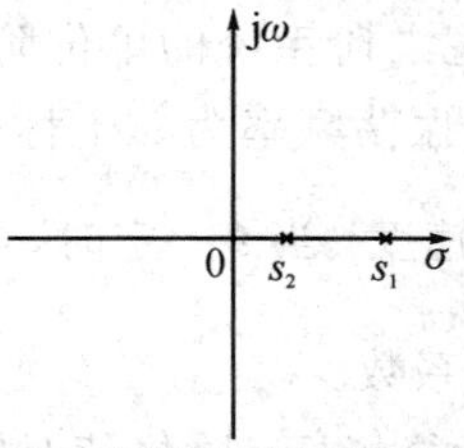	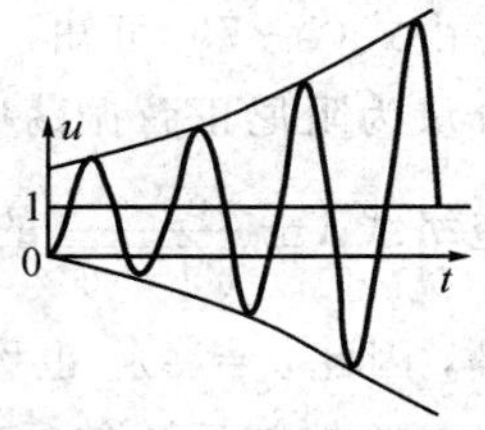

下面分别讨论欠阻尼、临界阻尼、过阻尼的单位阶跃响应。

1. 欠阻尼（$0<\xi<1$）

设 $\sigma=\xi\omega_n$，$\omega_d=\omega_n\sqrt{1-\xi^2}$，则式(1-72)可简化为

$$s_{1,2}=-\sigma\pm j\,\omega_d \tag{1-73}$$

其在 S 平面上的位置如图 1-15 所示。

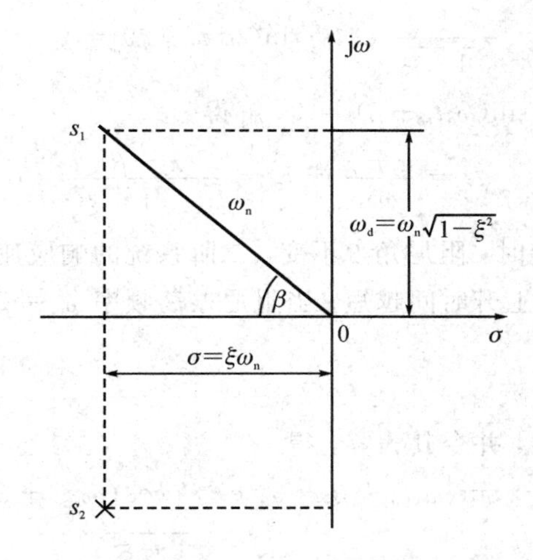

图 1-15　欠阻尼二阶系统的特征参数与闭环极点在 S 平面上的关系

输入单位阶跃信号 $u_i(t)=1(t)$，其拉氏变换为 $U_i(s)=\dfrac{1}{s}$，二阶系统的响应为

$$\begin{aligned}U_o(s)&=\frac{\omega_n^2}{s^2+2\xi\omega_n s+\omega_n^2}\times\frac{1}{s}\\&=\frac{1}{s}-\frac{s+\xi\omega_n}{(s+\xi\omega_n)^2+\omega_d^2}-\frac{\xi\omega_n}{(S+\xi\omega_n)^2+\omega_d^2}\end{aligned} \tag{1-74}$$

对其求拉氏反变换，得单位阶跃响应为

$$u_o(t)=1-e^{-\xi\omega_n t}\left[\cos\omega_d t+\frac{\xi}{\sqrt{1-\xi^2}}\sin\omega_d t\right]$$
$$=1-\frac{1}{\sqrt{1-\xi^2}}e^{-\xi\omega_n t}(\sqrt{1-\xi^2}\cos\omega_d t+\xi\sin\omega_d t)$$
$$=1-\frac{1}{\sqrt{1-\xi^2}}e^{-\xi\omega_n t}\sin(\omega_d t+\beta)\quad(t\geqslant 0)\tag{1-75}$$

式中：$\beta=\arctan(\frac{\sqrt{1-\xi^2}}{\xi})$ 或 $\beta=\arccos\xi$。

由式(1-75)可知，欠阻尼二阶系统的单位阶跃响应由两部分组成：稳态分量为1，暂态分量为阻尼正弦振荡项，其振荡频率为 ω_d，称为阻尼振荡频率；而衰减的快慢程度取决于包络线 $1\pm\frac{e^{-\xi\omega_n t}}{\sqrt{1-\xi^2}}$ 的收敛速度，当 ξ 一定时，包络线的收敛速度又取决于指数函数 $e^{-\xi\omega_n t}$ 的幂，因此 $\sigma=\xi\omega_n$ 也称衰减系数。

二阶控制系统各项动态性能指标，除峰值时间 t_p、超调量 $\delta\%$ 和上升时间 t_r 可以用 ξ 和 ω_n 准确计算外，延迟时间 t_d、调整时间 t_s 是很难用 ξ 和 ω_n 准确计算的，工程上是采用近似计算的方法。

无零点欠阻尼二阶系统的动态性能指标的计算公式推导思路如下：

1) 上升时间 t_r

令式(1-75)中 $u_o(t_r)=1$，则有

$$\frac{1}{\sqrt{1-\xi^2}}e^{-\xi\omega_n t_r}\sin(\omega_d t_r+\beta)=0\tag{1-76}$$

因为 $e^{-\xi\omega_n t_r}\neq 0$，所以 $\sin(\omega_d t_r+\beta)=0$，解得

$$t_r=\frac{\pi-\beta}{\omega_d}\text{ 或 }t_r=\frac{\pi-\beta}{\omega_n\sqrt{1-\xi^2}}\tag{1-77}$$

结论：当阻尼比 ξ 一定时，阻尼角 β 不变，二阶系统的响应速度与 ω_d 成反比，即 ω_d 值越大，t_r 越小，系统响应的上升时间越短；当阻尼振荡频率 ω_d 一定时，阻尼比 ξ 越小，上升时间越短。

2) 峰值时间 t_p

将式(1-75)对 t 求导，并令其为零，得

$$\xi\omega_n e^{-\xi\omega_n t_p}\sin(\omega_d t_p+\beta)-\omega_d e^{-\xi\omega_n t_p}\cos(\omega_d t_p+\beta)=0\tag{1-78}$$

$$\tan(\omega_d t_p+\beta)=\frac{\sqrt{1-\xi^2}}{\xi}\tag{1-79}$$

又因为 $\beta=\arctan\left(\frac{\sqrt{1-\xi^2}}{\xi}\right)$，所以式(1-79)中 $\omega_d t_p=0,\pi,2\pi,\cdots$。根据峰值时间的定义，应取 $\omega_d t_p=\pi$，则

$$t_p=\frac{\pi}{\omega_d}\quad\text{或}\quad t_p=\frac{\pi}{\omega_n\sqrt{1-\xi^2}}\tag{1-80}$$

结论：峰值时间与闭环极点的虚部数值成反比，当阻尼比 ξ 一定时，闭环极点离负实轴的距离越远，峰值时间越短。

3）超调量 $\delta\%$

因为超调量发生在峰值时间上，所以将式(1-80)代入式(1-75)可求得系统响应最大值 $u_o(t_p)$，而稳态值 $u_o(\infty)=1$，再由定义得

$$\begin{aligned}\delta\% &= \frac{u_o(t_p)-u_o(\infty)}{u_o(\infty)}\times 100\% \\ &= e^{-\pi\xi/\sqrt{1-\xi^2}}\times 100\%\end{aligned} \tag{1-81}$$

结论：超调量 $\delta\%$ 仅与阻尼比 ξ 有关，而与自然谐振频率 ω_n 无关，阻尼比 ξ 越大，超调量 $\delta\%$ 越小；阻尼比 ξ 越小，超调量 $\delta\%$ 越大。当 $\xi=0.4\sim0.8$ 时，$\delta\%=1.5\%\sim25.4\%$。

4）调整时间 t_s

对于欠阻尼二阶系统单位阶跃响应来说，指数曲线 $1\pm\dfrac{e^{-\xi\omega_n t}}{\sqrt{1-\xi^2}}$ 是其对称于 $u_o(\infty)=1$ 的一对包络线，系统的响应总是包含在这一对包络线内。为了方便计算，通常采用包络线代替实际响应曲线来估算调节时间，取实际响应与稳态输出之间的差值 $\Delta=\pm5\%$，则

$$\Delta=\left|\frac{e^{-\xi\omega_n t}}{\sqrt{1-\xi^2}}\sin(\omega_d t+\beta)\right|\leqslant\frac{e^{-\xi\omega_n t}}{\sqrt{1-\xi^2}} \tag{1-82}$$

如果取 $\xi\leqslant0.8$，$\Delta=0.05$，代入式(1-82)求得

$$t_s\leqslant\frac{3.5}{\xi\omega_n} \tag{1-83}$$

工程计算中常取

$$t_s=\frac{3.5}{\xi\omega_n}=\frac{3.5}{\sigma} \tag{1-84}$$

如果误差带取值为 $\Delta=0.02$，则调节时间的近似计算公式为

$$t_s=\frac{4.5}{\xi\omega_n}=\frac{4.5}{\sigma} \tag{1-85}$$

结论：调节时间 t_s 与闭环极点的实部成反比，闭环极点距虚轴的距离越远，系统的调节时间 t_s 越短。

在工程应用中阻尼比 ξ 的取值主要是根据对系统超调量的要求来确定的，所以调节时间 t_s 主要由自然谐振频率 ω_n 决定，如果能保持阻尼比 ξ 不变而加大自然谐振频率 ω_n 的取值，则可以在不改变超调量的情况下减少调节时间。在欠阻尼的响应曲线中，阻尼比 ξ 越小，超调量 $\delta\%$ 越大，上升时间 t_r 就越短。如果二阶系统具有相同的阻尼比 ξ 和不同的自然谐振频率 ω_n，则系统的振荡特性相同，但响应速度不同，自然谐振频率 ω_n 越大，响应速度越快。

在控制工程中，除了不容许产生振荡响应的系统外，大多数情况下都希望控制系统具有适度的阻尼、较快的响应速度和较短的调节时间，所以二阶系统在设计时一般 ξ 取值为 $0.4\sim0.8$。

另外，二阶系统的各项动态性能指标之间是有矛盾的。例如上升时间和超调量，或者说响应速度和阻尼程度，不能同时达到满意的结果，因此对于既要提高系统的阻尼程度，又要系统拥有较好的响应速度时，就要采取合理的折中方案或做补偿，才能达到设计要求。

2. 临界阻尼（$\xi=1$）

当 $\xi=1$ 时，二阶系统的闭环极点 $s_{1,2}=-\xi\omega_n\pm\omega_n\sqrt{\xi^2-1}=-\omega_n$，是一对负实数根，

则闭环传递函数为

$$\Phi(s)=\frac{\omega_n^2}{(s+\omega_n)^2} \tag{1-86}$$

输入单位阶跃信号 $u_i(t)=1(t)$，则其拉氏变换为

$$U_i(s)=\frac{1}{s} \tag{1-87}$$

二阶系统临界阻尼的响应为

$$\begin{aligned}U_o(s)&=\frac{\omega_n^2}{(s+\omega_n)^2}\times\frac{1}{s}\\&=\frac{1}{s}-\frac{\omega_n}{(s+\omega_n)^2}-\frac{1}{s+\omega_n}\end{aligned} \tag{1-88}$$

对式(1-88)求拉氏反变换，得单位阶跃响应为

$$u_o(t)=1-e^{-\omega_n t}(1+\omega_n t)(t\geqslant 0) \tag{1-89}$$

由式(1-89)可以看出，临界阻尼 $\xi=1$ 时，二阶系统的单位阶跃响应是稳态值为 1 的无超调单调上升过程，其变化率为

$$\frac{du_o(t)}{dt}=\omega_n^2 t\, e^{-\omega_n t} \tag{1-90}$$

当 $t=0$ 时，响应过程的变化率为零；当 $t>0$ 时，响应过程的变化率为正，响应过程单调上升；当 $t\to\infty$时，响应过程的变化率趋于零，响应过程趋于常数 1。

无零点临界阻尼二阶系统的动态性能指标如图 1-16 所示，其计算公式推导思路如下。

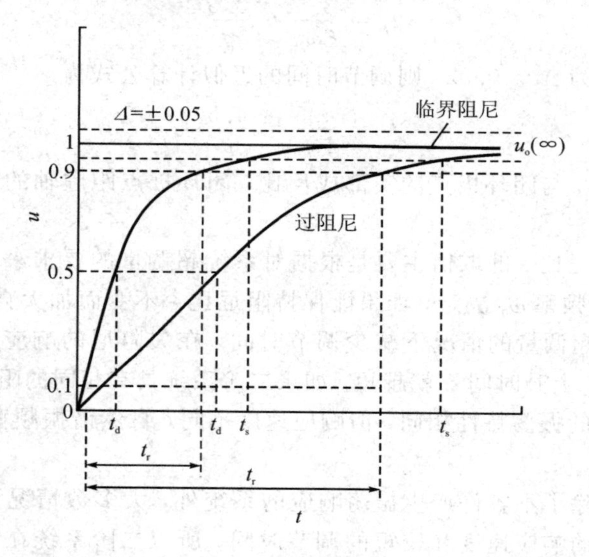

图 1-16　二阶系统临界阻尼和过阻尼动态指标

1）上升时间 t_r

根据定义，上升时间 t_r 是响应曲线由终值的 10%上升到终值的 90%所需要的时间。设 t_1 是系统响应曲线由 0 上升到终值的 10%所需要的时间，t_2 是系统响应曲线由 0 上升到终值的 90%所需要的时间，由式(1-89)得

$$u_o(t_1)=1-e^{-\omega_n t_1}(1+\omega_n t_1)=0.1$$

$$u_o(t_2) = 1 - e^{-\omega_n t_2}(1 + \omega_n t_2) = 0.9$$

则系统的上升时间为

$$t_r = t_2 - t_1 \tag{1-91}$$

由式(1-91)中求出上升时间 t_r 的精确值有一定的难度，所以工程上是用曲线拟合法给出近似的计算公式，即上升时间为

$$t_r \approx \frac{1 + 1.5\xi + \xi^2}{\omega_n} \tag{1-92}$$

2) 延迟时间 t_d

根据定义，延迟时间 t_d 是响应曲线上升到终值的50%所需要的时间。由式(1-89)得

$$u_o(t_d) = 1 - e^{-\omega_n t_d}(1 + \omega_n t_d) = 0.5 \tag{1-93}$$

由式(1-93)中求出延迟时间 t_d 的精确值有一定的难度，所以工程上是用曲线拟合法给出近似的计算公式，即

$$t_d \approx \frac{1 + 0.6\xi + 0.2\xi^2}{\omega_n} \tag{1-94}$$

3) 调整时间 t_s

根据定义，调整时间 t_s 是响应曲线到达并保持在终值的±5%或±2%内所需要的最短时间。由图 1-16 可以看出，临界阻尼($\xi = 1$)和过阻尼($\xi > 1$)的调整时间是输出到达终值的 95%所需要的时间，所以由式(1-89)得

$$u_o(t_s) = 1 - e^{-\omega_n t_s}(1 + \omega_n t_s) = 0.95 \tag{1-95}$$

由式(1-95)中求出调整时间 t_s 的精确值有一定的难度，所以工程上是用曲线拟合法给出近似计算公式，即

$$t_s \approx 4.75T \tag{1-96}$$

式中：$T = \dfrac{1}{\omega_n}$。

3. 过阻尼($\xi > 1$)

过阻尼二阶系统有两个不相等的实数根，即

$$T_1 = \frac{1}{\omega_n(\xi - \sqrt{\xi^2 - 1})} \quad T_2 = \frac{1}{\omega_n(\xi + \sqrt{\xi^2 - 1})} \tag{1-97}$$

式中：T_1 和 T_2 称为过阻尼二阶系统的时常数，并且 $T_1 > T_2$。

系统输出的拉氏变换为

$$U_o(s) = \frac{\omega_n^2}{\left(s + \dfrac{1}{T_1}\right)\left(s + \dfrac{1}{T_2}\right)} \times \frac{1}{s} \tag{1-98}$$

对其求拉氏反变换，得

$$u_o(t) = 1 + \frac{e^{\frac{-t}{T_1}}}{\dfrac{T_2}{T_1} - 1} + \frac{e^{\frac{-t}{T_2}}}{\dfrac{T_1}{T_2} - 1} \quad (t \geqslant 0) \tag{1-99}$$

由式(1-99)可以看出，很难根据动态性能指标的定义求出系统的准确计算公式，所以工程上采用近似计算公式。

上升时间为

$$t_r \approx \frac{1+1.5\xi+\xi^2}{\omega_n} \tag{1-100}$$

延迟时间为

$$t_d \approx \frac{1+0.6\xi+0.2\xi^2}{\omega_n} \tag{1-101}$$

调节时间为

$$t_s \approx 4.75\, T_1 \quad (T_1 > T_2) \tag{1-102}$$

如果 $T_1 > 4T_2$，系统可以等效为具有一个闭环极点的一阶系统，其等效极点为 $-\dfrac{1}{T_1}$，因此 $t_s = 3\,T_1(\Delta = \pm 5\%)$，或 $t_s = 4\,T_1(\Delta = \pm 2\%)$。

由于过阻尼系统的响应速度缓慢，所以通常不被采用，但是这并不排除在某些情况下(如在低增益、大惯性的温度控制系统中)需要采用过阻尼系统；另外，在有些不允许时间响应出现超调，而又要求响应速度较快时，如在指示仪表系统中，也需要采用临界阻尼系统。特别是有些高阶系统的时间响应往往可以用过阻尼二阶系统的时间响应来近似，因此研究过阻尼二阶系统的动态过程，有较大的工程意义。

在控制工程中，绝大多数系统都是用高阶微分方程描述的，对于不能用一、二阶系统描述的高阶系统，其动态性能指标的确定是比较复杂的。工程上通常采用闭环主导极点的概念对高阶系统进行近似分析。

4. 高阶系统的阶跃响应

传递函数的一般形式为

$$\begin{aligned}\Phi(s) &= \frac{G(s)}{1+G(s)H(s)} \\ &= \frac{b_0 s^m + b_1 s^{m-1} + b_2 s^{m-2} + \cdots + b_{m-1}s + b_m}{a_0 s^n + a_1 s^{n-1} + a_2 s^{n-2} + \cdots + a_{n-1}s + a_n} \\ &= \frac{K\prod_{i=1}^{m}(s-Z_i)}{\prod_{j=1}^{n}(s-P_j)} \qquad (n \geqslant m)\end{aligned} \tag{1-103}$$

式中：$K = b_0/a_0$。

将 $M(S) = K\prod_{i=1}^{m}(S-Z_i) = 0$ 的根称为系统闭环零点，$D(S) = \prod_{j=1}^{n}(S-P_j) = 0$ 的根称为系统闭环极点，因为 $M(S)$ 和 $D(S)$ 都是实系数多项式，所以系统的零、极点只能是实数或共轭复数，系统要稳定，这些零、极点就要具有负实部，即位于 S 平面的左半平面。在实际控制系统中，闭环零点、极点通常都不相同，在输入单位阶跃信号时，系统响应的拉氏变换为

$$U_o(s) = \frac{K\prod_{i=1}^{m}(s-Z_i)}{\prod_{j=1}^{q}(s-P_j)\prod_{h=1}^{r}(s^2+2\xi_h\omega_h s+\omega_h^2)} \times \frac{1}{s} \tag{1-104}$$

式中：$n=q+2r$，q 是实数极点的个数，$2r$ 是共轭极点的个数。

设 $1>\xi_h>0$，将式(1-104)展开成部分分式

$$U_o(s)=\frac{A_0}{s}+\sum_{j=1}^{q}\frac{A_j}{s-P_j}+\sum_{h=1}^{r}\frac{B_h s+C_h}{(s^2+2\xi_h\omega_h s+\omega_h^2)} \tag{1-105}$$

式中：$A_0=\lim\limits_{s\to 0}sU_o(s)=\dfrac{b_m}{a_n}$；$A_j=\lim\limits_{s\to s_j}sU_o(s)$，$j=1, 2, \cdots, q$；$B_h$ 和C_h 是与 $U_o(s)$ 在闭环共轭复数极点处的留数有关的常系数。

在零初始条件下，对式(1-105)求拉氏反变换，得

$$u_o(t)=A_0+\sum_{j=1}^{q}A_j\,e^{P_j t}+\sum_{h=1}^{r}B_h\,e^{-\xi_h\omega_h t}\cos(\omega_h\sqrt{1-\xi_h^2})t$$
$$+\sum_{h=1}^{r}\frac{C_h-B_h\xi_h\omega_h}{\omega_h\sqrt{1-\xi_h^2}}\,e^{-\xi_h\omega_h t}\sin(\omega_h\sqrt{1-\xi_h^2})\quad t(t\geqslant 0) \tag{1-106}$$

由式(1-106)可知，高阶系统的单位阶跃响应是由一阶系统和二阶系统的时间响应函数项组成的，因为所有闭环极点都具有负实部，所以随着 $t\to\infty$，系统输出响应的指数项和阻尼正弦(余弦)项都将趋于零，高阶系统是稳定的，稳态值为 A_0。

对于稳定的高阶系统，闭环极点的负实部的绝对值越大，其对应的响应分量衰减得越快；反之，则衰减得越慢。故而离虚轴近的极点(闭环极点的负实部的绝对值小)，对系统响应的影响相对较大。

对于稳定的高阶系统，如果在所有的闭环极点中，距虚轴最近的极点周围没有闭环零点，而其他闭环极点又离虚轴较远，那么距虚轴最近的闭环极点所对应的响应分量会随着时间的推移衰减得最为缓慢。无论从指数还是从系数来看，在系统的时间响应过程中起主导作用，这样的闭环极点就称为闭环主导极点。

在实际控制工程中，通常要求控制系统既要有较高的响应速度，又具有一定的阻尼程度，另外还要减少非线性因素的影响，因此高阶系统的增益一般都会调整到系统有一对闭环共轭复数主导极点。这时可以使用这一对闭环共轭复数主导极点构成二阶系统，来近似估算高阶系统的性能指标。但这是有条件的，即非主导极点距虚轴的距离是主导极点的 4 倍以上。

5. 闭环零极点对系统性能的影响

闭环零极点对系统性能的影响如下：

(1) 闭环零点的作用是减少峰值时间，加快系统的响应速度。减小阻尼，会使系统的超调量增大；调节时间延长，并且闭环零点离虚轴越近，影响越大。

(2) 闭环极点的作用是增大峰值时间，使系统的响应速度变缓慢。增大阻尼，会使系统的超调量减小；调节时间缩短，并且闭环极点离虚轴越近，影响越大。

(3) 如果闭环零点、极点彼此接近，则它们对系统的影响将相互减弱。

1.3.5　线性系统稳态误差

设控制系统的结构图如图 1－17 所示。

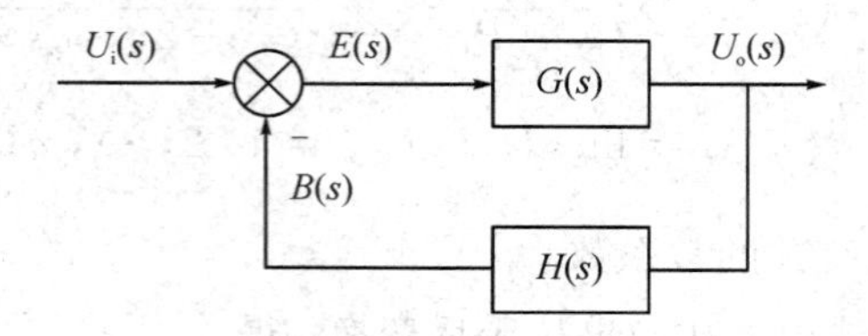

图 1－17　控制系统的方框图

当输入信号与主反馈信号不等时，比较器的输出为

$$E(s)=U_i(s)-H(s)C(s) \tag{1-107}$$

此时系统在 $E(s)$ 信号的作用下产生动作，使系统输出量趋于理性值。通常称 $E(s)$ 为误差信号，简称误差。这是从系统输入端定义的误差，另一种是从系统输出端定义的误差 $E'(s)$。将图 1－17 等效变换成图 1－18。

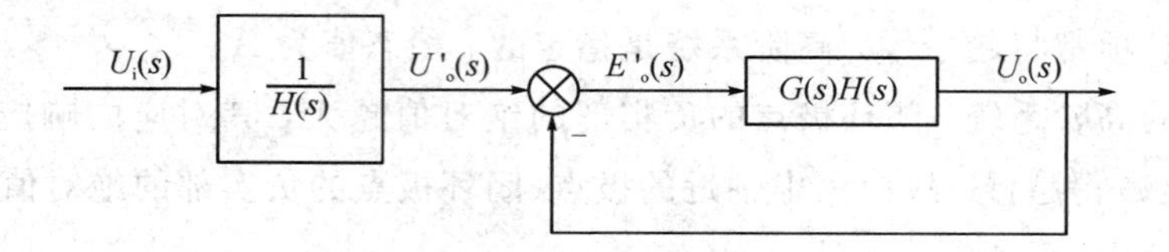

图 1－18　等效单位反馈系统

则 $E(s)$ 和 $E'(s)$ 的关系为

$$E'(s)=E(s)/H(s) \tag{1-108}$$

其时域表达式为 $e(t)=\mathscr{L}^{-1}[E(s)]=\mathscr{L}^{-1}[\Phi_e(s)U_i(s)]$，其中 $\Phi_e(s)=\dfrac{E(s)}{U_i(s)}=\dfrac{1}{1+G(s)H(s)}$，为系统误差传递函数。

系统的稳态误差为

$$e_{ss}=\lim_{s\to 0}sE(s)=\lim_{s\to 0}\frac{sU_i(s)}{1+G(s)H(S)} \tag{1-109}$$

一般情况下开环传递函数可以用下列形式表示：

$$G(s)H(s)=\frac{K\prod_{i=1}^{m}(\tau_i s+1)}{s^{\nu}\prod_{j=1}^{n-\nu}(T_j s+1)} \tag{1-110}$$

式中：K 是开环增益；τ_i 和 T_j 是时常数；ν 是积分环节个数，它产生的极点位于 S 平面的坐标原点处。$\nu=0$ 称为 0 型系统；$\nu=1$ 称为Ⅰ型系统；$\nu=2$ 称为Ⅱ型系统；$\nu=3$ 称为Ⅲ型系统；……。当 $\nu>2$ 后，除复合控制系统外，系统很难稳定，所以除航天控制系统外，Ⅲ型系统及Ⅲ型以上系统几乎不用。这样分类可以根据已知的输入信号，快速判断系统的原理性误差存在与否及其大小，如表 1－4 所示。

表1-4　系统类型与稳态误差

	误差系数			典型输入信号作用下的稳态误差		
				位置阶跃（阶跃信号）A	速度阶跃（斜波信号）Bt	加速度信号 $\frac{1}{2}Ct^2$
	K_p	K_v	K_a	$e_{ss}=\frac{A}{1+K_p}$	$e_{ss}=\frac{B}{K_v}$	$e_{ss}=\frac{C}{K_a}$
0型系统 $\nu=0$	k	0	0	$\frac{A}{1+k}$	∞	∞
Ⅰ型系统 $\nu=1$	∞	k	0	0	$\frac{B}{k}$	∞
Ⅱ型系统 $\nu=2$	∞	∞	k	0	0	$\frac{C}{k}$

由表1-4可以看出，在同一输入信号的作用下，增大系统的型号，即增加积分环节的个数(增大ν的值)和开环放大系数k的值可以减少稳态误差，但是增加开环放大系数和系统的型号往往会导致系统的稳定性变差。

如果系统输入的是复合信号，即可以描述成：$u_i(t)=A+Bt+\frac{1}{2}Ct^2$时，则可利用线性系统叠加原理求得系统的稳态误差为

$$e_{ss}=\frac{A}{1+K_p}+\frac{B}{K_v}+\frac{C}{K_a} \tag{1-111}$$

1.4　控制系统的频域分析法

控制系统的频域分析法是工程上分析、设计控制系统常用的方法，它具有许多优点，例如可以通过实验的方法测出系统的频率特性，这就避免了推导运动方程的麻烦，并且也消除了在推导过程中的近似计算，从而提高了分析中要用到的原始数据的准确性；还可以利用标准的图表、曲线等，使分析、设计得到简化；且其分析方法比较简单，物理概念比较明确，对于防止系统结构谐振、抑制噪声干扰、改善系统稳定性和暂态特性等，都可以从系统的频率特性上确定解决的途径。测量系统频率特性的方法示意图如图1-19所示。

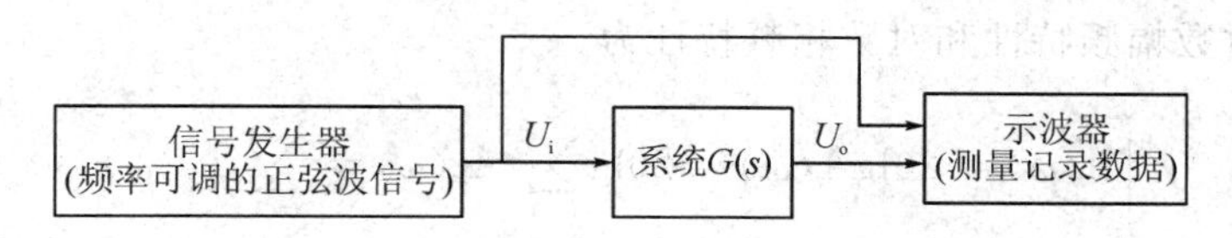

图1-19　实验测量系统频率特性示意图

实验时，固定输入正弦波信号的振幅，不断改变输入正弦波信号的频率，记录稳定时的输出信号，求得对应的输入、输出的振幅比和相位差，即可绘制出对应的频率特性图。

1.4.1　传递函数与频率特性的关系

电路理论中指出，一个线性电路的输入端加上一个正弦信号$u_i(t)=A_i\sin\omega t$，当电路

达到稳定时，输出信号也是一个正弦信号 $u_o(t)=A_o(\omega)\sin[\omega t+\varphi(\omega)]$，它的频率与输入信号的频率相同，振幅与相位分别与输入信号的振幅、相位有关，且都是频率 ω 的函数。

对于线性控制系统而言，频率特性 $G(\mathrm{j}\omega)$ 与传递函数 $G(s)$ 之间的关系非常简单，只要把传递函数的复数自变量 s 取作 $\mathrm{j}\omega$ 就可得到频率特性函数，即

$$G(\mathrm{j}\omega)=G(s)\big|_{s=\mathrm{j}\omega} \tag{1-112}$$

频率特性和微分方程、传递函数一样，表征了系统的运动规律，是系统频域分析的理论依据。系统的三种描述方法的关系如图 1-20 所示。

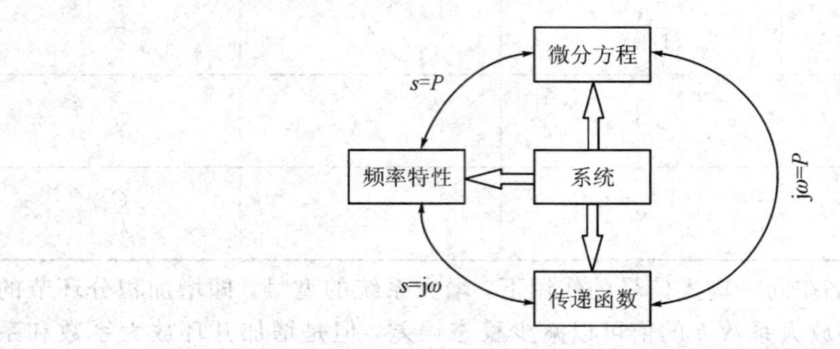

图 1-20 微分方程、传递函数、频率特性之间的关系

系统开环传递函数可以分解成若干个典型环节的串联形式，即

$$G(s)H(s)=\prod_{i=1}^{n}G_i(s)H(s) \tag{1-113}$$

设典型环节的频率特性为

$$G(\mathrm{j}\omega)=A_i\,\mathrm{e}^{\mathrm{j}\varphi_i(\omega)}\quad H(\mathrm{j}\omega)=1 \tag{1-114}$$

则系统开环频率特性为

$$G(\mathrm{j}\omega)H(\mathrm{j}\omega)=\left[\prod_{i=1}^{n}A_i(\omega)\right]\mathrm{e}^{\mathrm{j}\left[\sum\limits_{i=1}^{n}\varphi_i(\omega)\right]} \tag{1-115}$$

系统开环幅频特性和相频特性为

$$\begin{cases}A(\omega)=\prod\limits_{i=1}^{n}A_i(\omega)\\ \varphi(\omega)=\sum\limits_{i=1}^{n}\varphi_i(\omega)\end{cases} \tag{1-116}$$

系统开环对数幅频特性和对数相频特性为

$$\begin{cases}L(\omega)=20\lg A(\omega)=20\lg\sum\limits_{i=1}^{n}A_i(\omega)=\sum\limits_{i=1}^{n}L_i(\omega)\\ \varphi(\omega)=\sum\limits_{i=1}^{n}\varphi_i(\omega)\end{cases} \tag{1-117}$$

系统闭环频率特性为

$$\begin{aligned}\Phi(\mathrm{j}\omega)&=\frac{G(\mathrm{j}\omega)}{1+G(\mathrm{j}\omega)H(\mathrm{j}\omega)}\\&=\frac{A(\omega)\,\mathrm{e}^{\mathrm{j}\theta(\omega)}}{1+A(\omega)\,\mathrm{e}^{\mathrm{j}\theta(\omega)}};\ H(\mathrm{j}\omega)=1\end{aligned} \tag{1-118}$$

令 $\theta(\omega)=\pi+\gamma$，$\gamma$ 称为系统稳定裕度，则

$$\begin{aligned}\Phi(\mathrm{j}\omega)&=M(\mathrm{j}\omega)\,\mathrm{e}^{\mathrm{j}\varphi(\omega)}\\&=\frac{A(\omega)\,\mathrm{e}^{\mathrm{j}(\pi+\gamma)}}{1+A(\omega)\,\mathrm{e}^{\mathrm{j}(\pi+\gamma)}}\\&=\frac{A(\omega)}{A(\omega)-\cos\gamma-\mathrm{j}\sin\gamma}\end{aligned}\tag{1-119}$$

系统闭环幅频特性和相频特性为

$$\begin{cases}M(\omega)=\dfrac{A(\omega)}{\sqrt{A^2(\omega)-2A(\omega)\cos\gamma+1}}\\\varphi(\omega)=\arctan\dfrac{-\sin\gamma}{A(\omega)-\cos\gamma}\end{cases}\tag{1-120}$$

系统闭环对数幅频特性和对数相频特性为

$$\begin{cases}L(\omega)=20\lg M(\omega)\\\varphi(\omega)=\arctan\dfrac{-\sin\gamma}{A(\omega)-\cos\gamma}\end{cases}\tag{1-121}$$

频率特性的几何表示法有幅相频率特性曲线(奈奎斯特图)、对数频率特性曲线(伯德图)、对数幅相图(尼科尔斯图)。

1.4.2 开环频率性能的特征参数

现介绍开环频率性能的特征参数如下。

1. 开环截止频率 ω_c

对数频率特性曲线穿越 0 dB 线时对应的频率，称为截止频率，记作 ω_c，有

$$A(\omega_c)=|G(\mathrm{j}\omega_c)H(\mathrm{j}\omega_c)|=1\tag{1-122}$$

2. 相角裕度 γ

对数频率特性曲线穿越 0 分贝线时，相频特性曲线与 $-180°$ 之间的差值，称为相角裕度。设 ω_c 为系统的截止频率，则相角裕度为

$$\gamma=180°+\angle G(\mathrm{j}\omega_c)H(\mathrm{j}\omega_c)\tag{1-123}$$

3. 开环穿越频率 ω_x

相频特性曲线穿越 $-180°$ 线时对应的频率，记作 ω_x，有

$$\varphi(\omega_x)=\angle G(\mathrm{j}\omega_x)H(\mathrm{j}\omega_x)=(2k+1)\pi\tag{1-124}$$

式中：$k=0,\ \pm1,\ \pm2,\ \cdots$。

4. 幅值裕度 h

相频特性曲线穿越 $-180°$ 线时对应的幅频特性曲线的幅值，记作 h。设 ω_x 为系统的穿越频率，则幅值裕度为

$$h=\frac{1}{|G(\mathrm{j}\omega_x)H(\mathrm{j}\omega_x)|}\tag{1-125}$$

相角裕度和幅值裕度在对数频率特性图上的表示如图 1-21 所示。

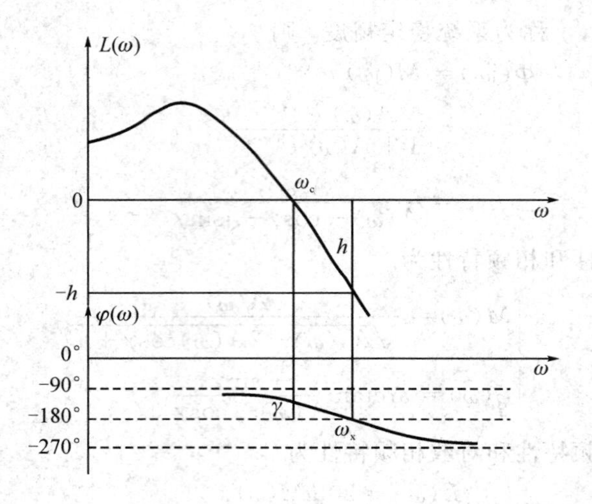

图 1-21　相角裕度和幅值裕度

1.4.3　闭环频率性能的特征参数

闭环频率性能的特征参数如下。

1. 控制系统的频带宽度 ω_b

设 $\Phi(j\omega)$ 为系统闭环频率特性，当闭环幅频特性下降到频率为零时的分贝值以下 3 dB 时，对应的频率称为带宽频率，记作 ω_b，即当 $\omega > \omega_b$ 时

$$20\lg\Phi(j\omega) < 20\lg\Phi(j0) - 3 \tag{1-126}$$

而频率范围$(0, \omega_b)$称为系统的带宽，如图 1-22 所示。

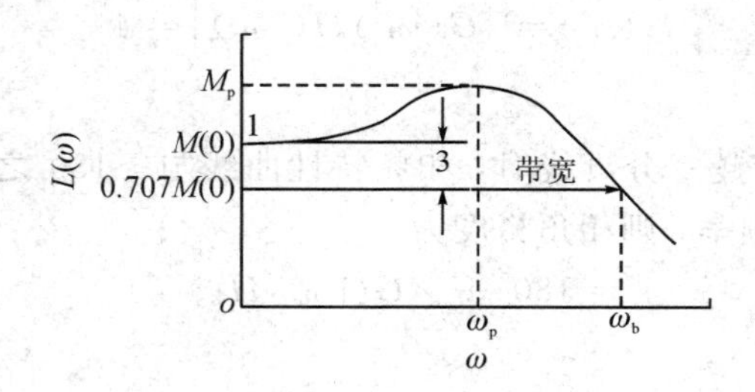

图 1-22　系统带宽频率与带宽

带宽的计算方法如下。

一阶系统传递函数为

$$\Phi(s) = \frac{1}{Ts+1} \tag{1-127}$$

因为 $\Phi(j0) = 1$，按带宽的定义，则有

$$20\lg|\Phi(j\omega_b)| = 20\lg\frac{1}{\sqrt{1+(T\omega_b)^2}} = 20\lg\frac{1}{\sqrt{2}} \tag{1-128}$$

求得带宽频率为

$$\omega_b = \frac{1}{T} \tag{1-129}$$

二阶系统传递函数为

$$\Phi(s)=\frac{\omega_n^2}{s^2+2\xi\omega_n s+\omega_n^2} \tag{1-130}$$

系统幅频特性为

$$|\Phi(j\omega)|=\frac{1}{\sqrt{\left(1-\frac{\omega^2}{\omega_n^2}\right)^2+4\xi^2\frac{\omega^2}{\omega_n^2}}} \tag{1-131}$$

因为 $|\phi(j0)|=1$，所以由带宽定义得

$$\sqrt{\left(1-\frac{\omega^2}{\omega_n^2}\right)^2+4\xi^2\frac{\omega^2}{\omega_n^2}}=\sqrt{2} \tag{1-132}$$

求得

$$\omega_b=\omega_n\sqrt{(1-2\xi^2)+\sqrt{(1-2\xi^2)^2+1}} \tag{1-133}$$

2. 零频振幅比 $M(0)$

ω 为零时闭环幅频特性值称为零频振幅比。它反映了系统的稳态精度，$M(0)$越接近 1，系统的精度越高；$M(0)\neq 1$ 时，则说明系统存在稳态误差。

3. 相对谐振峰值 M_p

闭环幅频特性的最大值 M_{max} 与零频振幅比 $M(0)$之比称为相对谐振峰值。当 $M(0)=1$ 时，$M_p=M_{max}$。相对谐振峰值越大，表明系统对某个频率的正弦波输入信号反应越强烈，有谐振的倾向。这同时也表明系统的平稳性较差，阶跃响应将有较大的超调量。工程上一般选择 $M_p=1.1\sim1.5$，如果没有特殊要求，也可取 $M_p=1.3$。

4. 谐振频率 ω_p

闭环幅频特性出现最大值 M_{max} 时的频率称做谐振频率。

1.4.4 闭环系统频域指标和时域指标的转换

系统时域指标的物理意义明确、直观，但仅适用于单位阶跃响应，而不能直接应用于频域的分析和综合。闭环系统频域指标带宽 ω_b 虽然能反映系统的跟踪速度和抗干扰能力，但需要通过闭环频率特性加以确认。而系统开环频域指标相角裕度 γ 和截止频率 ω_c 可以利用已知的开环对数频率特性曲线确定，且它们的大小在很大程度上决定了系统的性能，因此工程上常用相角裕度 γ 和截止频率 ω_c 来估算系统的时域指标。

1. 系统闭环和开环频域指标的关系

系统开环指标截止频率 ω_c 与闭环指标带宽频率 ω_b 有着密切的关系。如果两个系统的稳定程度相仿，则截止频率 ω_c 大的系统，其带宽频率 ω_b 也大；截止频率 ω_c 小的系统，其带宽频率 ω_b 也小，因此截止频率 ω_c 和系统的响应速度存在着正比的关系，可以用 ω_c 来衡量系统的响应速度。闭环谐振峰值 M_r 和开环指标相角裕度 γ 都是衡量系统稳定程度的，则有

$$M_r=M(\omega_r)=\frac{1}{|\sin\gamma(\omega_r)|}\approx\frac{1}{|\sin\gamma|} \tag{1-134}$$

2. 开环频域指标和时域指标的关系

对于典型的二阶系统，有

$$\frac{\omega_c}{\omega_n}=\sqrt{\sqrt{4\xi^4+1}-2\xi^2} \tag{1-135}$$

$$\begin{aligned}\gamma &= 180^\circ+\angle G(\mathrm{j}\,\omega_c)\\ &=180^\circ-90^\circ-\arctan\frac{\omega_c}{2\xi\omega_n}\\ &=\arctan\frac{2\xi\omega_n}{\omega_c}\\ &=\arctan\left[\frac{1}{\sqrt{2\xi(\sqrt{4\xi^4+1}-2\xi^2)}}\right]\end{aligned} \tag{1-136}$$

1.5 线性系统的校正

在大多数情况下，为了使控制系统的静态和动态性能满足工程上的要求，仅靠简单地引入输出量的反馈是不够的，因为在这种简单的反馈系统中，开环比例系数小则不能保证静态精度和响应速度，而开环比例系数大又会使动态性能变差，甚至造成系统不稳定。因此需要在系统中加入一些装置，以改善系统的性能，从而满足工程设计要求。这种措施称为校正，而以此为目的加入的装置称为校正装置。对控制系统进行校正的方式很多，比较常用的是串联校正和局部反馈校正，如图 1-23 和图 1-24 所示。

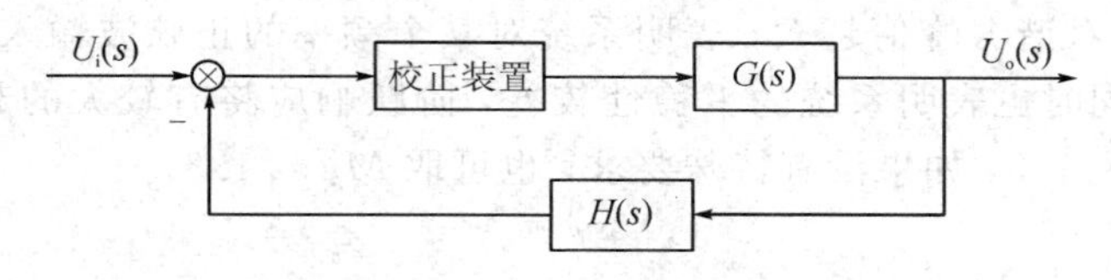

图 1-23　串联校正方框图

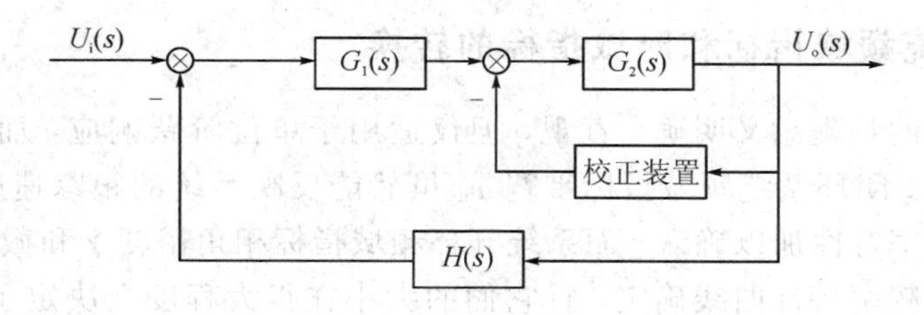

图 1-24　局部反馈校正方框图

串联校正比较简单，应用也比较广泛。已经有许多工艺完善、质量较好的串联校正装置的定型产品，有电子的、气动的、液压的等，其中以电阻电容网络和运算放大器组成的有源校正装置最为常见。

在控制系统设计中，采用的设计或校正方法一般依据性能指标的形式而定，如果性能指标以时域的峰值时间、上升时间、调节时间、超调量、阻尼比、稳态误差等时域特征量给出时，一般采用根轨迹法校正；如果性能指标以系统的相角裕度、幅值裕度、谐振峰值、闭环带宽、静态误差系数等频域特征量给出时，则采用频率法校正。目前工程上多采用频率法校正。

利用频率法进行校正时，可分频段进行校正。一般情况下，开环频率特性的低频段表征了闭环系统的稳态性能；中频段表征了闭环系统的动态性能；高频段表征了闭环系统的抗干扰能力和系统的复杂性。所以用频率法设计控制系统或对被控对象进行校正，就是在系统中加入频率特性形状合适的校正装置，使开环系统频率特性形状符合期望要求：低频段增益足够大，以保证稳态误差要求；中频段对数幅频特性斜率一般要求为－20 dB/dec，并占据足够宽的频带，以保证具有适当的相角裕度；高频段增益尽快减小，以削弱噪声影响。

串联频域校正法有三种：串联导前校正、串联滞后校正、串联滞后-导前校正。下面以串联滞后-导前校正为例介绍校正的设计步骤：

(1) 根据稳态性能要求确定开环增益 K。

(2) 绘制待校正系统的对数幅频特性，求出待校正系统的截止频率 ω_c'、相角裕度 γ、幅值裕度 h(dB)。

(3) 在待校正系统对数幅频特性上，选择斜率从－20 dB/dec 变成－40 dB/dec 的交接频率作为校正网络超前部分的交接频率 ω_b。ω_b 的这种选法可以降低已校正系统的阶次，既可保证中频段斜率为期望的－20 dB/dec，又可占据较宽的频带。

(4) 根据响应速度的要求，选择系统的截止频率 ω_c'' 和校正网络衰减因子 $\dfrac{1}{a}$，要保证已校正系统的截止频率为所选的 ω_c''，则下列等式应成立：

$$-20\lg a + L'(\omega_c'') + 20\lg T_b\,\omega_c'' = 0 \tag{1-137}$$

式中：$T_b = \dfrac{1}{\omega_b}$；$L'(\omega_c'') + 20\lg T_b\,\omega_c''$ 可由待校正系统对数频率特性的－20 dB/dec 的延长线在 ω_c'' 处的数值来确定，所以由式(1－137)即可求出 a 的值。

(5) 根据相角裕度要求估算校正网络滞后部分的交接频率 ω_a。

(6) 校验已校正系统的各项性能指标(详细的设计过程可参阅胡寿松主编的“自动控制原理”)。

局部反馈是工程中时常用到的校正手段，它的特点是在一定的频率范围内用校正装置传递函数的倒数去改造对象，速度反馈和速度微分反馈是局部反馈的主要形式。大多数情况下，局部反馈是与串联校正结合一起使用的。

1.6　非线性系统分析

在实际工程中，理想的线性系统是不存在的，因为组成控制系统的各个元件的动态和静态都存在不同程度的非线性。由于非线性系统的形式多样，一般情况下难以求得非线性微分方程的解析解，因此只能采用工程上适用的近似方法，现介绍如下。

1. 相平面法

相平面法是推广应用时域分析法的一种图解分析方法，它是通过在相平面上绘制相轨迹曲线，确定非线性微分方程在不同初始条件下解的运动形式，但是相平面法仅适用于一阶和二阶非线性系统。

2. 描述函数法

描述函数法是基于频域分析法和非线性特性谐波线性化的一种图解分析法。该方法适用于满足结构要求的一类非线性系统，通过谐波线性化，将非线性特性近似表示为复变增益环节，然后推广应用频率法，分析非线性系统的稳定性或自激振荡。

3. 逆系统法

逆系统法是运用内环非线性反馈控制，构成伪线性系统，并以此为基础，设计外环控制网络。该方法应用数学工具直接研究非线性控制问题，不必求解非线性系统的运动方程，是非线性系统控制研究的一个发展方向。

第 2 章　线性系统时域分析

在古典(也称经典)控制理论中，常用时域分析法、根轨迹法和频域分析法来分析线性控制系统的性能，不同的方法有不同的特点和适用范围。相对而言，时域分析法是一种直接在时间域中对系统进行分析的方法，它具有直观、准确等优点，并可以提供控制系统时间响应的全部信息。本章重点研究时域分析方法，包括稳定性、简单系统的动态性能指标，以及用根轨迹法对高阶系统运动特性进行近似分析。

本教程的实验设计是基于西安中晶电子有限公司提供的 AEDK-SACT-2 自动控制教学实验系统(如图 2-1 所示)和 AEDK-labAct-3A 自控/计控教学实验系统(如图 2-2 所示)。

实验前请仔细阅读附录 A 和附录 B，熟悉实验装置的布局和使用方法。

图 2-1　自动控制教学实验系统

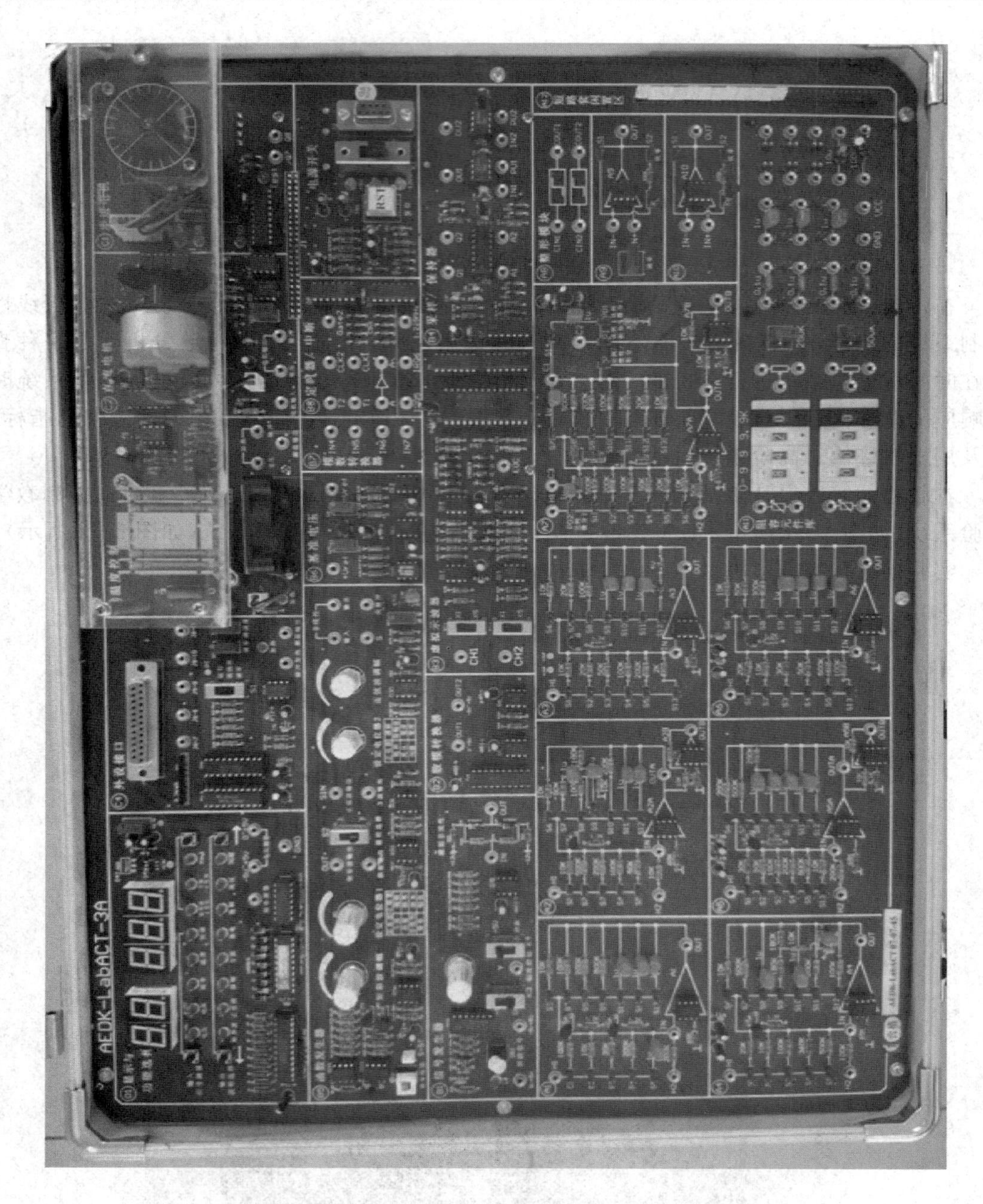

图 2-2　自控/计控教学实验系统

实验 2.1　线性典型环节实验

1. 实验目的

(1) 了解相似性原理的基本概念。

(2) 掌握用运算放大器构成各种常用典型环节的方法。

(3) 掌握各类典型环节的输入和输出时域关系(时域数学模型)及相应传递函数的表达形式，熟悉各典型环节的参数(K、T)。

(4) 学会用时域法测量典型环节的参数。

2. 实验内容

(1) 用运算放大器构成比例环节、惯性环节、积分环节、比例积分环节、比例微分环节和比例积分微分环节。

(2) 在阶跃输入信号的作用下，记录各环节的输出波形，写出输入输出之间的时域数学关系。

(3) 在运算放大器上实现各环节的参数变化，观察和分析各典型环节的阶跃响应曲线，了解各项电路参数对典型环节动态特性的影响。

3. 实验要求

(1) 做好实验前的预习，根据实验内容中的原理图及相应参数，写出其传递函数的表达式，并计算各典型环节的时域输出响应(时域数学模型)和相应参数(K、T)。

(2) 分别画出各典型环节的阶跃响应理论波形。

(3) 输入阶跃信号，测量各典型环节的输入和输出波形及相关参数，并记录。

4. 实验原理及步骤

1) 比例环节

比例环节实验原理图如图 2-3 所示，方框图如图 2-4 所示。

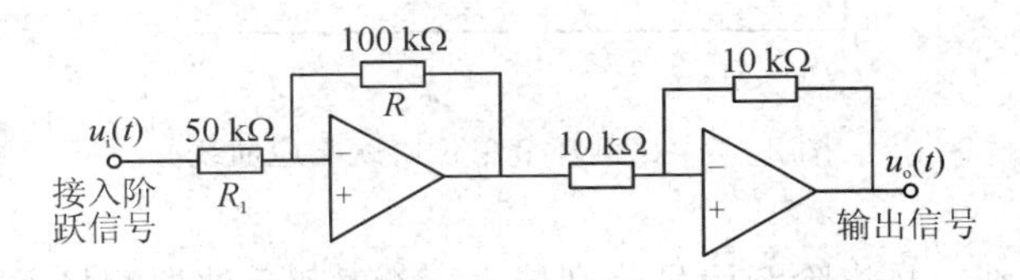

图 2-3　比例环节实验原理图

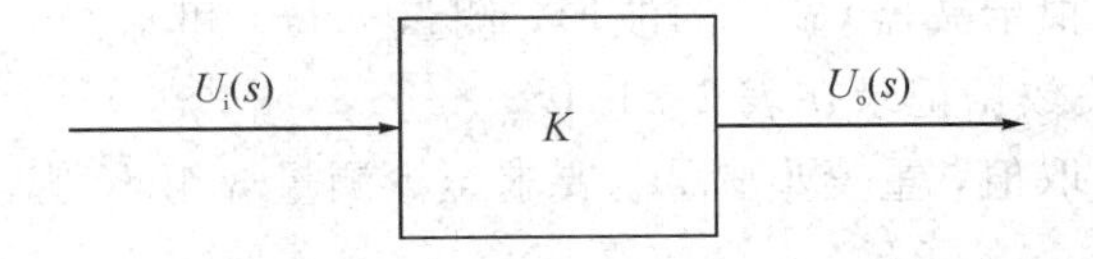

图 2-4　比例环节实验方框图

(1) 传递函数的计算。根据模拟电子技术基础知识有

$$\frac{U_i(s)}{R_1}=\frac{U_o(s)}{R} \tag{2-1}$$

得比例环节的传递函数为

$$G(s)=\frac{U_o(s)}{U_i(s)}=K \tag{2-2}$$

式中：比例系数 $K=\dfrac{R}{R_1}$。

单位阶跃信号输入时，$u_i(t)=1(t)$，其拉氏变换为

$$U_i(s)=\frac{1}{s} \tag{2-3}$$

输出信号的拉氏变换为

$$U_o(s)=G(s)\times U_i(s)=K\times\frac{1}{s} \tag{2-4}$$

时域输出响应为

$$u_o(t)=\mathscr{L}^{-1}[K\times U_i(s)]=K\times 1(t) \tag{2-5}$$

结论：比例环节的阶跃响应波形和输入波形相同，不失真，幅值大小由系统参数(比例系数)K 值决定；响应速度快，没有延迟。

在自动控制系统中，一切惯性可以忽略的线性元件，如运放、比较器、传动轴等都属于这一类型。

$u_i(t)$—$u_o(t)$ 的时域响应理论波形如图 2-5 所示。

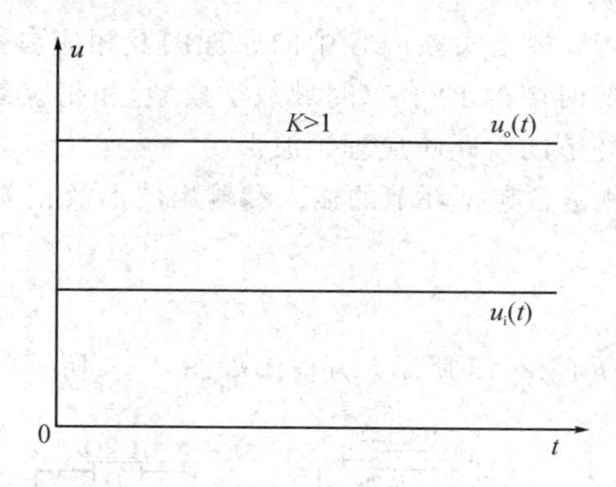

图 2-5　比例环节单位阶跃响应曲线

(2) 实验步骤。

① 按图 2-3 连线，并将阶跃信号分别接入 $u_i(t)$ 和示波器测量通道，将输出 $u_o(t)$ 接入示波器的另一测量通道。

② 观察计算机(虚拟示波器)显示的波形，测量 $u_i(t)$ 和 $u_o(t)$ 的数值，计算出实测比例系数 K 值，并将相关数据记录在表 2-1 中。

③ 改变 R 或 R_1 的取值，重复步骤②。要求至少测量 3 组 K 值。

2) 惯性环节

惯性环节实验原理图如图 2-6 所示，方框图如图 2-7 所示。

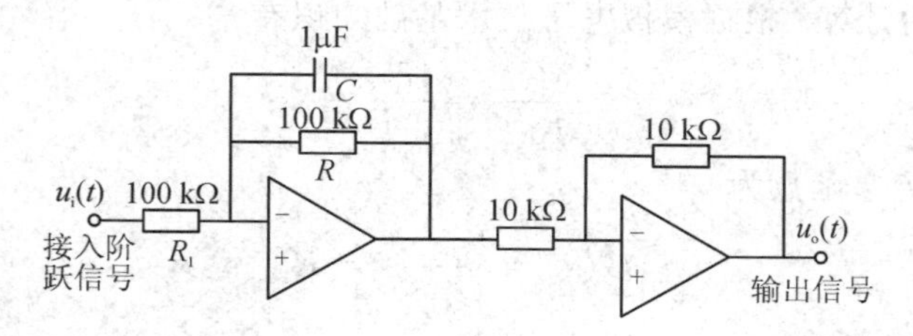

图 2-6　惯性环节实验原理图

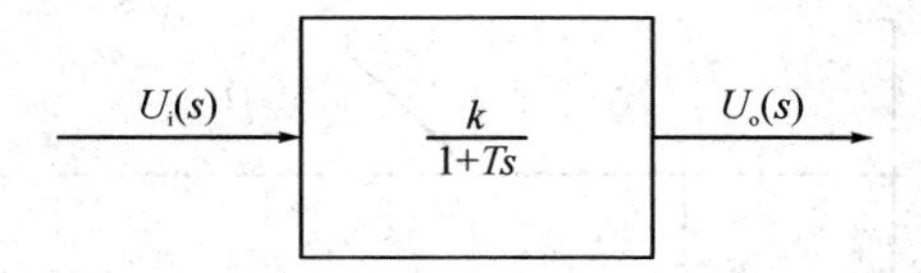

图 2-7　惯性环节实验方框图

(1) 传递函数的计算。根据模拟电子技术基础知识，有

$$\frac{U_i(s)}{R_1}=\frac{U_o(s)}{R}+cs\,U_o(s) \tag{2-6}$$

得惯性环节传递函数为

$$G(s)=\frac{U_o(s)}{U_i(s)}=\frac{K}{1+Ts} \tag{2-7}$$

式中：比例系数 $K=\frac{R}{R_1}$；惯性时常数 $T=RC$。

其闭环控制系统如图 2-8 所示。

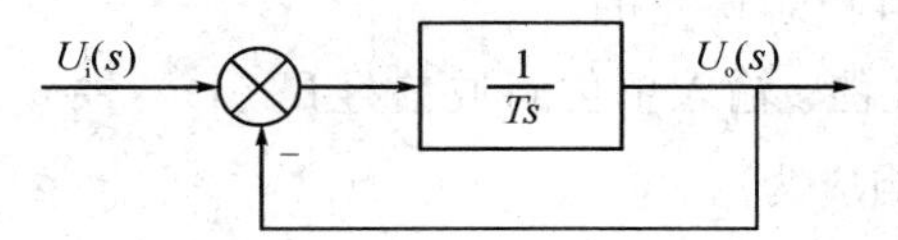

图 2-8　一阶控制系统方框图

(2) 一阶系统(惯性环节)的动态性能。输入单位阶跃信号，其拉氏变换为

$$U_i(s)=\frac{1}{s} \tag{2-8}$$

系统响应的拉氏变换为

$$U_i(s)=\Phi(s)\times U_o(s)=\frac{1}{Ts+1}\times\frac{1}{s} \tag{2-9}$$

系统的时域响应可以通过对 $U_i(s)$ 求拉氏反变换得到，即

$$u_o(t)=\mathscr{L}^{-1}\left[\frac{1}{Ts+1}\times\frac{1}{s}\right]=\mathscr{L}^{-1}\left[\frac{1}{s}-\frac{1}{s+\frac{1}{T}}\right]=1-e^{-\frac{t}{T}}\quad(t\geqslant 0) \tag{2-10}$$

式(2-10)中第一项“1”是稳态值，也可以说是稳态分量；第二项“$-e^{-\frac{t}{T}}$”是动态分量，也可以说是暂态分量，当 $t\to\infty$ 时，$-e^{-\frac{t}{T}}$ 将衰减为零。

响应的初始斜率为

$$\frac{du_o(t)}{dt}\Big|_{t=0}=\frac{1}{T}e^{-\frac{t}{T}}\Big|_{t=0}=\frac{1}{T} \tag{2-11}$$

时常数 T 是由系统参数确定的表征响应特性的唯一参数，它与系统的单位阶跃响应有确定的对应关系，如图 2-9 所示，有

$$t=T\text{ 时，}u_o(t)=0.632$$

$$t=2T\text{ 时，}u_o(t)=0.865$$

$$t=3T\text{ 时，}u_o(t)=0.95$$

$$t=4T\text{ 时，}u_o(t)=0.982$$

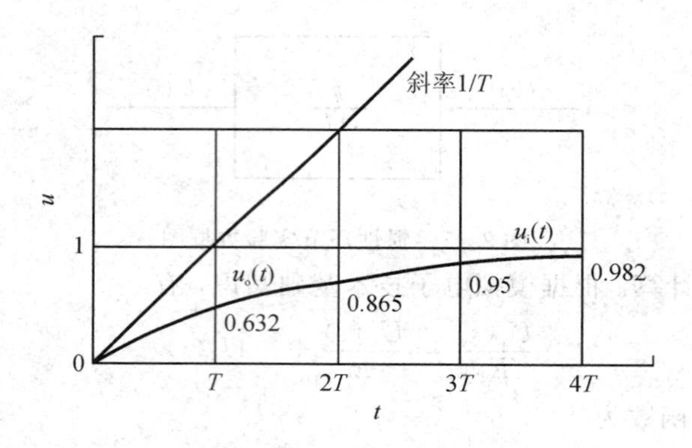

图 2-9　一阶系统的单位阶跃响应

因为一阶系统的单位阶跃响应没有超调量，所以其主要性能指标是调整时间 t_s。当误差范围取 $\Delta=\pm 5\%$ 时，$t_s=3T$；当误差范围取 $\Delta=\pm 2\%$ 时，$t_s=4T$。可知，系统时常数 T 越小，动态过程调整时间 t_s 越小，系统的响应速度越快。另外，由式(2-10)可知，一阶系统的单位阶跃响应是没有稳态误差的。

(3) 一阶系统的稳态性能。输入单位斜波信号 $U_i(s)=\dfrac{1}{s^2}$，同样的步骤和方法，可以推导出一阶系统的单位斜波响应为

$$u_o(t)=t-T+e^{-\frac{t}{T}}\quad (t\geqslant 0) \tag{2-12}$$

由式(2-12)可以看出，一阶系统的单位斜波响应存在稳态误差。控制系统输入信号就是输出量的期望值，其稳态误差为

$$e_{ss}=\lim_{t\to\infty}[t-u_o(t)]=\lim_{t\to\infty}[t-(t-T+T\,e^{-\frac{1}{T}})]=T \tag{2-13}$$

结论：一阶系统的单位斜波响应稳态误差等于系统时常数 T，所以时常数 T 越大，稳态误差越大。

(4) 一阶系统的抗干扰能力。输入单位脉冲信号 $U_i(s)=1$，同样的步骤和方法，可以推导出一阶系统的单位脉冲响应为

$$u_o(t)=\frac{1}{T}e^{-\frac{t}{T}}\quad (t\geqslant 0) \tag{2-14}$$

结论：由式(2-14)可知，惯性环节受到干扰离开初始状态时，经过一段时间可以回到初始状态。

由于单位脉冲函数、单位阶跃函数、单位斜波函数有以下数学关系

$$\delta(t)=\frac{d}{dt}[1(t)]=\frac{d^2}{dt^2}[t] \tag{2-15}$$

因此，单位斜波响应的导数是单位阶跃响应，单位阶跃响应的导数是单位脉冲响应。$u_i(t)-u_o(t)$ 的时域响应理论波形如图 2-10 所示。在自动控制系统中，大多数元件均属于这一类型或是具有这类环节的特性。

(5) 实验步骤。

① 按原理图 2-6 连线，并将阶跃信号分别接入 $u_i(t)$ 和示波器测量通道，将输出 $u_o(t)$ 接入示波器的另一测量通道。

② 观察计算机(虚拟示波器)显示的波形，测量 $u_i(t)$ 和 $u_o(t)$ 的数值，计算出实测惯

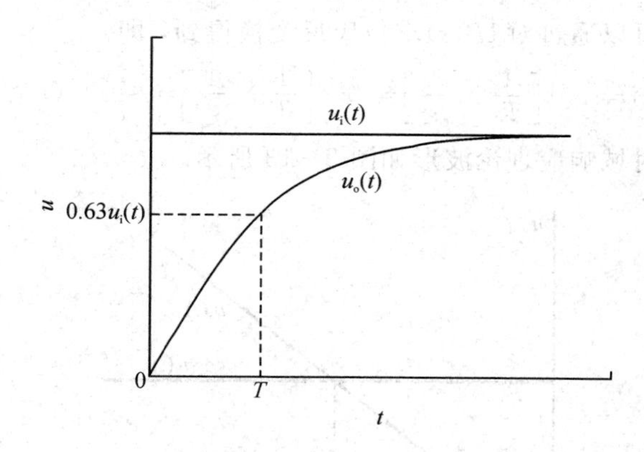

图 2-10　惯性环节单位阶跃响应图

性时常数 T 值，并将相关数据记录在表 2-1 中。

③ 改变电容 C 的取值，重复步骤②。要求至少测量 3 组 T 值。

3）积分环节

积分环节实验原理图如图 2-11 所示，方框图如图 2-12 所示。

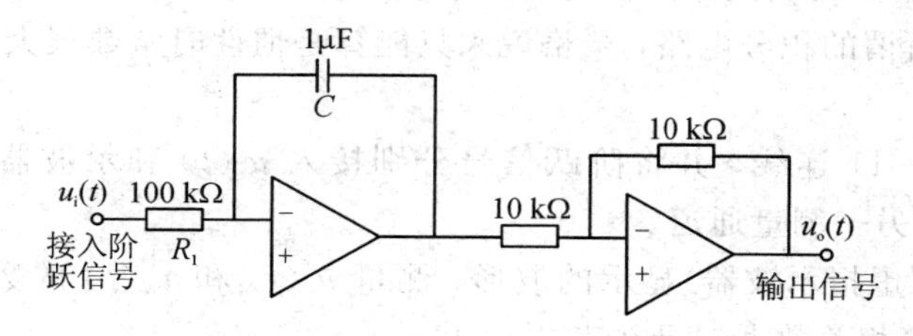

图 2-11　积分环节实验原理图

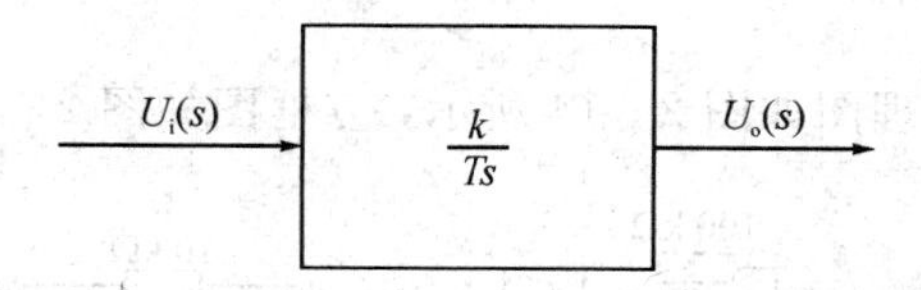

图 2-12　积分环节实验方框图

（1）传递函数的计算。根据模拟电子技术基础知识，有

$$\frac{U_i(s)}{R_1}=cs\,U_o(s) \tag{2-16}$$

得积分环节传递函数为

$$G(s)=\frac{U_o(s)}{U_i(s)}=\frac{1}{Ts} \tag{2-17}$$

式中：积分时常数 $T=R_1C$。

输入单位阶跃信号，其拉氏变换为

$$U_i(s)=\frac{1}{s} \tag{2-18}$$

系统响应的拉氏变换为

$$U_i(s)=\Phi(s)\times U_o(s)=\frac{1}{Ts}\times\frac{1}{s} \tag{2-19}$$

系统的时域响应可以通过对 $U_i(s)$ 求拉氏反变换得到，即

$$u_o(t)=\mathscr{L}^{-1}\left[\frac{1}{Ts}\times\frac{1}{s}\right]=\mathscr{L}^{-1}\left[\frac{1}{T}\times\frac{1}{s^2}\right]=\frac{1}{T}t\quad(t\geqslant 0)\tag{2-20}$$

$u_i(t)$—$u_o(t)$ 的时域响应理论波形如图 2-13 所示。

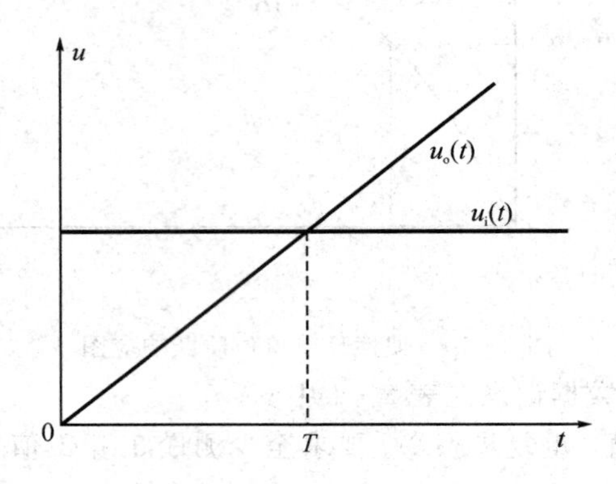

图 2-13　积分环节单位阶跃响应图

在自动控制系统中，只有各种驱动元件具有理想的积分特性，其他如由电阻、电容或运算放大器构成的所谓的积分电路，严格说来只能算是惯性时常数很大的惯性环节。

(2) 实验步骤。

① 按原理图 2-11 连线，并将阶跃信号分别接入 $u_i(t)$ 和示波器测量通道，将输出 $u_o(t)$ 接入示波器的另一测量通道。

② 观察计算机(虚拟示波器)显示的波形，测量 $u_i(t)$ 和 $u_o(t)$ 的数值，计算出实测积分时常数 T 值，并将相关数据记录在表 2-1 中。

③ 改变电容 C 的取值，重复步骤②。要求至少测量 3 组 T 值。

4) 比例-积分环节

比例-积分环节实验原理图如图 2-14 所示，方框图如图 2-15 所示。

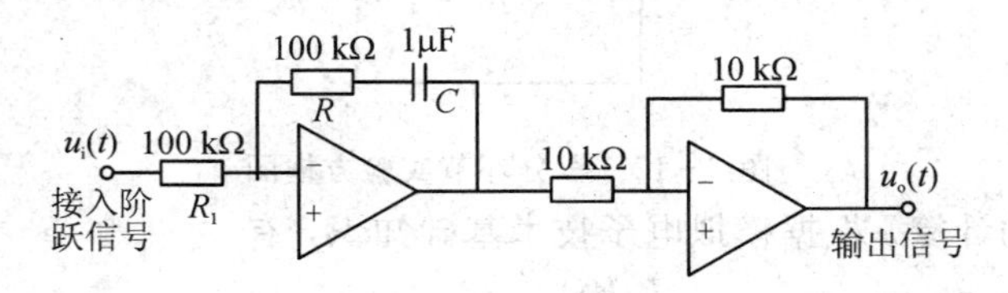

图 2-14　比例-积分环节实验原理图图

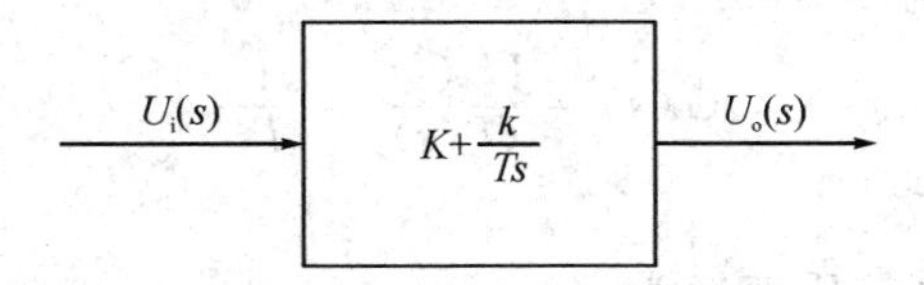

图 2-15　比例-积分环节实验方框图

(1) 传递函数的计算。根据模拟电子技术基础知识，有

$$\frac{U_i(s)}{R_1}=\frac{U_o(s)}{R+\dfrac{1}{cs}}=\frac{RCs}{1+R}\tag{2-21}$$

得比例-积分环节传递函数为

$$G(s)=\frac{U_o(s)}{U_i(s)}=K+\frac{1}{Ts} \tag{2-22}$$

式中：积分时常数 $T=R_1C$；比例系数 $K=\frac{R}{R_1}$。

输入单位阶跃信号，其拉氏变换为

$$U_i(s)=\frac{1}{s} \tag{2-23}$$

系统响应的拉氏变换为

$$U_i(s)=\Phi(S)\times U_o(s)=\left(K+\frac{1}{Ts}\right)\times\frac{1}{s} \tag{2-24}$$

系统的时域响应可以通过对 $U_i(s)$ 求拉氏反变换得到，即

$$u_o(t)=\mathscr{L}^{-1}\left[\left(K+\frac{1}{Ts}\right)\times\frac{1}{s}\right]=K+\frac{1}{T}t\quad(t\geqslant 0) \tag{2-25}$$

$u_i(t)$— $u_o(t)$ 的时域响应理论波形如图 2-16 所示。

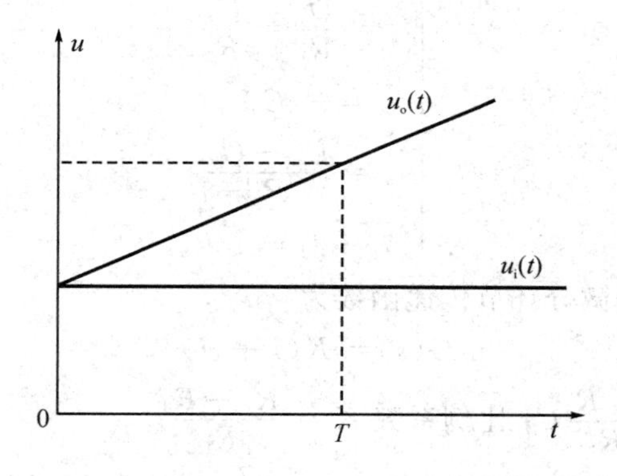

图 2-16　比例-积分环节单位阶跃响应图

(2) 实验步骤。

① 按原理图连线，并将阶跃信号分别接入 $u_i(t)$ 和示波器测量通道，将输出 $u_o(t)$ 接入示波器的另一测量通道。

② 观察计算机(虚拟示波器)显示的波形，测量 $u_i(t)$ 和 $u_o(t)$ 的数值，计算出实测积分时常数 T 值，并将相关数据记录在表 2-1 中。

③ 改变电容 C 的取值，重复步骤②。要求至少测量 3 组 T 值。

5) 比例-微分环节

比例-微分环节实验原理图如图 2-17 所示，方框图如图 2-18 所示。

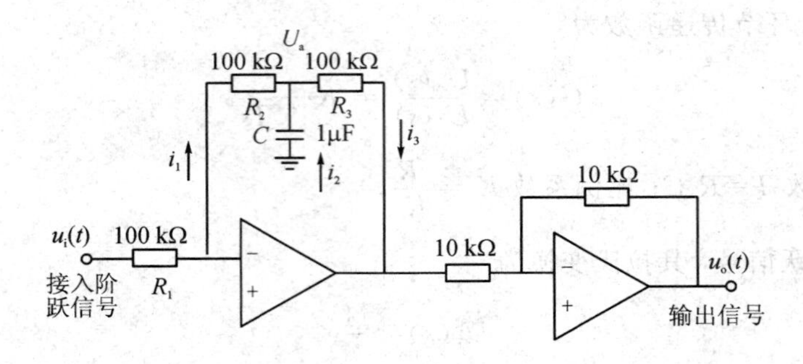

图 2-17　比例微-分环节实验原理图

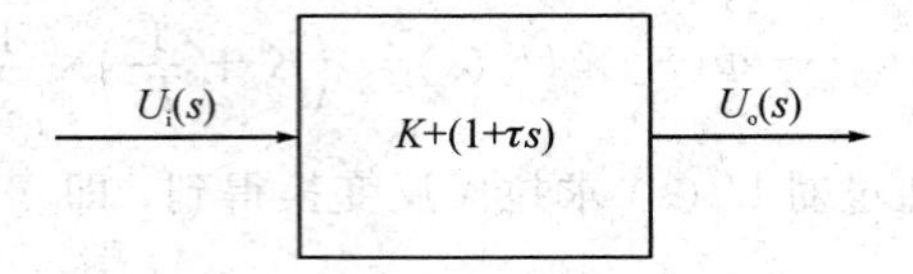

图 2-18　比例-微分环节实验方框图

(1) 传递函数的计算。根据模拟电子技术基础知识，有

$$\begin{cases} i_1 = \dfrac{U_i}{R_1} = \dfrac{U_a}{R_2} \\ i_2 = - sC\,U_a \\ i_3 = \dfrac{U_o - U_a}{R_3} \\ i_1 + i_2 = i_3 \end{cases} \tag{2-26}$$

消去中间变量得比例微分环节传递函数为

$$G(s) = K(1 + \tau s) \tag{2-27}$$

式中：微分时常数 $\tau = \dfrac{R_2\,R_3}{R_1}C$；比例系数 $K = \dfrac{R_2 + R_3}{R_1}$。

输入单位阶跃信号，其拉氏变换为

$$U_i(s) = \frac{1}{s} \tag{2-28}$$

系统响应的拉氏变换为

$$U_i(s) = G(s) \times U_o(s) = (K + K\tau s) \times \frac{1}{s} \tag{2-29}$$

系统的时域响应可以通过对 $U_i(s)$ 求拉氏反变换得到，即

$$u_o(t) = \mathscr{L}^{-1}\left[(K + K\tau s) \times \frac{1}{s}\right] = K + K\tau\delta(t) \quad (t \geqslant 0) \tag{2-30}$$

在自动控制系统中，用来改善系统性能的校正元件一般多具有微分环节特性。如图2-19所示的微分网络，其方框图如图 2-20 所示。

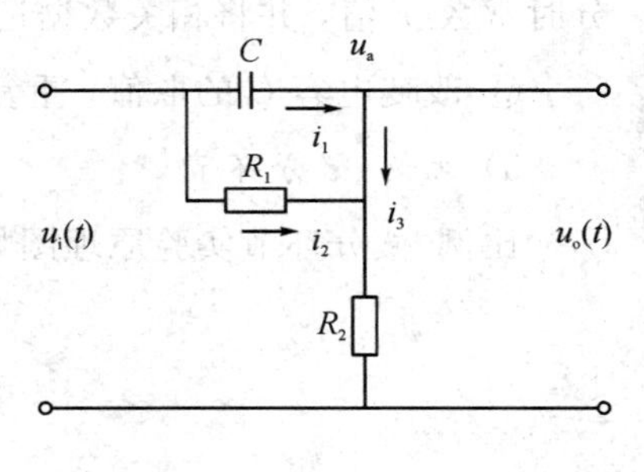

图 2-19　微分网络

(2) 传递函数的计算。根据模拟电子技术基础知识，有

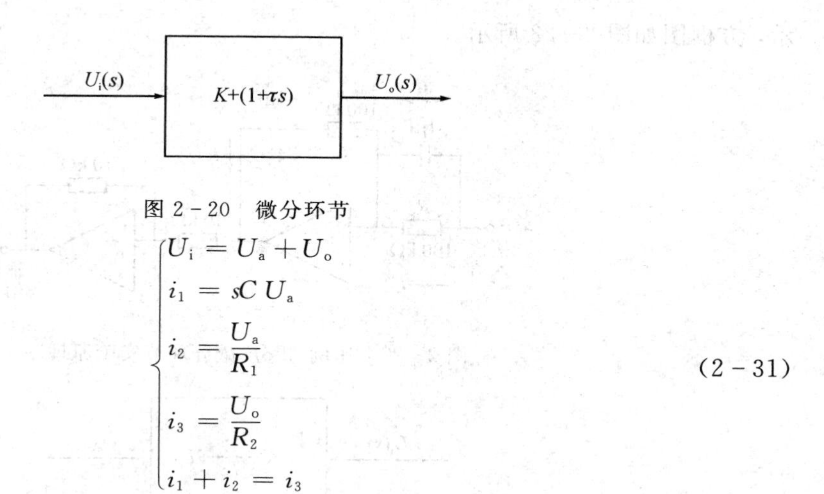

图 2 - 20　微分环节

$$\begin{cases} U_i = U_a + U_o \\ i_1 = sC\,U_a \\ i_2 = \dfrac{U_a}{R_1} \\ i_3 = \dfrac{U_o}{R_2} \\ i_1 + i_2 = i_3 \end{cases} \tag{2-31}$$

消去中间变量得比例-微分环节传递函数为

$$G(s) = K\,\frac{1+\tau s}{1+Ts},\, T = K\tau$$

当 $K \ll 1$ 时，$T \ll \tau$，此时可近似为理想的微分环节。

微分环节在传递函数中有三种类型：理想微分环节、一阶微分环节和二阶微分环节。它们的传递函数为

$$G(s) = Ks \tag{2-32}$$

$$G(s) = \tau s + 1 \tag{2-33}$$

$$G(s) = \tau^2 s^2 + 2\tau\xi s + 1 \tag{2-34}$$

对应的微分方程为

$$u_o(t) = K\,\frac{du_i(t)}{dt} \tag{2-35}$$

$$u_o(t) = \tau\,\frac{du_i(t)}{dt} + u_i(t) \tag{2-36}$$

$$u_o(t) = \tau^2\,\frac{d^2u_i(t)}{dt^2} + 2\xi\,\frac{du_i(t)}{dt} + u_i(t) \tag{2-37}$$

本实验观察的是一阶微分环节。

(3) 实验步骤。

① 按原理图 2 - 17 连线，并将阶跃信号分别接入 $u_i(t)$ 和示波器测量通道，将输出 $u_o(t)$ 接入示波器的另一测量通道。

② 观察计算机(虚拟示波器)显示的波形，测量 $u_i(t)$ 和 $u_o(t)$ 的数值，计算出实测比例数 K 值，并将相关数据记录在表 2 - 1 中。

$u_i(t)$— $u_o(t)$ 的时域响应理论波形如图 2 - 21 所示。

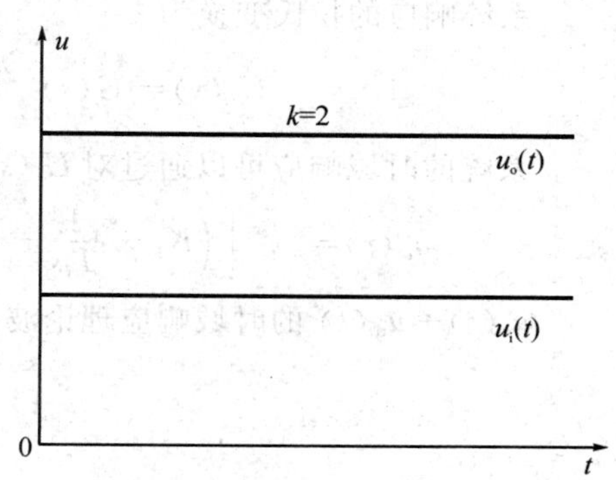

图 2 - 21　比例微分环节单位阶跃响应图

6) 比例-积分-微分环节

比例-积分-微分环节实验原理图如图 2 - 22 所

示，方框图如图 2－23 所示。

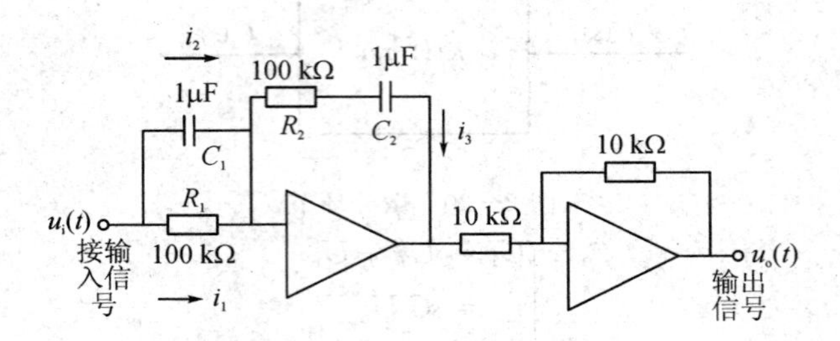

图 2－22　比例-积分-微分环节实验原理图

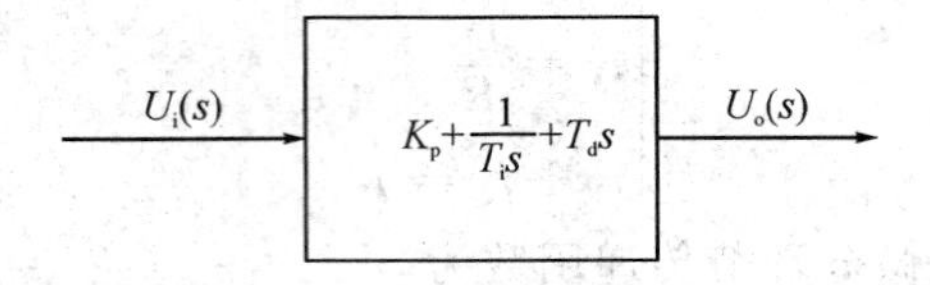

图 2－23　比例-积分-微分环节实验方框图

（1）传递函数的计算。根据模拟电子技术基础知识，有

$$\begin{cases} i_1 = \dfrac{U_i}{R_1} \\ i_2 = C_1 s U_i \\ i_3 = \dfrac{U_o}{R_3 + \dfrac{1}{C_2 s}} \\ i_1 + i_2 = i_3 \end{cases} \tag{2-38}$$

消去中间变量得比例-微分-积分环节的传递函数为

$$G(s) = \frac{U_o(s)}{U_i(s)} = \frac{R_2}{R_1} + \frac{C_1}{C_2} + \frac{1}{R_1 C_2 s} + R_2 C_1 s = K_p + \frac{1}{T_i s} + T_d s \tag{2-39}$$

式中：比例系数 $K_p = \dfrac{R_2}{R_1} + \dfrac{C_1}{C_2}$；时常数 $T_i = R_1 C_2$；$T_d = R_2 C_1$。

输入单位阶跃信号，其拉氏变换为

$$U_i(s) = \frac{1}{s} \tag{2-40}$$

系统响应的拉氏变换为

$$U_i(s) = G(s) \times U_o(s) = \left(K_p + \frac{1}{T_i s} + T_d s\right) \times \frac{1}{s} \tag{2-41}$$

系统的时域响应可以通过对 $U_i(s)$ 求拉氏反变换得到，即

$$u_o(t) = \mathscr{L}^{-1}\left[\left(K_p + \frac{1}{T_i s} + T_d s\right) \times \frac{1}{S}\right] = K_p + \frac{1}{T_i} t + T_d \delta(t) \quad (t \geqslant 0) \tag{2-42}$$

$u_i(t) - u_o(t)$ 的时域响应理论波形如图 2－24 所示。

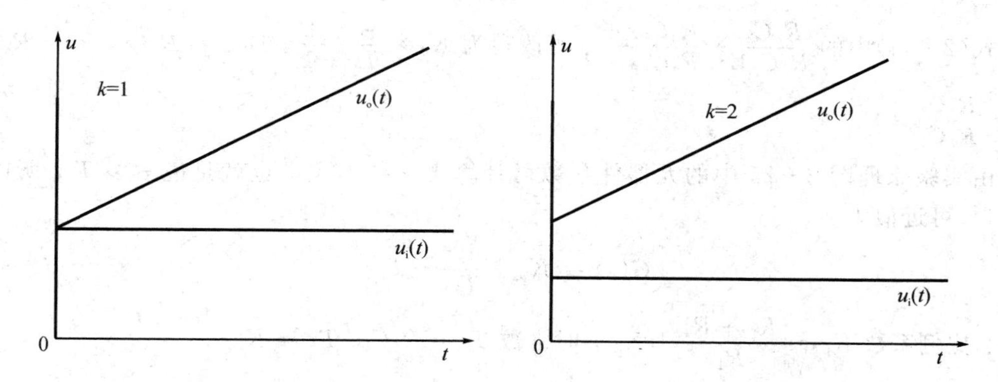

图 2-24　比例-积分-微分环节单位阶跃响应图

在实验设备“AEDK-SACT-2 自动控制教学实验系统”上，采用的实验原理如图 2-25 所示，其方框图如图 2-26 所示。

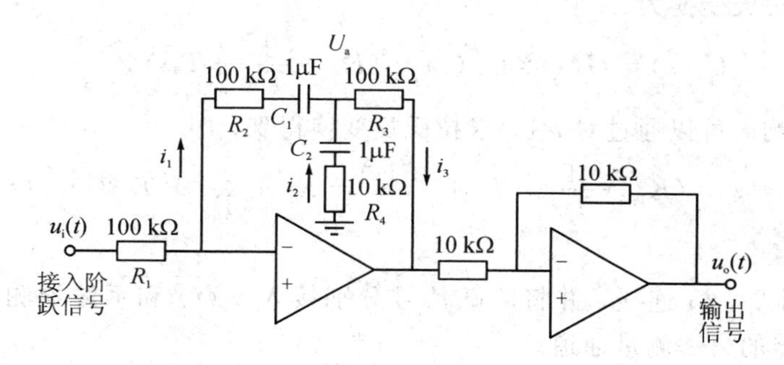

图 2-25　比例-积分-微分环节实验原理图

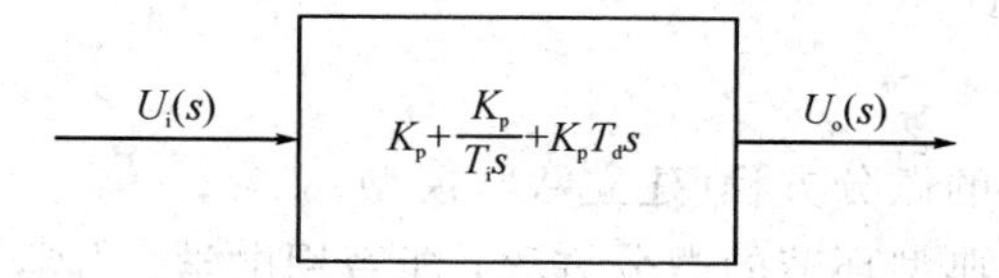

图 2-26　比例-积分-微分环节实验方框图

(2) 传递函数的计算。根据模拟电子技术基础知识，有

$$\begin{cases} i_1=\dfrac{U_i}{R_1}=\dfrac{U_a}{R_2+\dfrac{1}{sC_1}} \\ i_2=-\dfrac{U_a}{R_4+\dfrac{1}{sC_2}} \\ i_3=\dfrac{U_a-U_o}{R_3} \\ i_1+i_2=i_3 \end{cases} \tag{2-43}$$

消去中间变量得比例-微分-积分环节传递函数为

$$G(s)=\frac{U_o(s)}{U_i(s)}=\frac{R_2+R_3}{R_1}+\frac{1}{R_1C_1s}+\frac{R_3C_2}{R_1C_1}\times\frac{R_2C_1s+1}{R_4C_2s+1} \tag{2-44}$$

式(2－44)中的 $\frac{R_3C_2}{R_1C_21}\times\frac{R_2C_1s+1}{R_4C_2s+1}$ 可改写为 $K_d\times\frac{\tau s+1}{Ts+1}$，即 $\tau=R_2C_1$，$T=R_4C_2$，$K_d=\frac{R_3C_2}{R_1C_1}$。

由实验原理图 2－25 中的元器件参数可计算出 $\tau=10T$，也就是说 $\tau\gg T$，所以式(2－44)可近似为

$$G(s)=K_p+\frac{1}{T_is}+T_ds \tag{2-45}$$

式中：比例系数 $K_p=\frac{R_2+R_3}{R_1}+K_d$；时常数 $T_i=R_1C_1$；$T_d=K_d\tau$。

输入单位阶跃信号，其拉氏变换为

$$U_i(s)=\frac{1}{s} \tag{2-46}$$

系统响应的拉氏变换为

$$U_i(s)=G(s)\times U_o(s)=(K_p+\frac{1}{T_is}+T_ds)\times\frac{1}{s} \tag{2-47}$$

系统的时域响应可以通过对 $u_i(s)$ 求拉氏反变换得到，即

$$u_o(t)=\mathscr{L}^{-1}\left[(K_p+\frac{1}{T_is}+T_ds)\times\frac{1}{s}\right]=K_p+\frac{1}{T_i}t+T_d\delta(t)\quad(t\geqslant 0) \tag{2-48}$$

(3) 实验步骤。

① 按原理图 2－25 连线，并将阶跃信号分别接入 $u_i(t)$ 和示波器测量通道，将输出 $u_o(t)$ 接入示波器的另一测量通道。

② 观察计算机(虚拟示波器)显示的波形，测量输入 $u_i(t)$ 和输出 $u_o(t)$ 波形图，并记录在表 2－1 中或保存波形。

5. 讨论与思考

(1) 写出各典型环节的微分方程(建立数学模型)。

(2) 根据所描述的各典型环节的微分方程，能否用电学、力学、热力学和机械学等学科中的知识设计出相应的系统？请举例说明，并画出原理图。

(3) 利用 MATLAB 仿真，与实验中实测数据和波形相比较，分析其误差及产生的原因。

(4) 简述 P(比例)、I(积分)、PI(比例-积分)、PD(比例-微分)、PID(比例-积分-微分)控制器的工作原理，并分析它们对改善系统性能的作用。

6. 记录实验数据

表 2－1 为线性典型环节实验数据记录表。

表 2-1　线性典型环节实验数据

名 称	参 数	理论值	实测值
比例环节	$R=$ $R_1=$	$K=R/R_1$ $=$ $=$	$K=u_o(t)/u_i(t)$ $=$ $=$
	$R=$ $R_1=$	$K=R/R_1$ $=$ $=$	$K=u_o(t)/u_i(t)$ $=$ $=$
	$R=$ $R_1=$	$K=R/R_1$ $=$ $=$	$K=u_o(t)/u_i(t)$ $=$ $=$
惯性环节 $R=R_1=100\ \text{k}\Omega$	$C=$	$T=R\times C=$	$T=$
	$C=$	$T=R\times C=$	$T=$
	$C=$	$T=R\times C=$	$T=$
积分环节 $R_1=100\ \text{k}\Omega$	$C=$	$T=R_1\times C=$	$T=$
	$C=$	$T=R_1\times C=$	$T=$
	$C=$	$T=R_1\times C=$	$T=$
比例积分环节 $R=R_1=100\ \text{k}\Omega$	$C=$	$T=R_1\times C=$	$T=$
	$C=$	$T=R_1\times C=$	$T=$
比例微分环节	$R_1=$ $R_2=$ $R_3=$ $C=$	$K=$ $T=$	
比例积分微分环节	$C_1=$ $C_2=$ $R_2=$ $R_3=$ $R_4=$	$T_i=$ $T_d=$	

实验 2.2　二阶系统的性能研究

1. 实验目的

(1) 通过实验加深理解二阶系统的性能指标同系统参数的关系。

(2) 掌握线性二阶系统的阶跃响应及动态性能指标。

2. 实验内容

(1) 学习典型二阶系统模拟电路的构成方法及二阶闭环系统的传递函数标准式。

(2) 研究二阶闭环系统的结构参数——无阻尼振荡频率 ω_n、阻尼比 ξ 对过渡过程的影响。

(3) 计算欠阻尼二阶闭环系统在阶跃信号输入时的动态性能指标 t_r、t_p、t_s、$\delta\%$。

(4) 观察和测量二阶闭环系统在欠阻尼、临界阻尼、过阻尼的暂态响应曲线，及在阶跃信号输入时的动态性能指标 t_r、t_p、t_s、$\delta\%$值，并与理论计算值比对。

3. 实验要求

(1) 做好预习，根据实验原理图所示相应参数，写出系统的开环、闭环传递函数。计算 ξ、ω_n、t_r、t_p、t_s、$\delta\%$等理论值，并绘制单位阶跃信号下的输出响应理论波形。

(2) 自己设计实验参数，分别构成欠阻尼、临界阻尼、过阻尼二阶闭环系统。

4. 实验原理

1) 实验原理

二阶系统实验原理图如图 2-27 所示，其方框图如图 2-28 所示。

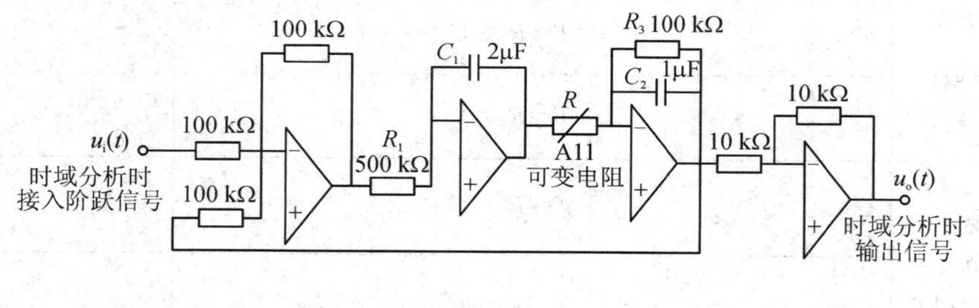

图 2-27　二阶系统实验原理图

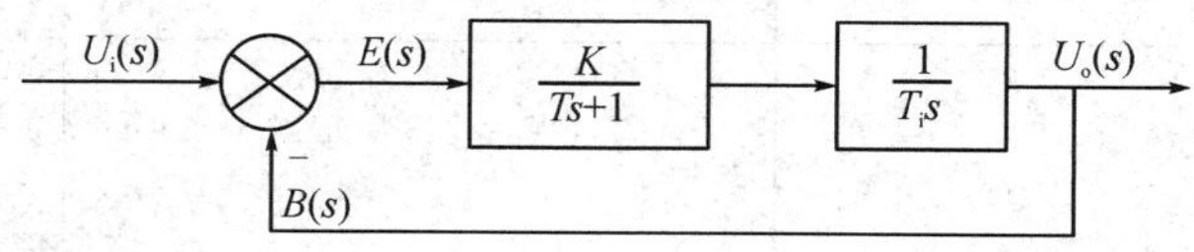

图 2-28　二阶系统实验方框图

2) 实验设计

二阶系统的开环传递函数为

$$G(s)=\frac{K}{T_i s(Ts+1)} \tag{2-49}$$

二阶系统的闭环传递函数标准式为

$$\Phi(s)=\frac{G(s)}{1+G(s)}=\frac{\omega_n^2}{s^2+2\xi\omega_n s+\omega_n^2} \tag{2-50}$$

自然频率(无阻尼振荡频率)为

$$\omega_n = \sqrt{\frac{K}{T_i T}}$$

阻尼比为

$$\xi = \frac{1}{2}\sqrt{\frac{T_i}{KT}} \tag{2-51}$$

由二阶闭环系统模拟电路图 2-27 可知，它由积分环节和惯性环节构成。

二阶系统的特征方程根为

$$s_{1,2} = -\xi\omega_n \pm \omega_n\sqrt{\xi^2 - 1} \tag{2-52}$$

ξ 和 ω_n 是二阶系统两个非常重要的参数，系统的响应特性完全由这两个参数来描述。

特征方程的解，即特征方程的根，称为闭环极点，其在复平面上的分布与系统稳定性的关系可参见表 1-3。

3）实验预习内容

以下进行二阶系统阶跃响应的性能指标计算。当 $0 < \xi < 1$ 时，系统为欠阻尼状态，传递函数为

$$\Phi(s) = \frac{\omega_n^2}{s^2 + 2\xi\omega_n s + \omega_n^2} \tag{2-53}$$

输入单位阶跃信号，其拉氏变换为

$$U_i(s) = \frac{1}{s} \tag{2-54}$$

系统响应的拉氏变换为

$$U_o(s) = \Phi(s) \times U_i(s) = \left(\frac{\omega_n^2}{s^2 + 2\xi\omega_n s + \omega_n^2}\right) \times \frac{1}{s} \tag{2-55}$$

系统的时域响应可以通过对 $u_o(s)$ 求拉氏反变换得到，即

$$u_o(t) = \mathscr{L}^{-1}\left[\left(\frac{\omega_n^2}{s^2 + 2\xi\omega_n s + \omega_n^2}\right) \times \frac{1}{s}\right] \tag{2-56}$$

$$u_o(t) = 1 - e^{-\xi\omega_n}\left[\cos\omega_n\sqrt{1-\xi^2}\,t + \frac{\xi}{\sqrt{1-\xi^2}}\sin\omega_n\sqrt{1-\xi^2}\,t\right] \tag{2-57}$$

根据阶跃响应性能指标的定义和式(2-57)可推导出如下计算公式：

超调量：

$$\delta\% = e^{-\frac{\xi\pi}{\sqrt{1-\xi^2}}} \times 100\% \tag{2-58}$$

峰值时间(t_p)：

$$t_p = \frac{\pi}{\omega_n\sqrt{1-\xi^2}} \tag{2-59}$$

调节时间(t_s)：

$$t_s = \frac{3(\text{或 } 4)}{\xi\omega_n} \tag{2-60}$$

上升时间(t_r)：

$$t_r = \frac{\pi - \beta}{\omega_n\sqrt{1-\xi^2}}\quad \beta = \arctan\frac{\sqrt{1-\xi^2}}{\xi} \tag{2-61}$$

将模拟电路中各环节参数代入式(2-49)，则图 2-27 的开环传递函数为

$$G(s)=\frac{K}{T_i s(Ts+1)}=\frac{K}{s(0.1s+1)} \tag{2-62}$$

式中：$K=\frac{R_3}{R}=\frac{100\ \text{k}\Omega}{R}$。

将模拟电路的开环传递函数代入式(2-50)，则图 2-27 的闭环传递函数为

$$\Phi(s)=\frac{\omega_n^2}{2^2+2\xi\omega_n s+\omega_n^2}=\frac{10K}{s^2+10s+10K} \tag{2-63}$$

自行设计三种欠阻尼的二阶闭环系统实验参数，即在 $0<\xi<0.5$、$\xi=0.5$、$0.5<\xi<1$ 范围中确定 ξ 取值后，由式(2-51)反推电阻 R 的取值，并计算出它们在阶跃信号输入时的动态指标系统超调量 $\delta\%$、峰值时间 t_p、上升时间 t_r 和 调整时间 t_s。

$u_i(t)-u_o(t)$ 的时域响应理论波形如图 2-29所示。

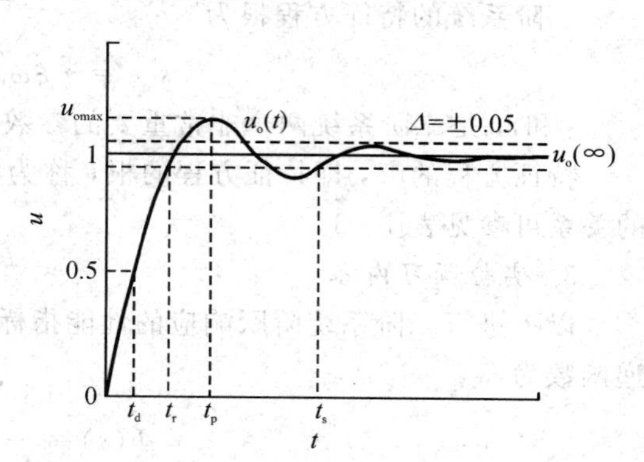

图 2-29 二阶系统的单位阶跃响应(欠阻尼)

当 $\xi=1$ 时，为临界阻尼状态，系统的传递函数为

$$\Phi(s)=\frac{\omega_n^2}{(s+\omega_n)^2} \tag{2-64}$$

输入单位阶跃信号，其拉氏变换为

$$U_i(s)=\frac{1}{s} \tag{2-65}$$

系统响应的拉氏变换为

$$U_o(s)=\Phi(s)\times U_i(s)=\left(\frac{\omega_n^2}{(s+\omega_n)^2}\right)\times\frac{1}{s}=\frac{1}{s}-\frac{\omega_n}{(s+\omega_n)^2}-\frac{1}{s+\omega_n} \tag{2-66}$$

系统的时域响应可以通过对 $u_o(s)$求拉氏反变换得到，即

$$u_o(t)=\mathscr{L}^{-1}\left[\frac{1}{s}-\frac{\omega_n}{(s+\omega_n)^2}-\frac{1}{s+\omega_n}\right] \tag{2-67}$$

$$u_o(t)=1-e^{-\omega_n}(1+\omega_n t) \tag{2-68}$$

由式(2-68)可以看出，临界阻尼状态的单位阶跃响应是单调上升的，不会出现振荡现象，且没有超调量，其 $u_i(t)-u_o(t)$ 的时域响应理论波形如图 2-30 所示。

根据阶跃响应性能指标的定义和式(2-68)，可推导出如下计算公式：

超调量 ：

$$\delta\%=0 \tag{2-69}$$

调节时间(t_s)：

$$t_s\approx4.75T \qquad T=\frac{1}{\omega_n} \tag{2-70}$$

上升时间(t_r)：

$$t_r\approx\frac{1+1.5\xi+\xi^2}{\omega_n} \tag{2-71}$$

自行设计临界阻尼的二阶闭环系统实验参数，即在确定 ξ 取值($\xi=1$)后由式(2-51)反推电阻 R($K=2.5$，$R=40\ \mathrm{k\Omega}$)的取值，并计算出它在阶跃信号输入时的动态指标上升时间 t_r 和调整时间 t_s。

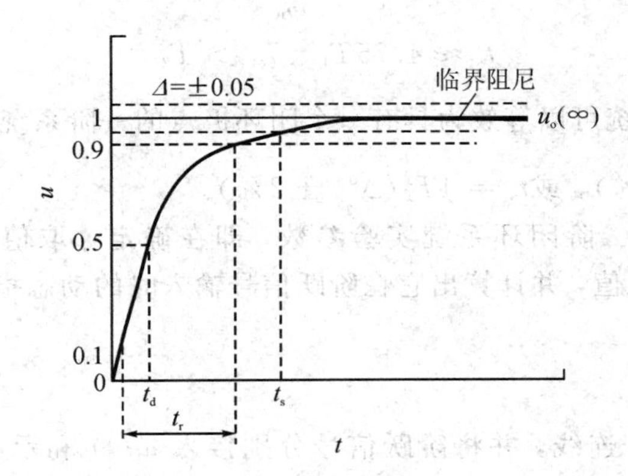

图 2-30　二阶系统的单位阶跃响应(临界阻尼)

当 $\xi>1$ 时，系统为过阻尼状态，其特征方程有两个不相等的负实数根，即

$$s_{1,2}=-\xi\omega_n\pm\omega_n\sqrt{\xi^2-1} \tag{2-72}$$

输入单位阶跃信号，其输出的拉氏变换为

$$U_o(s)=\Phi(s)\times U_i(s)=\frac{\omega_n^2}{(s-s_1)(s-s_2)}\times\frac{1}{s} \tag{2-73}$$

系统的时域响应可以通过对 $U_o(s)$ 求拉氏反变换得到，即

$$u_o(t)=\mathscr{L}^{-1}\left[\frac{\omega_n^2}{(s-s_1)(s-s_2)}\times\frac{1}{s}\right] \tag{2-74}$$

$$u_o(t)=1-\frac{\omega_n}{2\sqrt{\xi^2-1}}\left(\frac{e^{-s_2t}}{s_2}-\frac{e^{-s_1t}}{s_1}\right) \tag{2-75}$$

将 s_1、s_2 的值代入式(2-75)，得

$$u_o(t)=1-\frac{\omega_n}{2\sqrt{\xi^2-1}}\left(\frac{e^{-(\xi-\sqrt{\xi^2-1})t}}{\xi-\sqrt{\xi^2-1}}-\frac{e^{(\xi+\sqrt{\xi^2-1})\omega_nt}}{\xi+\sqrt{\xi^2-1}}\right) \tag{2-76}$$

由式(2-76)可以看出，过阻尼状态的单位阶跃响应也是单调上升的，同样不会出现振荡现象，也没有超调量，其 $u_i(t)-u_o(t)$ 的时域响应理论波形如图 2-31 所示。

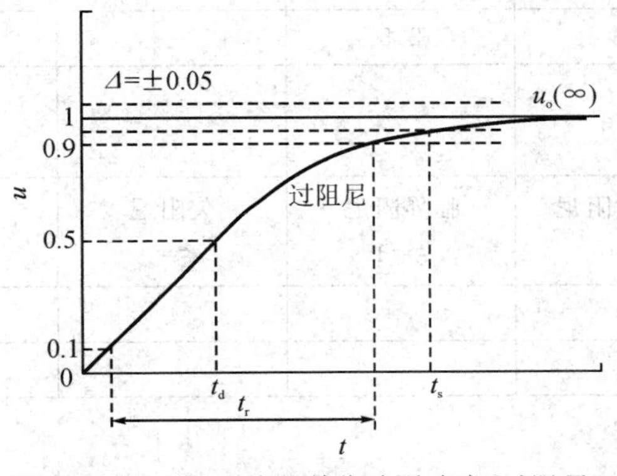

图 2-31　二阶系统的单位阶跃响应(过阻尼)

可知上升时间：
$$t_r \approx \frac{1+1.5\xi+\xi^2}{\omega_n} \tag{2-77}$$

延迟时间：
$$t_d \approx \frac{1+0.6\xi+0.2\xi^2}{\omega_n} \tag{2-78}$$

调节时间：
$$t_s \approx 4.75T_1 \quad T_1 > T_2 \tag{2-79}$$

如果 $T_1 > 4T_2$，系统可以等效为具有一个闭环极点的一阶系统，其等效极点为 $-\frac{1}{T_1}$，因此 $t_s = 3T_1(\Delta = \pm 5\%)$，或$t_s = 4T_1(\Delta = \pm 2\%)$。

自行设计过阻尼的二阶闭环系统实验参数，即在确定 ξ 取值（例如 $\xi=1.2$）后由式(2-51)反推电阻 R 的取值，并计算出它在阶跃信号输入时的动态指标上升时间 t_r、调整时间 t_s。

5. 实验步骤

(1) 按原理图 2-27 连线，并将阶跃信号分别接入 $u_i(t)$ 和示波器测量通道，将输出 $u_o(t)$ 接入示波器的另一测量通道。

(2) 观察计算机(虚拟示波器)显示的波形，测量输入 $u_i(t)$ 和输出 $u_o(t)$ 波形图，并记录或保存波形。

(3) 测量时域响应的各项性能指标，并记录在表 2-2 中。

(4) 改变电阻 R 值，分别对应过阻尼、临界阻尼和欠阻尼等情况，重复实验步骤(2)、(3)。

6. 思考与讨论

(1) 将实验结果与理论知识对比，并进行讨论。

(2) 在二阶系统实验图 2-27 的基础上增加一个开环零、极点，分别说明对该系统的动态性能指标有何影响？

(3) 简述线性二阶系统改善动态性能的办法。

7. 实验数据记录

表 2-2 为实验数据记录表。

表 2-2 线性二阶系统设计参数和实验数据

参数 \ 输入电阻 R			40 kΩ			
增益 K			2.5			
自然频率 ω_n（计算值）						
阻尼比 ξ（计算值）		$\xi>1$ 过阻尼 $\xi=$	临界阻尼 $\xi=1$	欠阻尼 $\xi=$	欠阻尼 $\xi=0.5$	欠阻尼 $\xi=$
超调量 $\delta\%$	计算值					
	测量值					

续表

输入电阻 R / 参数			40 kΩ			
上升时间 t_r/s	计算值					
	测量值					
峰值时间 t_p/s	计算值					
	测量值					
调节时间 t_s/s	计算值					
	测量值					

实验 2.3　二阶系统闭环加零点、极点的性能研究

1. 实验目的

(1) 掌握二阶系统的性能指标同系统闭环极点位置的关系。

(2) 掌握二阶系统闭环加零点、极点对系统暂态性能的影响。

(3) 掌握高阶系统暂态性能用二阶系统来近似计算的条件。

2. 实验内容

(1) 二阶系统闭环加极点，并记录 ξ、ω_n、t_r、t_p、t_s、δ % 的实测值。

(2) 二阶系统闭环加零点，并记录 ξ、ω_n、t_r、t_p、t_s、δ % 的实测值。

(3) 记录二阶系统加零点、极点之后的 t_r、t_p、t_s、δ % 的变化趋势，并与理论分析值相比较。

3. 实验要求

(1) 做好预习，根据原理图所示相应参数，写出二阶系统未加零、极点之前的开环、闭环传递函数，并求 ξ、ω_n、t_r、t_p、t_s、δ %的理论值。

(2) 画出输入输出的理论波形(单位阶跃信号作用下)。

(3) 分析二阶系统闭环加零点、极点之后的 t_r、t_p、t_s、δ % 的变化趋势。

4. 实验原理及步骤

1) 原二阶系统性能指标

根据原理图 2-32 构造实验电路。

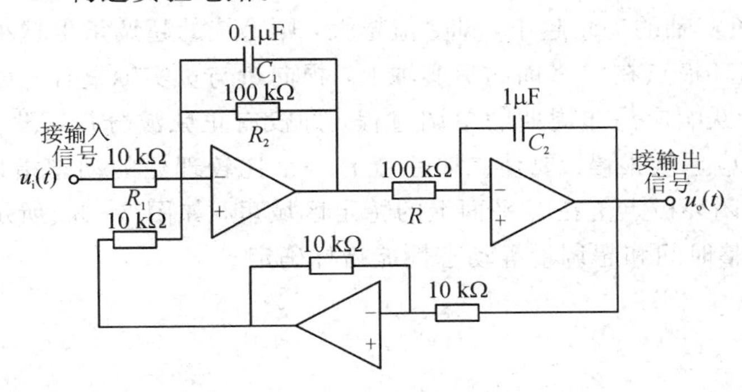

图 2-32　二阶系统实验原理图

二阶系统闭环传递函数的标准式为

$$\Phi(s)=\frac{G(s)}{1+G(s)}=\frac{\omega_n^2}{s^2+2\xi\omega_n s+\omega_n^2} \tag{2-80}$$

欠阻尼二阶系统闭环特征根的位置与系统特征量σ(衰减系数)、ξ(阻尼比)、ω_n(自然谐振频率)、ω_d(振荡频率)的关系如图 2-33 所示。

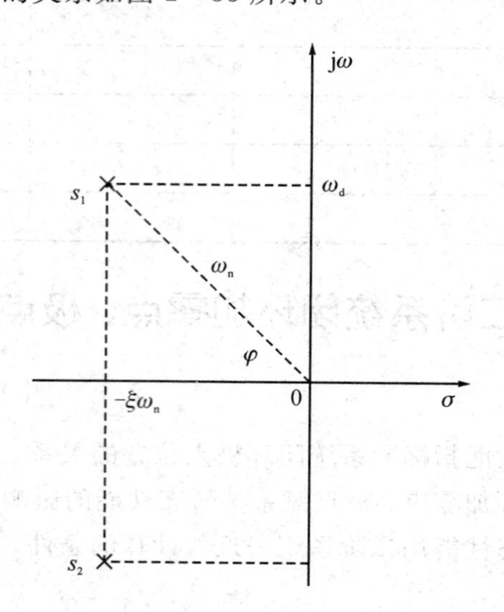

图 2-33 欠阻尼二阶系统特征根与特征量

由图 2-33 可知，衰减系数$\sigma(\sigma=\xi\omega_n)$是闭环极点到虚轴的距离，振荡频率$\omega_d(\omega_d=\omega_n\sqrt{1-\xi^2})$是闭环极点到实轴的距离，而无阻尼振荡频率$\omega_n$是闭环极点到原点的距离；若直线$os_1$与负实轴的夹角为$\varphi$，则阻尼比$\xi$就等于$\varphi$的余弦，即$\xi=\cos\varphi$，而$\varphi$就是欠阻尼二阶系统阶跃响应的初相角。

二阶系统的单位阶跃响应为

$$U_o(t)=1-\frac{e^{-\xi\omega_n t}}{\sqrt{1-\xi^2}}\sin(\sqrt{1-\xi^2}\,\omega_n t+\varphi) \tag{2-81}$$

在表 1-3 中，我们已经知道了二阶系统的动态性能与闭环极点在 S 平面上的分布位置有着密切的关系，当$\xi\omega_n$的绝对值越大，闭环极点距虚轴的距离越远，系统的动态过程(暂态量$\frac{e^{-\xi\omega_n t}}{\sqrt{1-\xi^2}}\sin(\sqrt{1-\xi^2}\,\omega_n t+\varphi)$)衰减越快，系统的调整时间$t_s=\frac{3(或4)}{\xi\omega_n}$就越小(调整时间短)。根向量与负实轴的夹角越小，即ξ值越大，则系统的超调量也越小。

如果系统的闭环极点在 S 平面的负实轴上，根向量与负实轴重合，对应$\xi\geqslant1$的情况，这时系统的单位阶跃响应是非周期的单调过程，即没有正弦波分量，没有超调量，系统稳定性很好，但是响应速度很慢。要使二阶系统有一个比较理想的动态指标，既稳定又能快速响应，就必须使闭环极点落在 S 平面上的特定区域里，如图 2-34 所示。图中的参数α、θ_1、θ_2由规定的调整时间和超调量等动态性能指标确定。

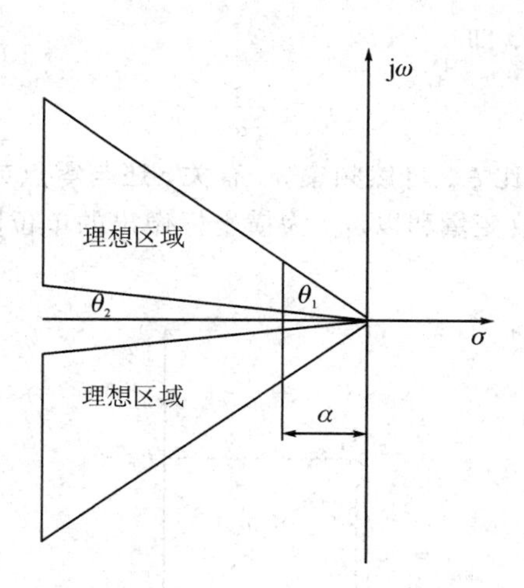

图 2-34　闭环极点理想取值范围

2）二阶系统加零点

在二阶系统的基础上增加一个闭环零点时，系统的传递函数如式(2-82)所示，它是增加了一个零点 $-Z=-\frac{1}{\tau}$ 而形成的：

$$\Phi(s)=\frac{\omega_n^2(s+Z)}{Z(s^2+2\xi\omega_n s+\omega_n^2)} \tag{2-82}$$

实验连线如图 2-35 所示，连接的是 A、C 之间的电容。

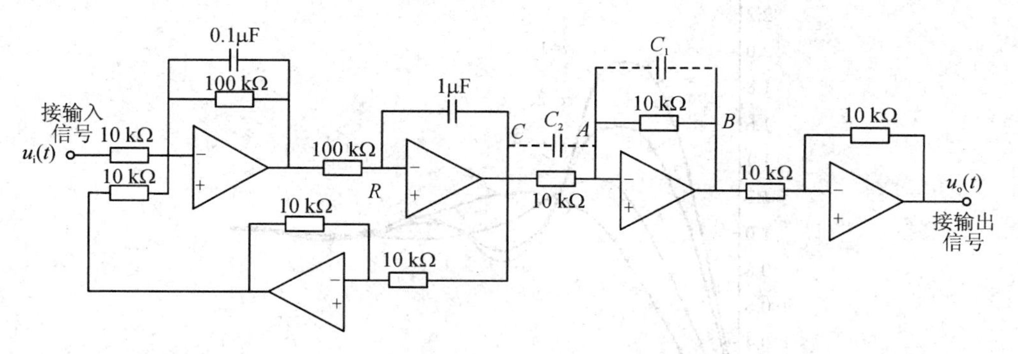

图 2-35　二阶系统闭环加零、极点实验原理图

如果系统为欠阻尼，输入信号为单位阶跃信号，则系统响应为

$$\begin{aligned}U_o(s)&=\Phi(s)\times\frac{1}{s}=\frac{\omega_n^2(\tau s+1)}{s(s^2+2\xi\omega_n s+\omega_n^2)}\\&=\frac{\omega_n^2}{s(s^2+2\xi\omega_n s+\omega_n^2)}+\frac{\omega_n^2\tau}{s^2+2\xi\omega_n s+\omega_n^2}\end{aligned} \tag{2-83}$$

$$U_o(t)=1-\frac{e^{-\xi\omega_n t}}{\sqrt{1-\xi^2}}\sin(\omega_d t+\varphi)+\frac{\tau\omega_n}{\sqrt{1-\xi^2}}e^{-\xi\omega_n \sin\omega_d t}\quad(t>0) \tag{2-84}$$

式中：$\omega_d=\omega_n\sqrt{1-\xi^2}$；$\xi=\cos\varphi$。可以看出，增加一个负实数零点，输出响应中相应增加了一条衰减振荡项。

为了定量说明附加零点对二阶系统性能的影响，用参数 α 表示附加零点与典型二阶系

统复数极点至虚轴距离之比，即

$$\alpha = \frac{z}{\xi \omega_{\mathrm{n}}} \tag{2-85}$$

系统阶跃响应既与阻尼比 ξ、自然频率 ω_{n} 有关，还与零点或 α 有关，如图 2 - 36 所示。对于一定的 ξ 值，以 α 为参数变量和以 $\omega_{\mathrm{n}}t$ 为横坐标做出的单位阶跃响应曲线如图 2 - 37 所示，其中 $\xi = 0.5$。

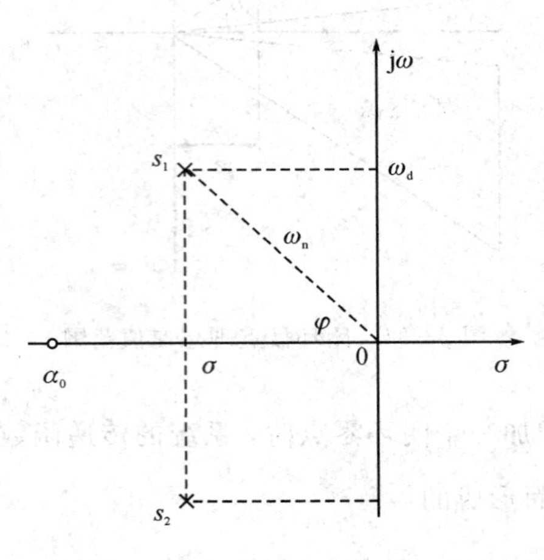

图 2 - 36　零极点分布图

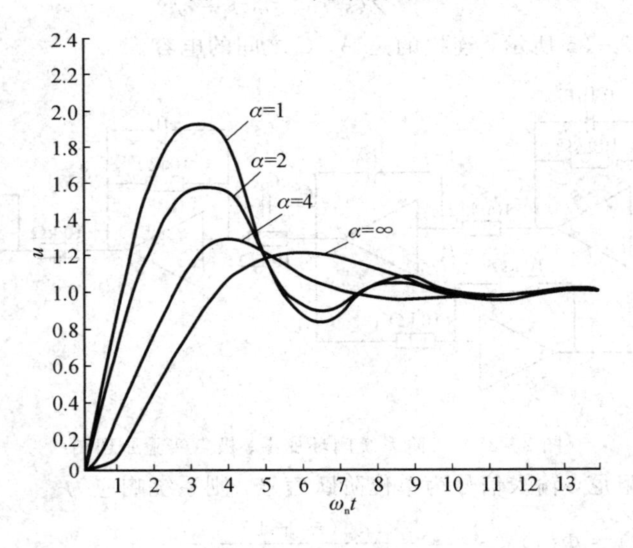

图 2 - 37　具有零点的二阶系统单位阶跃响应

观察图 2 - 37 中各曲线，可得出以下结论：

(1) 当其他条件不变时，附加闭环零点，将使二阶系统超调量增大，上升时间、峰值时间减少(缩短)。

(2) 随着附加零点从极点左侧向极点靠近，距离越近上述影响就越明显。

(3) 当附加零点距虚轴很远时(一般 $\alpha \geqslant 6\sigma$)，则附加零点的影响可以忽略不计。

3) 实验步骤

(1) 按图 2 - 32 所示原理图连线，并将阶跃信号分别接入 $u_{\mathrm{i}}(t)$ 和示波器测量通道，将

输出 $u_o(t)$ 接入示波器的另一测量通道。

(2) 观察计算机(虚拟示波器)显示的波形，测量输入 $u_i(t)$ 和输出 $u_o(t)$ 的波形图，并记录或保存波形。

(3) 测量时域响应的各项性能指标：上升时间 t_r、调整时间 t_s、峰值时间 t_p、超调量 $\delta\%$，并记录在表 2-3 中。

(4) 按图 2-35 所示的原理图连线，此时连接电容 C_2(闭环系统加零点)，不连接电容 C_1，并将阶跃信号分别接入 $u_i(t)$ 和示波器测量通道，将输出 $u_o(t)$ 接入示波器的另一测量通道，重复实验步骤(2)、(3)。

(5) 改变图 2-35 电容 C_2 的值，重复实验步骤(2)、(3)。

4) 闭环二阶系统加一个负实数极点

二阶系统的传递函数为

$$\Phi(s)=\frac{G(s)}{1+G(s)}=\frac{\omega_n^2}{s^2+2\xi\omega_n s+\omega_n^2}=\frac{\omega_n^2}{(s-s_1)(s-s_2)} \tag{2-86}$$

式中：s_1、s_2 是闭环极点，是一对共轭复数，其值为

$$s_{1,2}=-\xi\omega_n\pm \mathrm{j}\sqrt{1-\xi^2}\,\omega_n=-\sigma\pm \mathrm{j}\,\omega_d \tag{2-87}$$

另有一个闭环负实数极点 $s_3=-\alpha_1$，它在 S 平面上的位置是在负实轴上，极点在 S 平面上的分布如图 2-38 所示。

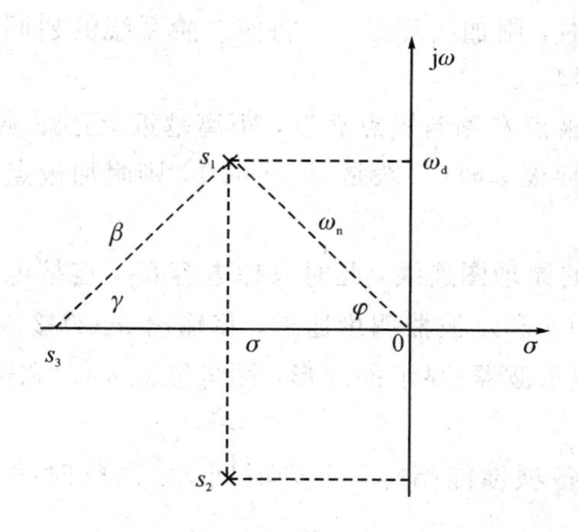

图 2-38　三阶系统极点分布图

系统的传递函数为

$$\Phi(s)=\frac{\omega_n^2}{(s-s_1)(s-s_2)(s-s_3)} \tag{2-88}$$

设

$$K=|s_1|\times|s_2|\times|s_3|=\alpha_1\omega_n^2 \tag{2-89}$$

则系统的单位阶跃响应为

$$u_o(t)=1-\frac{1}{\sqrt{1-\xi^2}}\times\frac{\alpha_1}{\beta}\,\mathrm{e}^{-\xi\omega_n t}\sin\left(\sqrt{1-\xi^2}\,\omega_n t+\varphi_1\right)-\left(\frac{\omega_n}{\beta}\right)\mathrm{e}^{-\alpha_1 t} \tag{2-90}$$

其中：$\varphi_1=\varphi-\gamma=\arccos\xi-\gamma$；　$\xi=\dfrac{\sigma}{\omega_n}=\dfrac{\sigma}{\sqrt{\sigma^2+\omega_d^2}}$。

与二阶系统的单位阶跃响应式(2-81)相比较，由式(2-90)可以看出，增加了一个负

实数极点，使系统的阶跃响应中也增加了一项 $-(\frac{\omega_n}{\beta})e^{-\alpha_1 t}$，并使由共轭极点决定的阻尼振荡项的振幅和相角也发生了改变。三阶控制系统的单位阶跃响应如图 2-39 所示。

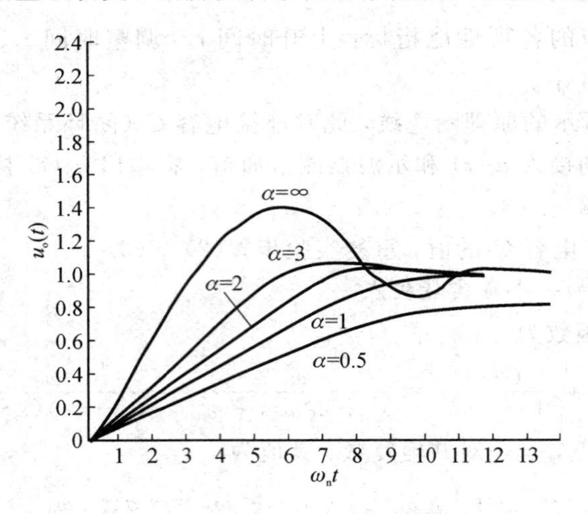

图 2-39 三阶系统单位阶跃响应

可得出以下结论：

(1) 当其他条件不变时，附加闭环极点，将使二阶系统的超调量减少，上升时间、峰值时间、调整时间增大(延迟)。

(2) 随着附加极点从极点左侧向极点靠近，距离越近上述影响就越明显。

(3) 当附加极点距虚轴很远时(一般是 $\alpha_1 \geqslant 6\sigma$)，则附加极点的影响可以忽略不计。

5) 实验步骤

(1) 按图 2-35 所示的原理图连线，此时去掉电容 C_2，连接电容 C_1(闭环系统加极点)，并将阶跃信号分别接入 $u_i(t)$和示波器测量通道，将输出 $u_o(t)$接入示波器的另一测量通道。

(2) 观察计算机(虚拟示波器)显示的波形，测量输入 $u_i(t)$和输出 $u_o(t)$的波形图，并记录或保存波形。

(3) 测量时域响应的各项性能指标：上升时间 t_r、调整时间 t_s、峰值时间 t_p、超调量 $\delta\%$，并记录在表 2-3 中。

(4) 改变电容 C_1值，重复实验步骤(2)、(3)。

实验结束后，要求如下：

(1) 整理实验实测数据和波形。

(2) 分析实测数据和波形，并与理论值比较。

5. 思考与讨论

(1) 二阶系统的性能指标不理想时，如何改变系统零、极点的位置使系统性能指标得到改善？试说明理由。

(2) 二阶系统闭环加零、极点，对二阶系统的动态性能指标有何影响？

6. 实验数据记录

表 2-3 为实验数据记录表。

表 2-3　线性二阶系统闭环加零、极点实验数据

<table>
<tr><td>系统</td><td colspan="4">参数</td><td colspan="3">系统响应测量值</td></tr>
<tr><td></td><td>电容/μF</td><td>$u_o(t_p)$</td><td>$u_o(\infty)$</td><td>δ%</td><td>t_r</td><td>t_s</td><td>t_p</td></tr>
<tr><td>原系统</td><td></td><td></td><td></td><td></td><td></td><td></td><td></td></tr>
<tr><td rowspan="3">加极点</td><td></td><td></td><td></td><td></td><td></td><td></td><td></td></tr>
<tr><td></td><td></td><td></td><td></td><td></td><td></td><td></td></tr>
<tr><td></td><td></td><td></td><td></td><td></td><td></td><td></td></tr>
<tr><td rowspan="3">加零点</td><td></td><td></td><td></td><td></td><td></td><td></td><td></td></tr>
<tr><td></td><td></td><td></td><td></td><td></td><td></td><td></td></tr>
<tr><td></td><td></td><td></td><td></td><td></td><td></td><td></td></tr>
<tr><td rowspan="2">阶跃响应曲线</td><td colspan="4">系统加极点</td><td colspan="3">系统加零点</td></tr>
<tr><td colspan="4"></td><td colspan="3"></td></tr>
</table>

实验 2.4　线性系统时域分析实验(一)

1. 实验目的

(1) 深入掌握二阶系统的性能指标同系统闭环极点位置的关系。

(2) 掌握高阶系统性能指标的估算方法及开环零、极点同闭环零、极点的关系。

(3) 能运用根轨迹分析法由开环零极点的位置确定闭环零极点的位置。

2. 实验内容

(1) 典型的二阶系统中有两个开环极点、两个闭环极点。闭环极点在根平面的位置决定系统的性能指标。在开环系统中增加一个零点，计算系统闭环极点位置的变化，实验验证其性能指标的变化。

(2) 在这个二阶系统中增加一个开环极点，闭环也有三个极点(三阶系统)，计算两个控制极点在根平面的位置，并用实验加以验证其性能指标的变化。

(3) 观察二阶系统加零点、极点后根轨迹的变化。

3. 实验要求

(1) 在给出典型二阶系统参考线路的基础上自行设计开环零点和开环极点的位置。要求画出此时的根轨迹图和确定闭环两极点的位置。

(2) 根据闭环极点的位置估算出系统的主要性能指标。

(3) 用实验加以验证，并用学过的理论加以说明：二阶系统增加一个开环零点和一个开环极点对系统性能的影响。

4. 实验原理及步骤

1) 根轨迹方程

系统的开环传递函数是各个串级元件的传递函数的乘积，因此它的分子与分母部分可写成复变数 s 的因子式，即

$$G(s)H(s)=\frac{K(1+s\tau_1)(1+s\tau_2)\cdots(1+s\tau_m)}{s^\nu(1+sT_1)(1+sT_2)\cdots(1+sT_{n-\nu})}$$
$$=\frac{K(s-z_1)(s-z_2)\cdots(s-z_m)}{s^\nu(s-s_1)(s-s_2)\cdots(s-s_{n-\nu})} \tag{2-91}$$

式中：K 是系统的开环传递系数；$z_i=-\frac{1}{\tau_i}$，$i=1,2,3,\cdots,m$)，是系统的开环零点；$s_j=-\frac{1}{T_j}(j=1,2,3,\cdots,n-\nu)$，是系统的开环极点。

根轨迹方程是一个复数方程式，根据等号两边幅值和相角相等的条件，可得到绘制根轨迹的两个基本条件，即

幅值条件：
$$\frac{\prod_{i=1}^{m}|s-z_i|}{\prod_{j=1}^{n}|s-s_j|}=\frac{1}{k} \tag{2-92}$$

相角条件：
$$\sum_{i=1}^{m}\angle(s-z_i)-\sum_{j=1}^{n}\angle(s-s_j)=(2h+1)\times180^\circ \tag{2-93}$$

复平面上的任意一点 s 的位置，也可以用一个向量来表示，如图 2-40 和图 2-41 所示。向量的长度是$|s|$，幅角是 θ_s，当变点 s 的值改变时，向量$|s|$的长度和幅角都会随之改变。如果 s 能满足幅值条件和相角条件，则 s 是根轨迹上的点，即是系统的闭环极点。

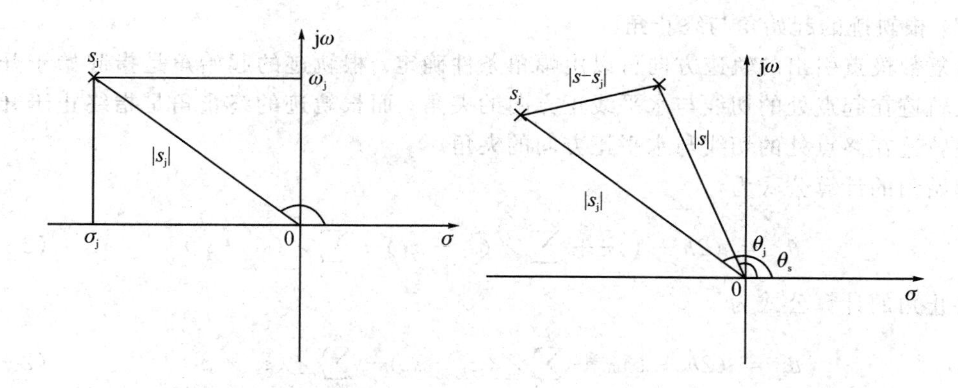

图 2-40　零点、极点的向量表示　　　　图 2-41　子向量

2）根轨迹绘制法则

（1）根轨迹的数目等于开环极点的个数 n。

（2）根轨迹以实轴为中心对称。

（3）当开环传递函数系数由零变化到∞时，根轨迹起始于开环极点，终止于开环零点。

（4）实轴上的根轨迹是一些交替的线段，其右侧开环零、极点个数之和为奇数。

（5）根轨迹与实轴的夹角为

$$\theta = \frac{(2k+1)\pi}{n-m} \quad k = 0,1,2,\cdots,(n-m)-1 \tag{2-94}$$

根轨迹与实轴的交点坐标（$n-m \geqslant 2$）时，有：

$$C = \frac{\sum_{j=1}^{n} s_j - \sum_{i=1}^{m} z_i}{n-m} \tag{2-95}$$

（6）位于实轴上的根轨迹相邻两个极点之间必有分离点，相邻两个零点之间必有汇合点。分离点与汇合点的求解方法有试探法、重根法等。下面介绍用重根法求分离点和汇合点。

无论是分离点还是汇合点，都表示特征方程在该点上出现重根，只要找到这些重根就可以确定分离点或汇合点了。由数学基本知识可知，如代数方程 $f(t)=0$ 具有重根 x，则必然同时满足 $f'(x)=0, f''(x)=0$，所以对闭环特征方程 $1+G(s)H(s)=0$ 求重根，可令：

$$G(s)H(s) = k\frac{N(s)}{D(s)} \tag{2-96}$$

式中：$N(s)$、$D(s)$分别为开环传递函数分子多项式和分母多项式。闭环特征方程式及其导数可写为

$$\begin{cases} kN(s)+D(s)=0 \\ kN'(s)+D'(s)=0 \end{cases}$$

由此联立方程中消去 k，可得：

$$D'(s)N(s)-N'(s)D(s)=0 \tag{2-97}$$

也可以写为

$$\frac{\mathrm{d}[G(s)H(s)]}{\mathrm{d}s}=0 \tag{2-98}$$

$$\frac{\mathrm{d}}{\mathrm{d}s}\left[\frac{1}{G(s)H(s)}\right]=\frac{\frac{\mathrm{d}[G(s)H(s)]}{\mathrm{d}s}}{[G(s)H(s)]^2}=0 \tag{2-99}$$

(7) 根轨迹的起始角与终止角。

自复数极点引出的轨迹方向可以由幅角条件确定。根轨迹的起始角是指起始于开环极点的根轨迹在起点处的切线与水平线正方向的夹角；而根轨迹的终止角是指终止于开环零点的根轨迹在终点处的切线与水平正方向的夹角。

起始角的计算公式为

$$\theta_{p_j} = (2h+1)\pi + \sum_{i=1}^{m} \angle(s_1 - z_i) - \sum_{j=2}^{n} \angle(s_1 - s_j) \tag{2-100}$$

终止角的计算公式为

$$\theta_{z_i} = (2h+1)\pi + \sum_{j=1}^{n} \angle(z_1 - s_j) - \sum_{j=2}^{m} \angle(z_1 - z_i) \tag{2-101}$$

(8) 根轨迹与虚轴的交点。

根轨迹与虚轴相交，则交点在虚轴上，系统闭环特征方程有一对纯虚根($\pm \mathrm{j}\omega$)，此时系统处于临界稳定状态。将 $s=\mathrm{j}\omega$ 代入特征方程得：

$$1 + G(\mathrm{j}\omega)H(\mathrm{j}\omega) = 0 \tag{2-102}$$

或

$$\mathrm{Re}[1 + G(\mathrm{j}\omega)H(\mathrm{j}\omega)] + \mathrm{jIm}[1 + G(\mathrm{j}\omega)H(\mathrm{j}\omega)] = 0 \tag{2-103}$$

令

$$\begin{cases} \mathrm{Re}[1 + G(\mathrm{j}\omega)H(\mathrm{j}\omega)] = 0 \\ \mathrm{Im}[1 + G(\mathrm{j}\omega)H(\mathrm{j}\omega)] = 0 \end{cases} \tag{2-104}$$

由式(2-104)联立方程即可求出与虚轴的交点 ω 值和对应的临界增益 k 值。

3) 控制系统的结构

控制系统的结构如图 2-42 所示。

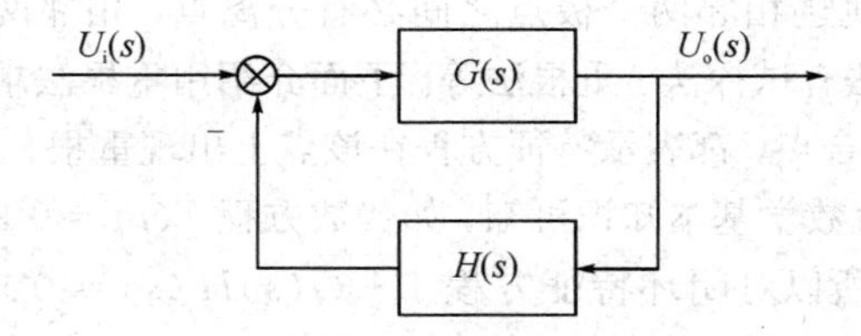

图 2-42　控制系统的一般结构图

(1) 闭环传递函数为

$$\Phi(s) = \frac{G(s)}{1 + G(s)H(s)} \tag{2-105}$$

闭环特征方程为

$$1 + G(s)H(s) = 0 \tag{2-106}$$

根据根轨迹原理，典型的二阶系统有两个开环极点、两个闭环极点，闭环极点的位置决定系统的性能指标。

其实验原理如图 2-43 所示，方框图如图 2-44 所示。

此时开环传递函数为

$$G(s) = \frac{10}{s(1 + 0.5s)} \tag{2-107}$$

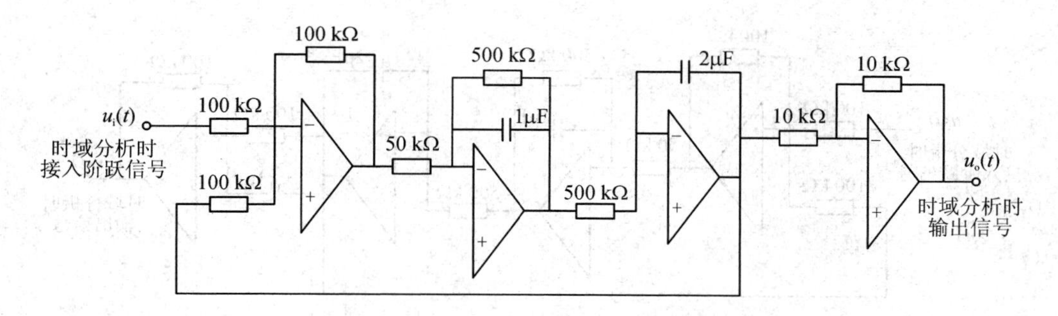

图 2-43　二阶系统实验原理图

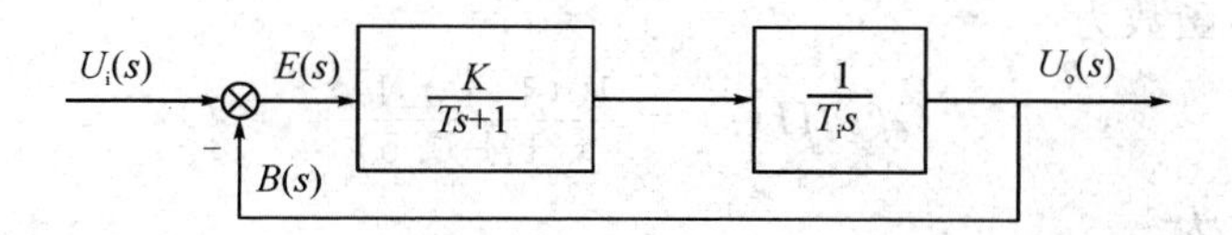

图 2-44　二阶系统实验方框图

闭环传递函数为

$$\Phi(s)=\frac{10}{s(1+0.5s)+10}=\frac{20}{s^2+2s+20} \tag{2-108}$$

特征方程为

$$D(s)=s^2+2s+20 \tag{2-109}$$

闭环的两个极点分别为

$$s_1=-1+j4.36 \quad s_2=-1-j4.36$$

系统的参数为

$$\omega_n=4.47 \quad \xi=0.224 \quad \sigma\%=50\%$$

其根轨迹如图 2-45 所示。

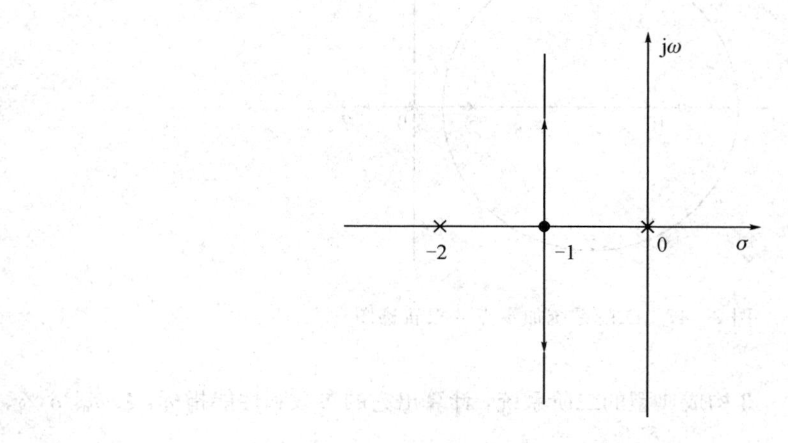

图 2-45　二阶系统的根轨迹图

(2) 二阶系统增加一个开环零点。开环零点为

$$G_z(s)=1+0.1s$$

其实验参考电路图如图 2-46 所示。

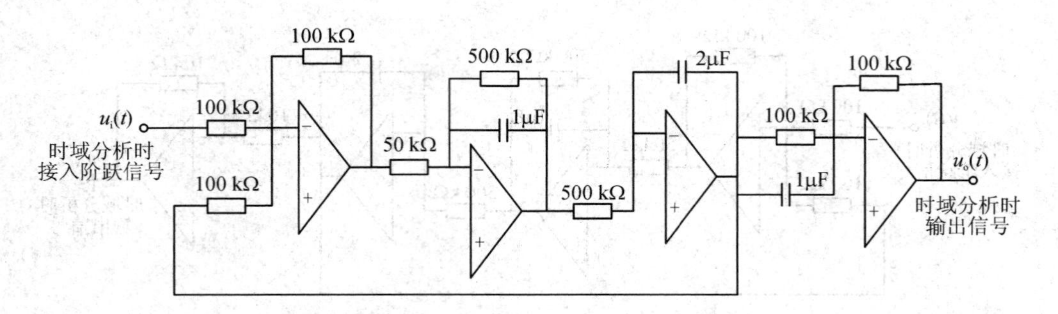

图 2-46　二阶系统加开环零点实验原理图

此时开环传递函数为

$$G(s)H(s)=\frac{10(1+0.1s)}{s(1+0.5)} \tag{2-110}$$

闭环传递函数为

$$\Phi(s)=\frac{G(s)H(s)}{1+G(s)H(s)}=\frac{10(1+0.1s)}{s(1+0.5s)+10(1+0.1s)} \tag{2-111}$$

特征方程为

$$D(s)=s^2+4s+20=0 \tag{2-112}$$

两个极点分别为

$$s_1=-2+\mathrm{j}4 \quad s_2=-2-\mathrm{j}4$$

系统的参数为

$$\omega_n=4.47 \quad \xi=0.447 \quad \sigma\%=21\%$$

其根轨迹如图 2-47 所示。

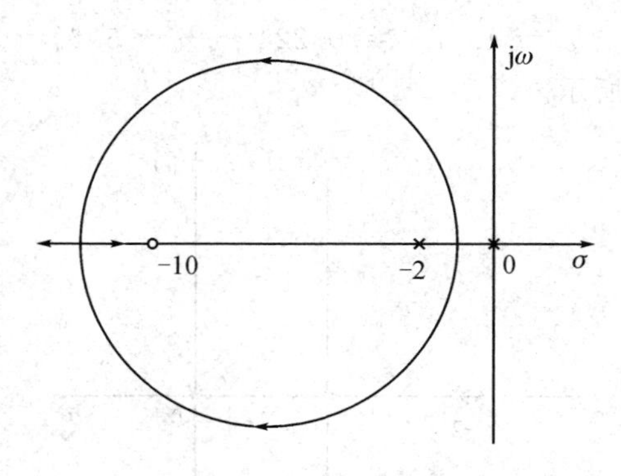

图 2-47　二阶系统加零点的根轨迹图

(3) 实验步骤。

① 根据参考电路图 2-43 构成典型的二阶系统，计算出它的参数和性能指标：ξ、ω_n、$\delta\%$、t_s、t_r、t_p，并记录在表 2-4 中。

② 按原理图 2-46 连线，并将阶跃信号分别接入 $u_i(t)$ 和示波器测量通道，将输出 $u_o(t)$ 接入示波器的另一测量通道。

③ 画出加一个开环零点后的根轨迹，计算此时两个闭环极点的位置参数：ξ，ω_n。

④ 观察计算机(虚拟示波器)显示的波形，测量输入 $u_i(t)$ 和输出 $u_o(t)$ 的波形图，并记

录或保存波形。

⑤ 测量时域响应的各项性能指标 $\delta\%$、t_s、t_r 、t_p，并记录在表 2-4 中。

根据实验可知，增加一个开环零点对系统根轨迹有如下影响：

① 改变了根轨迹在实轴上的分布。

② 改变了渐近线的条数、与实轴的夹角和与实轴的交点坐标。

③ 改变了分离点(汇合点)的坐标。

④ 如果增加的开环零点和某个极点重合或距离很近，则会构成开环偶极子，两者对系统性能的影响可相互抵消，所以可以通过增加一个零点来抵消对系统性能不利的极点。

⑤ 根轨迹曲线将向左移动，有利于改善系统的动态性能。

(4) 二阶系统增加一个开环极点。开环极点为

$$G_p(s)=\frac{1}{1+0.1s}$$

其实验参考电路图如图 2-48 所示。

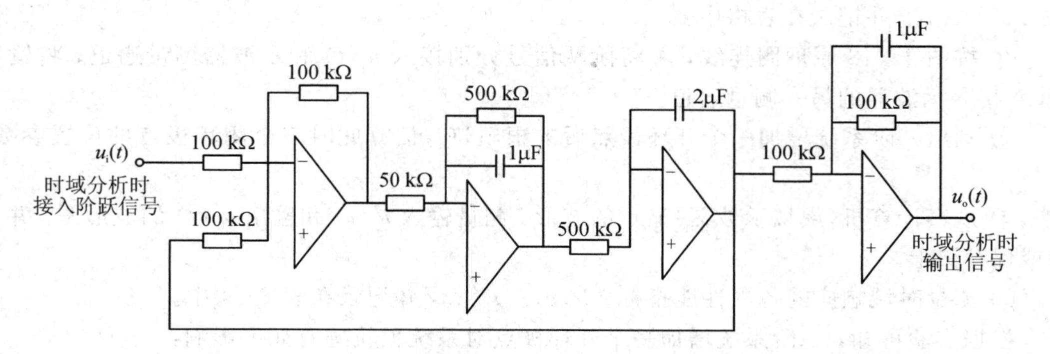

图 2-48　二阶系统加开环极点实验原理图

此时开环传递函数为

$$G(s)H(s)=\frac{10}{s(1+0.5s)(1+0.1s)} \tag{2-113}$$

闭环传递函数为

$$\Phi(s)=\frac{G(s)H(s)}{1+G(s)H(s)}=\frac{10}{s(1+0.5s)\times(1+0.1s)+10} \tag{2-114}$$

特征方程为

$$D(s)=s^3+12s^2+20s+200=0 \tag{2-115}$$

三个闭环极点分别为

$$s_1=-11.75\quad s_2=-0.125+j4.1\quad s_3=-0.125-j4.1$$

此时系统根轨迹已有部分越过虚轴，进入 S 平面的右半平面，当 K 增加到一定值时系统将不稳定。

其根轨迹如图 2-49 所示。

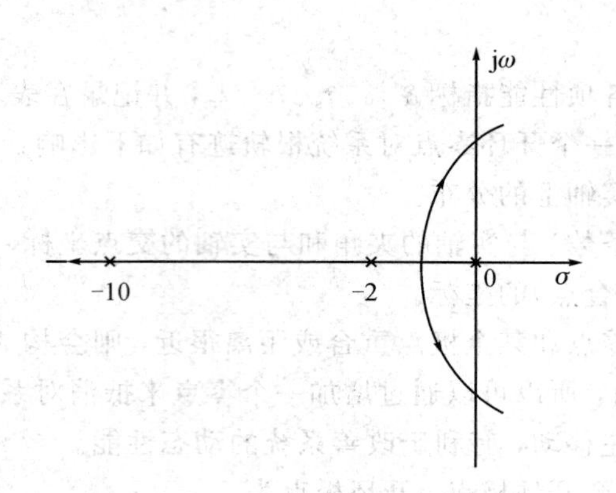

图 2-49　二阶系统加极点的根轨迹图

（5）实验步骤。

① 根据参考电路图 2-43 构成典型的二阶系统，计算出它的参数和性能指标：ξ、ω_n、$\delta\%$、t_s、t_r、t_p，并记录在表格中。

② 按图 2-48 原理图连线，并将阶跃信号分别接入 $u_i(t)$ 和示波器测量通道，将输出 $u_o(t)$ 接入示波器的另一测量通道。

③ 画出二阶系统增加一个开环极点后的根轨迹，估算此时三个闭环极点的位置参数：ξ，ω_n。

④ 观察计算机（虚拟示波器）显示的波形，测量输入 $u_i(t)$ 和输出 $u_o(t)$ 的波形图，并记录或保存波形。

⑤ 测量时域响应的各项性能指标 $\delta\%$、t_s、t_r、t_p，并记录在表 2-4 中。

根据实验可知，二阶系统增加一个开环极点对系统根轨迹有如下影响：

① 改变了根轨迹在实轴上的分布；

② 改变了根轨迹的分支数；

③ 改变了渐近线的条数、与实轴的夹角和与实轴的交点坐标。

④ 改变了分离点（汇合点）的坐标。

⑤ 根轨迹曲线将向右移动，不利于改善系统的动态性能。

实验结束后，要求如下：

（1）整理实验实测数据和波形。

（2）分析实验数据和波形，并与理论值比较。

5. 思考与讨论

（1）简述根轨迹在控制系统校正中的应用。

（2）增加开环零点、极点对系统动态和静态性能有什么影响？

6. 实验数据记录

表 2-4 为实验数据记录表。

表 2-4　线性系统时域分析实验(一)数据

实验数据 \ 系统		原系统	加零点后	加极点后
超调量 $\delta\%$	计算值			
	测量值			
上升时间 t_r/s	计算值			
	测量值			
峰值时间 t_p/s	计算值			
	测量值			
调节时间 t_s/s	计算值			
	测量值			

实验 2.5　线性系统时域分析实验(二)

1. 实验目的

(1) 掌握典型三阶控制系统模拟电路的构成方法及三阶控制系统传递函数的表达式。

(2) 了解和掌握求解高阶闭环系统临界稳定增益 K 的多种方法(劳斯稳定判据法、代数求解法、根轨迹求解法)。

(3) 了解和掌握利用 MATLAB 的开环根轨迹求解系统的性能指标的方法。

(4) 掌握利用主导极点的概念，使原三阶控制系统近似为标准二阶系统，并估算系统的时域特性指标。

2. 实验内容

(1) 运用根轨迹法对控制系统进行分析；明确闭环零、极点的分布和系统阶跃响应的定性关系。

(2) 用劳斯稳定判据判断系统的稳定性，并计算临界稳定增益 K。

(3) 用根轨迹作图法，确定临界稳定增益 K，并与计算值比较。

(4) 观察和分析三阶控制系统在阶跃信号输入时，系统的稳定、临界稳定及不稳定三种瞬态响应。

3. 实验要求

(1) 做好预习，根据原理图所示的相应参数，计算理论值并绘制根轨迹图，用试探法确定主导极点的大致位置。

(2) 用劳斯稳定判据，求出系统稳定、临界稳定和不稳定时的增益 K 的范围和电阻 R 的取值。

(3) 画出系统在单位阶跃信号作用下输入输出的理论波形。

4. 实验原理

(1) 根轨迹。当 K 由 $0\to\infty$ 变化时，将闭环特征根在 S 平面上移动的轨迹称为根轨迹，它不仅直观地表示了增益 K 变化时闭环特征根的变化，还给出了系统参数改变时对闭环特征根在 S 平面上分布的影响。

(2) 可在根轨迹图上进行定性分析，并判定系统的稳定性及动态性能指标，确定系统的品质。根轨迹在负实轴上，系统的单位阶跃响应是单调稳定的，没有超调量，但响应速度慢，调整时间长；根轨迹在 S 平面的左半平面时，系统是欠阻尼，系统的单位阶跃响应是振荡衰减稳定的，有超调量，响应速度比较快；根轨迹在 S 平面的左半平面上越靠近虚轴，系统的单位阶跃响应的超调量越大，响应速度越快。

(3) 稳定性。根轨迹若越过虚轴进入 S 右半平面，系统就不稳定了，与虚轴的交点 k 即为临界增益。可以用劳斯判据(具体可参见 1.3.2 节)来判断系统的稳定性。

(4) 稳态性能。根据坐标原点的极点数，确定系统的型别，同时可以确定对应的静态误差系数。

(5)开环传递函数也可以用另一种形式表示，即

$$G(s)H(s)=\frac{K\prod_{i=1}^{m}(\tau_i s+)}{s^{\nu}\prod_{j=1}^{n-\nu}(T_j s+1)} \tag{2-116}$$

式中：ν 是开环传递函数的积分环节个数，称为无差度。输入不同的信号，系统的静态误差不同，具体可参见表 1-4。

三阶闭环系统实验原理电路如图 2-50 所示，它由 1 个积分环节、2 个惯性环节构成，其方框图如图 2-51 所示。

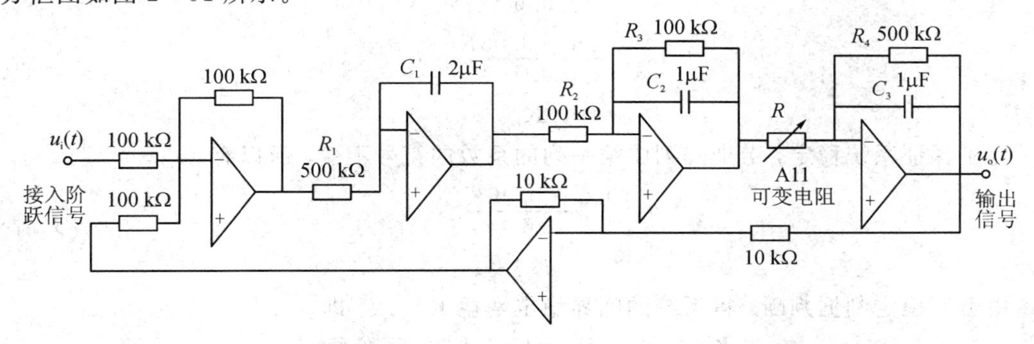

图 2-50　三阶闭环系统模拟实验电路图

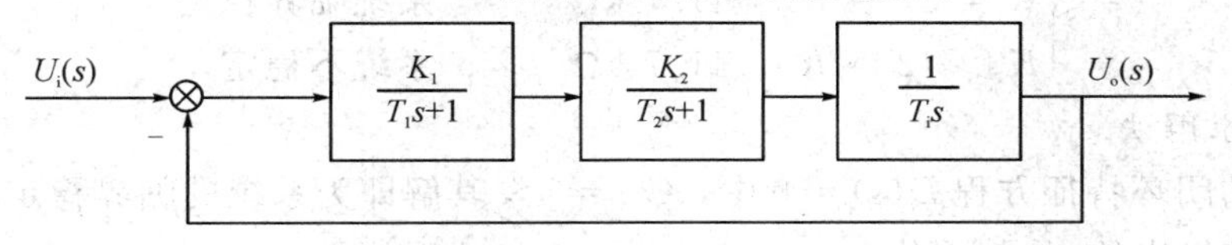

图 2-51　三阶闭环系统方框图

三阶控制系统的开环传递函数为

$$G(s)=\frac{K_1K_2}{T_i s(T_1 s+1)(T_2 s+1)} \tag{2-117}$$

闭环传递函数(单位反馈)为

$$\begin{aligned}\Phi(s)&=\frac{G(s)}{1+G(s)}\\&=\frac{K_1K_2}{T_i s(T_1 s+1)(T_2 s+1)+K_1K_2}\end{aligned} \tag{2-118}$$

其积分时间常数 $T_i=R_1\times C_1=1$ s，惯性环节的参数分别是：时间常数 $T_1=R_3\times C_2=0.1$ s，$K_1=R_3/R_2=1$，$T_2=R_4\times C_3=0.5$ s，$K_2=R_4/R=500\ \text{k}\Omega/R$。

模拟实验电路的开环传递函数为

$$\begin{aligned}G(s)&=\frac{K}{s(0.1s+1)(0.5s+1)}\\&=\frac{K}{0.05s^3+0.6s^2+s}\end{aligned} \tag{2-119}$$

将模拟电路的开环传递函数代入式(2-118)，则该电路的闭环传递函数为

$$\Phi(s)=\frac{K}{s(0.1s+1)(0.5s+1)+K}$$

$$= \frac{K}{0.05s^3 + 0.6s^2 + s + K} \tag{2-120}$$

1）劳斯稳定判据法

闭环系统的特征方程为

$$0.05s^3 + 0.6s^2 + s + K = 0 \tag{2-121}$$

建立劳斯阵列为

$$\begin{array}{cccc} s^3 & 0.05 & 1 \\ s^2 & 0.6 & K \\ s & \dfrac{0.6 - 0.05K}{0.6} & 0 \\ s^0 & K & 0 \end{array}$$

为了保证系统稳定，劳斯阵列中第一列的系数的符号不变，所以有

$$\begin{cases} \dfrac{0.6 - 0.05K}{0.6} > 0 \\ K > 0 \end{cases} \tag{2-122}$$

由劳斯稳定判据判断，得系统的临界稳定增益 $K=12$。即

$$\begin{cases} 0 < K < 12 \rightarrow R > 41.7\ \text{k}\Omega & \text{系统稳定} \\ K = 12 \rightarrow R = 41.7\ \text{k}\Omega & \text{系统临界稳定} \\ K > 12 \rightarrow R < 41.7\ \text{k}\Omega & \text{系统不稳定} \end{cases}$$

2）代数求解法

在系统的闭环特征方程 $D(s)=0$ 中，令 $s=\mathrm{j}\omega$，其解即为系统的临界稳定增益 K。用 $\mathrm{j}\omega$ 取代式(2-121)中的 s，则可得

$$0.05(\mathrm{j}\omega)^3 + 0.6(\mathrm{j}\omega)^2 + (\mathrm{j}\omega) + K = 0 \tag{2-123}$$

令：

$$\begin{cases} \text{虚部} = 0 \quad \omega - 0.05\omega^3 = 0 \quad \rightarrow \omega^2 = 20 \\ \text{实部} = 0 \quad K - 0.6\omega^2 = 0 \quad \rightarrow K = 12 \end{cases} \tag{2-124}$$

得系统的临界稳定增益 $K=12$。

3）MATLAB 根轨迹求解法

反馈控制系统的全部性质取决于系统的闭环传递函数，而闭环传递函数对系统性能的影响又可用其闭环零、极点来表示。MATLAB 的开环根轨迹图反映了系统的全部闭环零、极点在 S 平面的分布情况，将容易求得临界稳定增益 K。

线性系统稳定的充分必要条件为：系统的全部闭环极点均位于左半 S 平面，当被测系统为条件稳定时，其根轨迹与 S 平面虚轴的交点即是其临界稳定条件。

将式(2-119)化简为

$$G(s) = \frac{20K}{s^3 + 12s^2 + 20s} \tag{2-125}$$

其根轨迹增益 $K_g = 20K$。

闭环传递函数为

$$\Phi(s) = \frac{20K}{s^3 + 12s^2 + 20s + K_g} \tag{2-126}$$

进入 MATLAB-rlocus(num,den)，按式(2-126)设定：

```
1  %三阶系统开环根轨迹
2  Num=[20]                %系统开环传递函数分子多项式，降幂排列
3  Den=[1 12 20 0]         %系统开环传递函数分母多项式，降幂排列
4  Rlocus(num,den)         %绘制根轨迹
5  V=[-11.5 0.5 -6 6];axis(v)
6  %grid
7  Title('Root-locus Plot of G(S)= 1/S(0.1S+1)(0.5S+1)')
```

得到按式(2-126)绘制的 MATLAB 开环根轨迹图，如图 2-52 所示。

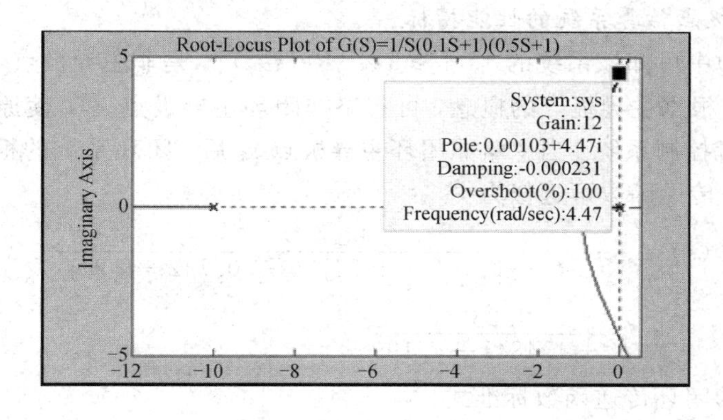

图 2-52　MATLAB 的开环根轨迹图

在图 2-52 所示的根轨迹图上找到虚轴的交点(实轴值为 0)，即为系统的临界稳定增益：K(Gain)=12。

4) 利用 MATLAB 的开环根轨迹求解系统的性能指标

MATLAB 的开环根轨迹图除了能反映系统的全部闭环零、极点在 S 平面的分布情况，同时又可提供阻尼比 ξ(Damping)、超调量 $\delta\%$(Overshoot)、自然频率 ω_n(Frequency)。

如设定系统的增益 $K=5$，系统工作于稳定状态，则在图 2-52 的根轨迹上找到增益 K(Gain)=2.22 的点，如图 2-53 所示。

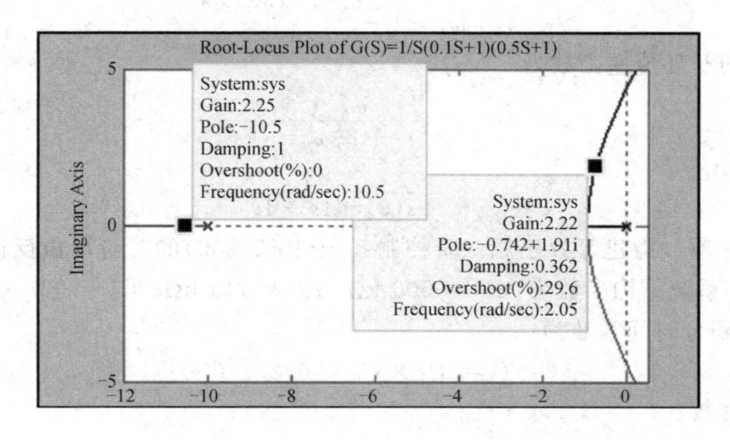

图 2-53　增益 K(Gain)=2.22 的 MATLAB 开环根轨迹图

从图 2-53 中可求得系统的闭环极点，即 $K = 2.22$ 时，有

$$\begin{cases} s_{1,2} = -0.742 \pm 1.91\mathrm{j} \\ s_3 = -10.5 \\ \delta\% = 29.6\% \\ \xi = 0.362 \\ \omega_n = 2.05 \end{cases} \tag{2-127}$$

利用求得的闭环极点，以及根轨迹增益 $K_g = 20K$，式(2-126)可写成闭环传递函数：

$$\Phi(s) = \frac{44.4}{(s+10.5)(s+0.742+1.91\mathrm{j})(s+0.742-1.91\mathrm{j})} \tag{2-128}$$

5) 利用主导极点估算系统的性能指标

从式(2-127)中可知该系统的 $|s_3| \geqslant 5 \times |\mathrm{Re}(s_{1,2})|$，是非主导极点，而 $s_{1,2}$ 是一对共轭复数主导极点。根据主导极点的概念，可忽略非闭环主导极点 s_3，使原三阶控制系统近似为标准Ⅰ型二阶控制系统。当忽略非闭环主导极点 s_3 后，闭环系统的根轨迹增益会发生变化。系统的闭环传递函数可近似为

$$\begin{aligned} \Phi(s) &= \frac{44.4}{10.5(s+0.742+1.91\mathrm{j})(s+0.742-1.91\mathrm{j})} \\ &= \frac{4.23}{s^2+1.484s+4.199} \end{aligned} \tag{2-129}$$

由二阶系统的闭环传递函数标准式：

$$\Phi(s) = \frac{\omega_n^2}{s^2+2\xi\omega_n s+\omega_n^2} \tag{2-130}$$

可计算得：

$$\begin{cases} \xi = 0.326 \\ \omega_n = 2.049 \end{cases}$$

系统的动态性能指标为

超调量：
$$\delta\% = \mathrm{e}^{-\frac{\xi\pi}{\sqrt{1-\xi^2}}} \times 100\% = 29.52\%$$

峰值时间：
$$t_p = \frac{\pi}{\omega_n\sqrt{1-\xi^2}} = 1.645\ \mathrm{s}$$

二阶系统的开环传递函数为

$$\begin{aligned} G(s) &= \frac{\omega_n^2}{s^2+2\xi\omega_n s} \\ &= \frac{2.83}{s(0.674s+1)} \end{aligned} \tag{2-131}$$

根据式(2-131)构建等效于原三阶控制系统(图 2-50)的二阶单位反馈闭环系统，如图 2-54 所示。系统结构参数为：$R_1 = 500\ \mathrm{k\Omega}$、$R_2 = 119\ \mathrm{k\Omega}$、$R_3 = 337\ \mathrm{k\Omega}$、$C_1 = 2\ \mu\mathrm{F}$、$C_3 = 2\ \mu\mathrm{F}$，则积分时间常数为

$$T_i = R_1 \times C_1 = 0.238\ \mathrm{s}$$

惯性时间常数

$$T_1 = R_3 \times C_3 = 0.674\ \mathrm{s}$$

开环增益为

$$K=\frac{R_3}{R_2}=2.83$$

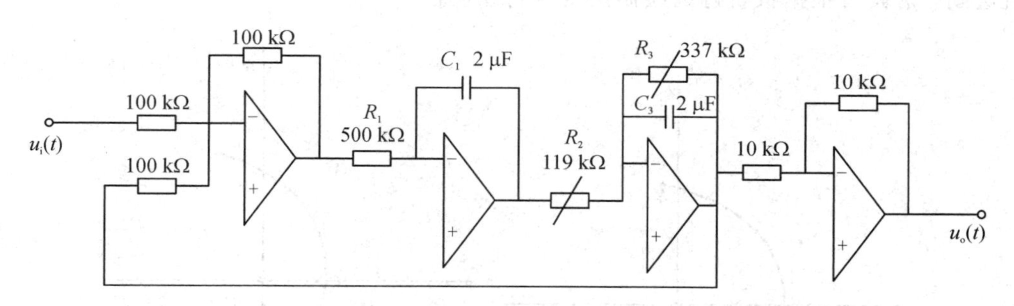

图 2-54　等效于原三阶系统(图 2-50)的二阶单位反馈闭环系统

5. 实验步骤

(1) 根据实验原理图 2-50 构造实验电路。

(2) 输入端加阶跃信号，调节电位器 R，观察输出波形，要求此时的超调量不能超过 25%(最好是在 20%左右)，然后测量控制系统在阶跃信号作用下的时域响应波形、相应的电阻 R 值及动态性能指标，并记录在表 2-5中。

此时的根轨迹(示意)如图 2-55 所示。这里只给出系统的大致根轨迹示意图，准确的根轨迹图请读者根据根轨迹的绘制法则自行绘制。

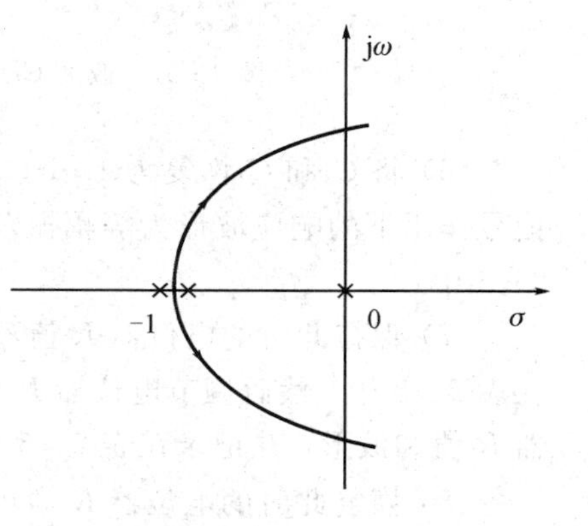

图 2-55　C_2 和 C_3 均为 1 μF

(3) 保持此时的电位器 R 值不变，改变电容 C_3 为 2 μF，观察输出波形，测量控制系统在阶跃信号作用下的时域响应波形和动态性能指标，并记录在表 2-5 中。

此时的根轨迹(示意)如图 2-56 所示。这里只给出系统的大致根轨迹示意图，准确的根轨迹图请读者根据根轨迹的绘制法则自行绘制。

(4) 保持此时的电位器 R 值不变，改变电容 C_2 为 2 μF，恢复 C_3 为 1 μF，观察输出波形，测量控制系统在阶跃信号作用下的时域响应波形和动态性能指标，并记录在表 2-5 中。

注意与第(3) 步比较，哪个极点位置的变化对系统动态性能影响比较大。

此时的根轨迹(示意)如图 2-57 所示。这里只给出系统的大致根轨迹示意图，准确的根轨迹图请读者根据根轨迹的绘制法则自行绘制。

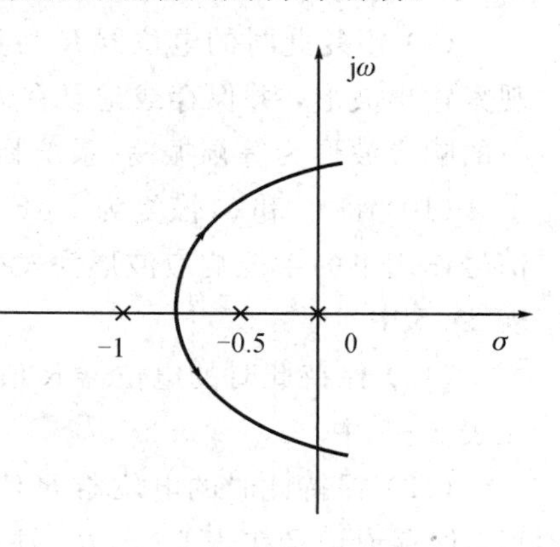

图 2-56　改变 C_3 为 2 μF

(5) 保持此时的电位器 R 值不变，改变电容 C_2 为 2 μF，C_3 为 2 μF，观察输出波形，测量控制系统在阶跃信号作用下的时域响应波形和动态性能指标，并记录在表2-5中。

此时的根轨迹(示意)如图 2-58 所示。这里只给出系统的大致根轨迹示意图，准确的根轨迹图，请读者根据根轨迹的绘制法则自行绘制。

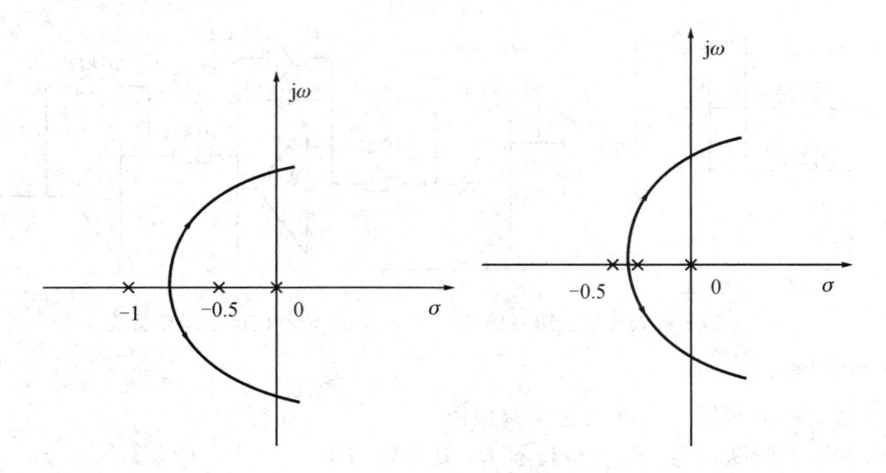

图 2-57　改变 C_3 为 1 μF　　　　图 2-58　改变 C_2 和 C_3 为 2 μF

(6) 将 C_2 和 C_3 恢复为 1 μF，调节电位器 R，观察输出波形，要求此时控制系统在阶跃信号作用下的响应波形为等幅振荡(系统临界稳定)。测量电位器 R 值和波形，并记录在表 2-5 中。

(7) 保持此时的电位器 R 值不变，改变电容 C_3 为 2 μF，观察输出波形，并保存或记录在表 2-5 中。然后调节电位器 R，使系统响应波形为等幅振荡(系统临界稳定)。记录电位器 R 值和波形，并记录在表 2-5 中。

(8) 恢复此时的电位器 R 为步骤(6)等幅振荡时的值，改变电容 C_2 为 2 μF，恢复 C_3 为 1 μF，观察输出波形，保存或记录在表 2-5 中。然后调节电位器 R，使控制系统在阶跃信号作用下的响应波形为等幅振荡(系统临界稳定)。记录电位器 R 值和波形，并记录在表 2-5 中。注意与第(7)步比较，哪个极点位置的变化对系统动态性能影响比较大。

(9) 恢复此时的电位器 R 为步骤(6)等幅振荡时的值，改变电容 C_2 为 2 μF，C_3 为 2 μF，观察输出波形，并保存或记录在表格中。然后调节电位器 R，使控制系统在阶跃信号作用下的响应波形为等幅振荡(系统临界稳定)。记录电位器 R 值和波形，并记录在表 2-5 中。

(10) 将 C_2 和 C_3 恢复为 1 μF，调节电位器 R，观察输出波形，要求此时控制系统在阶跃信号作用下的系统响应波形为发散振荡(系统不稳定)。测量电位器 R 值和波形，并记录在表 2-5 中。

(11) 保持此时的电位器 R 值不变，改变电容 C_3 为 2 μF，观察输出波形，并保存或记录在表 2-5 中。

(12) 保持此时的电位器 R 值不变，改变电容 C_2 为 2 μF，恢复 C_3 为 1 μF，观察输出波形，保存或记录在表 2-5 中。注意与第(7) 步比较，哪个极点位置的变化对系统动态性能影响比较大。

(13) 保持此时的电位器 R 值不变，改变电容 C_2 为 2 μF，C_3 为 2 μF，观察输出波形，并保存或记录在表 2-5 中。

6. 思考与讨论

（1）将实验结果与理论知识对比，并进行讨论。

（2）分析系统中的开环极点在 S 平面实轴上的位置变化，以及对根轨迹的影响。

（3）增加一个开环零点，分析其对根轨迹的影响。如果开环零点在 S 平面实轴上的位置发生变化，对根轨迹又会产生怎样的影响？

（4）如何利用根轨迹分析系统性能？

7. 实验数据记录

表 2-5 为实验数据记录表。

表 2-5　线性系统时域分析实验(二)实验数据

反馈电容 $C_2/\mu F$	反馈电容 $C_3/\mu F$	稳定(衰减振荡) (超调量不大于 25%)	临界稳定(等幅振荡)	不稳定(发散振荡)
1	1	$R=$ $t_r=$ $t_p=$ $t_s=$ $\delta\%=$	$R=$	
	2	$R=$ $t_r=$ $t_p=$ $t_s=$ $\delta\%=$	$R=$	
2	1	$R=$ $t_r=$ $t_p=$ $t_s=$ $\delta\%=$	$R=$	
	2	$R=$ $t_r=$ $t_p=$ $t_s=$ $\delta\%=$	$R=$	

第3章　线性系统频域分析

线性系统时域分析法是对控制系统列写微分方程，通过求出系统的传递函数来研究控制系统的性能，它虽然可以准确地求出系统的运动方程和性能指标，但是从工程角度来说，这种分析方法的计算量较大，而且计算量还会因为微分方程阶数的升高而大大增加。人们期望的工程分析方法能克服这些不足，即数学运算不复杂、计算量不大，更不会因为系统结构复杂、微分方程阶数升高而增大计算量；同时还希望能用图表法直观地表示出系统的主要性能特征，容易分析系统的各个部件(环节)对系统动态性能的影响，并能方便地判断出主要因素。频域分析法正是满足这些要求的很好的工程分析、研究方法，它的特点是：

(1) 控制系统或元部件的频率特性可以运用分析法和实验法获得，并可以用图形——幅相频率特性曲线(奈奎斯特图)、对数频率特性曲线(伯德图)、对数幅相曲线(尼克尔斯图)表示，因此系统性能分析和控制器设计可以用图解法进行。

(2) 频率特性物理意义明确，对于一阶系统和二阶系统频域性能指标和时域性能指标有确定的对应关系，而高阶系统可以建立近似的对应关系。

(3) 控制系统的频域设计可以兼顾动态响应、精度、噪声抑制等方面的设计要求。

实验3.1　线性一阶系统性能的频域分析

1. 实验目的

(1) 加深理解控制系统的频率特性；

(2) 掌握一阶系统频率特性测试方法；

(3) 熟练掌握线性系统频率特性的基本概念。

2. 实验内容

(1) 一阶系统的频率特性测试；

(2) 练习伯德图、奈奎斯特图的构造及绘制方法。

3. 实验要求

(1) 自己设计实验参数(设置参数时，要考虑系统的稳定性)。

(2) 根据原理图所示的相应参数或自行设计的参数，计算转折频率、幅频特性 $L(\omega)$ 和相频特性 $\varphi(\omega)$ 等理论值，并绘制对数幅频、对数相频(伯德图)和幅相频率特性图(奈奎斯特图)。

4. 实验原理及步骤

频域分析法是应用频率特性研究线性系统的一种经典方法。它以控制系统的频率特性作为数学模型，以伯德图或其他图表作为分析工具，来研究和分析控制系统的动态性能与稳态性能。

频率特性表示方法：频率特性 $G(j\omega)$ 是复数，它既可用实部、虚部来表示，也可用幅值(模)和相角来表示，具体表达式为

$$\begin{cases} G(j\omega)=\mathrm{Re}[G(j\omega)]+j\mathrm{Im}[G(j\omega)]=U(\omega)+V(\omega) \\ G(j\omega)=|G(j\omega)|e^{j\angle G(j\omega)} \end{cases} \tag{3-1}$$

$$\begin{cases} U(\omega)=\mathrm{Re}[G(j\omega)] \text{—— 实频特性} \\ V(\omega)=\mathrm{Im}[G(j\omega)] \text{—— 虚频特性} \end{cases} \tag{3-2}$$

$$\begin{cases} |G(j\omega)|=\sqrt{U^2(\omega)+V^2(\omega)} \text{—— 幅频特性} \\ \angle G(j\omega)=\arctan\dfrac{V(\omega)}{U(\omega)} \text{—— 相频特性} \end{cases} \tag{3-3}$$

除此之外，还有图形表示方法。图形表示要比采用函数表示方便、直观，在理论上相对复杂的频率特性，也可以用实验方法来求，这样图形表示就显得更为重要。常用频率特性的图形表示方法有幅相频率特性图、对数频率特性图和对数幅相图。

幅相频率特性图又称极坐标图或奈奎斯特图，根据复数可看作向量。绘制幅相特性图时，把 ω 看作参变量，令 ω 由 $0\to\infty$变化时，在复平面上描绘出的 $G(j\omega)$ 的端轨迹，即是 $G(j\omega)$ 幅相频率特性曲线。向量的长度表示 $G(j\omega)$ 的幅值 $|G(j\omega)|$，从正实轴方向逆时针绕原点转至向量方向的角度称为相位角，即 $\angle G(j\omega)$，然后在轨迹上标出 ω 的值。

对数频率特性曲线又称伯德图(包括对数幅频和对数相频两条曲线)，由于方便实用，因此被广泛地应用于控制系统分析时的作图。

对数频率特性曲线的横坐标统一为角频率 ω，并按十倍频程(dec)对数分度，单位是弧度/秒(rad/s)；对数幅频特性曲线的纵坐标表示对数幅频特性的函数值($20\lg|G(j\omega)|$)，取为均匀分度，单位是分贝(dB)；对数相频特性曲线的纵坐标表示相频特性的函数值，为均匀分度，单位是度(°)。

本实验是用描点法逐点测量并绘制伯德图，而理论上一般是用简单的近似法绘制。

1) 比例环节

比例环节实验原理图如图 3-1 所示。

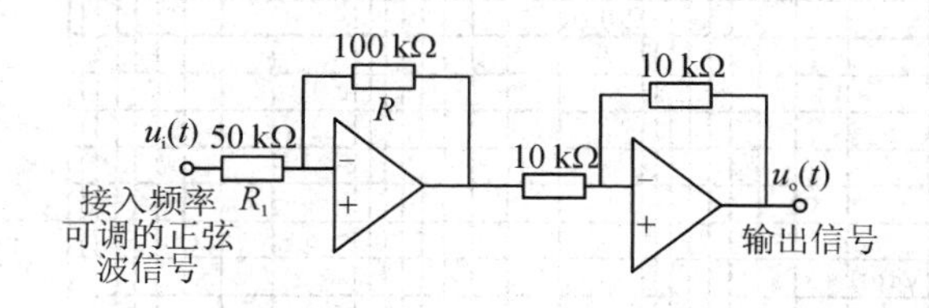

图 3-1　比例环节实验原理图

比例环节的传递函数为

$$G(s)=\frac{U_o(s)}{U_i(s)}=K \tag{3-4}$$

其频率特性为

$$G(j\omega)=Ke^{j0} \tag{3-5}$$

实频特性和虚频特性为

$$\begin{cases} U(\omega) = K \\ V(\omega) = 0 \end{cases} \tag{3-6}$$

幅频特性和相频特性为

$$\begin{cases} A(\omega) = K \\ \varphi(\omega) = 0^\circ \end{cases} \tag{3-7}$$

对数频率特性为

$$\begin{cases} L(\omega) = 20\lg K \\ \varphi(\omega) = 0^\circ \end{cases} \tag{3-8}$$

式中：比例系数 $K = \dfrac{R}{R_1}$。

比例环节的奈奎斯特图如图 3-2 所示，伯德图如图 3-3 所示。

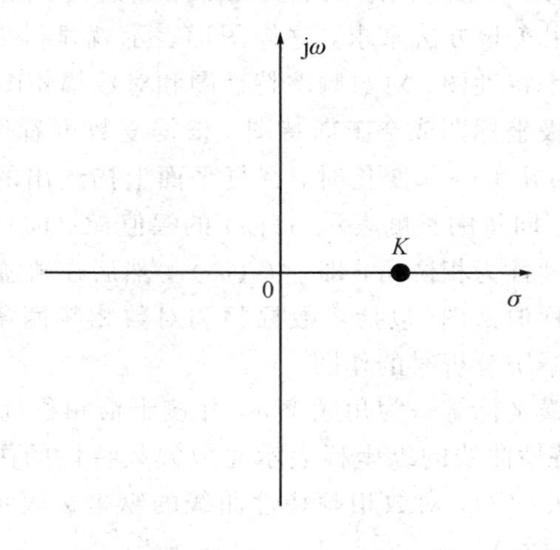

图 3-2　比例环节的奈奎斯特图

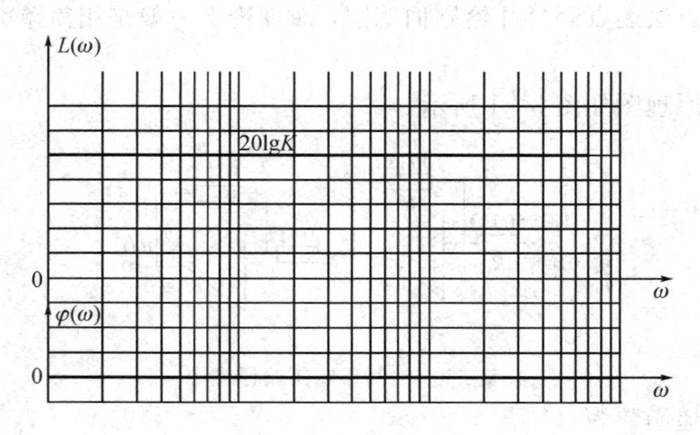

图 3-3　比例环节的伯德图

结论：比例环节的奈奎斯特图就是实轴上的一个点，它距原点距离是 K。它的对数幅频特性为幅值等于 $20\lg K$ dB 的一条平行于 ω 轴的直线，而相频特性是零度线。当改变系统传递函数的增益 K 值时，只需将伯德图中的对数幅频特性曲线升高（向上平移）或降低（向下平移）一个常量即可，而相频特性曲线不发生改变。

实验步骤如下：

(1) 按原理图 3-1 连线，并将正弦波信号(正弦波发生器 B4 单元的 DAOUT)分别接入 $u_i(t)$ 和示波器测量通道，将输出 $u_o(t)$ 接入示波器的另一测量通道。

(2) 观察计算机(虚拟示波器时域界面)显示的波形，测量 $u_i(t)$ 和 $u_o(t)$ 的数值，记录它们的幅值和相角，并将相关数据记录在表 3-3 中。

(3) 改变频率 ω 的取值，重复步骤(2)。要求 ω 的取值由小到大逐步增加，取点越多，描点法绘制出的曲线越光滑。

(4) 根据实验数据，在半对数坐标纸上画出伯德图。

2) 惯性环节

惯性环节实验原理图如图 3-4 所示。

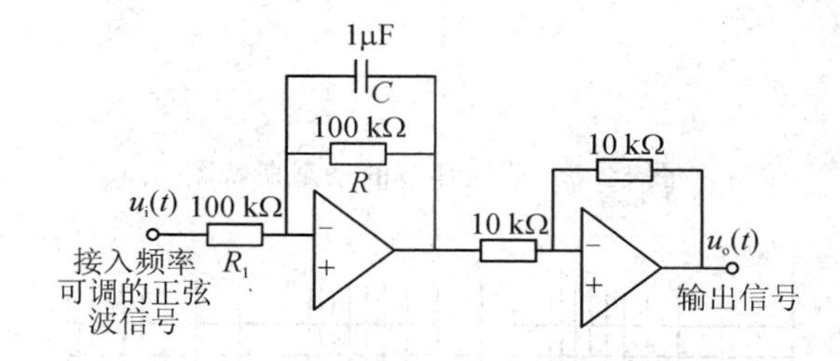

图 3-4　惯性环节实验原理图

惯性环节的传递函数为

$$G(s)=\frac{U_o(s)}{U_i(s)}=\frac{1}{1+Ts} \tag{3-9}$$

其频率特性为

$$G(j\omega)=\frac{1}{1+Tj\omega}=\frac{1}{\sqrt{1+(T\omega)^2}}e^{j(-\arctan T\omega)} \tag{3-10}$$

实频特性和虚频特性为

$$\begin{cases}U(\omega)=\dfrac{1}{1+(T\omega)^2}\\[2ex]V(\omega)=\dfrac{-T\omega}{1+(T\omega)^2}\end{cases} \tag{3-11}$$

幅频特性和相频特性为

$$\begin{cases}A(\omega)=\dfrac{1}{\sqrt{1+(T\omega)^2}}\\[2ex]\varphi(\omega)=-\arctan T\omega\end{cases} \tag{3-12}$$

对数频率特性为

$$\begin{cases}L(\omega)=20\lg\dfrac{1}{\sqrt{1+(T\omega)^2}}=-20\lg\sqrt{1+(T\omega)^2}\\[2ex]\varphi(\omega)=-\arctan T\omega\end{cases} \tag{3-13}$$

惯性环节的奈奎斯特图如图 3-5 所示，伯德图如图 3-6 所示。

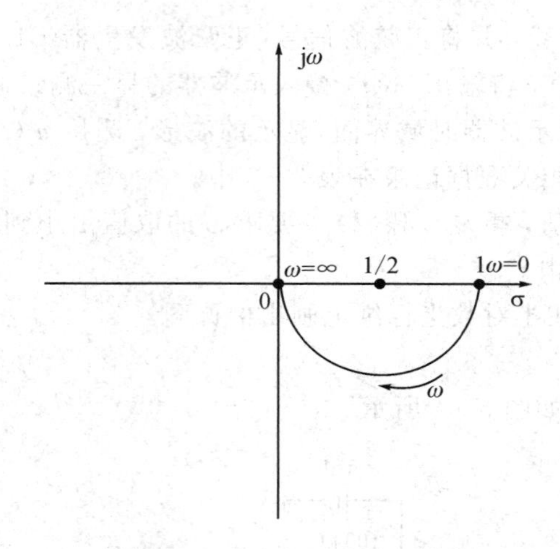

图 3-5　惯性环节的奈奎斯特图

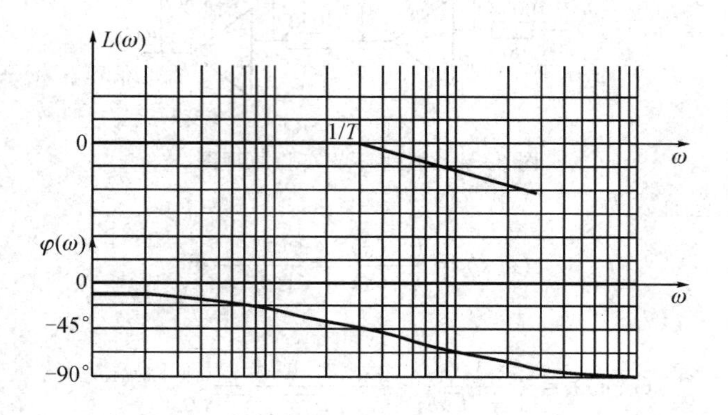

图 3-6　惯性环节的伯德图

结论：惯性环节的奈奎斯特图的起点在实轴上，终点在原点，是一个半径为 1/2 的半圆。对数幅频图可以近似成两段直线，在低频段与 0 dB 线重合，高频段是斜率为−2 dB/dec 的直线，转折点频率是 $\omega=\frac{1}{T}$，而此处也是近似线与实际曲线的最大误差处。误差值为

$$-20\lg\sqrt{1+(T\omega)^2}\,\Big|_{\omega=\frac{1}{T}}-(20\lg T\omega)\Big|_{\omega=\frac{1}{T}}=-20\lg\sqrt{2}+20\lg 1\approx-3\ \text{dB}$$

同样的方法可以算出其他频率处的误差 ΔL，为了作图方便，把 $\omega=\frac{1}{T}$ 附近的 $L(\omega T)$ 准确值与渐近线之间的误差列于表 3-1 中。

表 3-1　惯性环节对数幅频特性误差表

$\lg\omega T$	0	±0.2	±0.3	±0.5	±10
ΔL	−3.0	−1.5	−1.0	−0.4	−0

对数相频图是从 0 变化到−90°的曲线，在转折频率处是−45°。其他频率点上的 $\varphi(\omega)$ 数值如表 3-2 所示。

表 3-2　惯性环节相频特性值

$\lg\omega T$	−1.5	−1.0	−0.8	−0.6	−0.4	−0.2	0	0.2	0.4	0.6	0.8	1.0	1.5
$\varphi(\omega)$ /°	−2	−6	−9	−14	−22	−32	−45	−58	−68	−76	−81	−84	−88

实验步骤：

(1) 按原理图 3-4 连线，并将正弦波信号(正弦波发生器 B4 单元的 DAOUT)分别接入 $u_i(t)$ 和示波器测量通道，将输出 $u_o(t)$ 接入示波器的另一测量通道。

(2) 观察计算机(虚拟示波器时域界面)显示的波形，如图 3-7 所示。测量 $u_i(t)$ 和 $u_o(t)$ 的数值，记录它们的幅值和相角，并将相关数据记录在表 3-3 中。

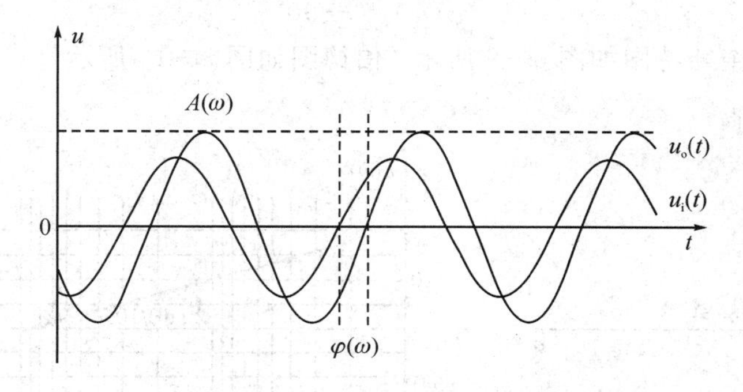

图 3-7　正弦波信号的响应曲线

(3) 改变频率 ω 的取值，重复步骤(2)。要求 ω 的取值由小到大逐步增加，取点越多，描点法绘制出的曲线越光滑。

(4) 根据实验数据，在半对数坐标纸上画出伯德图。

3) 积分环节

积分环节实验原理图如图 3-8 所示。

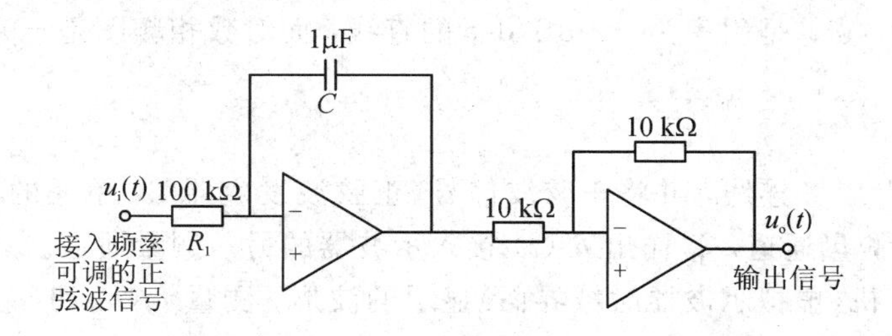

图 3-8　积分环节实验原理图

积分环节的传递函数为

$$G(s)=\frac{U_o(s)}{U_i(s)}=\frac{1}{s} \tag{3-14}$$

其频率特性为

$$G(j\omega)=\frac{1}{j\omega}=-\frac{1}{\omega}j \tag{3-15}$$

实频特性和虚频特性为

$$\begin{cases} U(\omega)=0 \\ V(\omega)=-\dfrac{1}{\omega} \end{cases} \tag{3-16}$$

幅频特性和相频特性为

$$\begin{cases} A(\omega)=\dfrac{1}{\omega} \\ \varphi(\omega)=-90^\circ \end{cases} \tag{3-17}$$

对数频率特性为

$$\begin{cases} L(\omega)=-20\lg\omega \\ \varphi(\omega)=-90^\circ \end{cases} \tag{3-18}$$

积分环节的奈奎斯特图如图 3-9 所示，伯德图如图 3-10 所示。

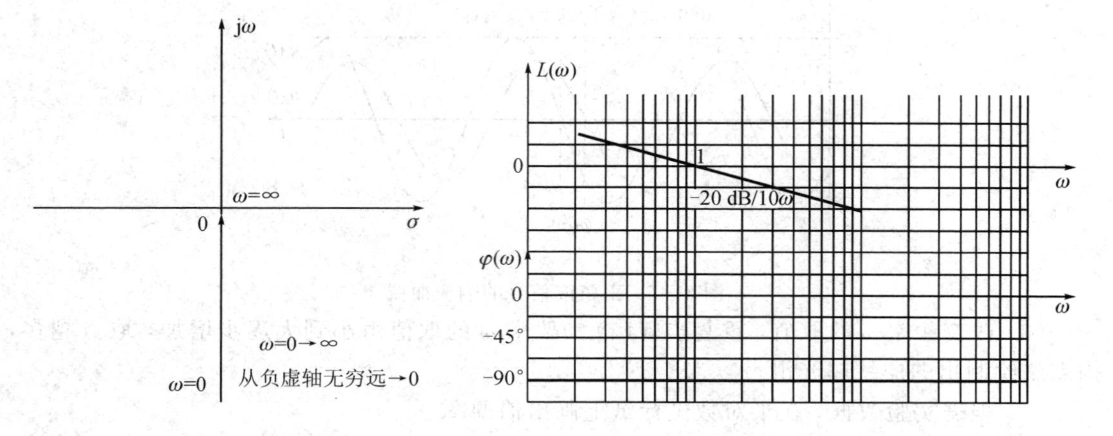

图 3-9 积分环节的奈奎斯特图　　　　图 3-10 积分环节的伯德图

结论：积分环节的奈奎斯特图是起点在负虚轴的无穷远处，终点在原点的一条直线。对数幅频图过(1,0)点，是斜率为－2 dB/dec 的直线，而对数相频图是－90°的直线，是与 ω 值无关的恒定值。

实验步骤：

(1) 按原理图 3-8 连线，并将正弦波信号(正弦波发生器 B4 单元的 DAOUT)分别接入 $u_i(t)$ 和示波器测量通道，将输出 $u_o(t)$ 接入示波器的另一测量通道。

(2) 观察计算机(虚拟示波器时域界面)显示的波形，测量 $u_i(t)$ 和 $u_o(t)$ 的数值，记录它们的幅值和相角，并将相关数据记录在表 3-3 中。

(3) 改变频率 ω 的取值，重复步骤(2) 。要求 ω 的取值由小到大逐步增加，取点越多，描点法绘制出的曲线越光滑。

(4) 根据实验数据，在半对数坐标纸上画出伯德图。

4) 微分环节

微分环节实验原理图如图 3-11 所示。

理想微分环节传递函数为

$$G(s)=\frac{U_o(s)}{U_i(s)}=s \tag{3-19}$$

其频率特性为

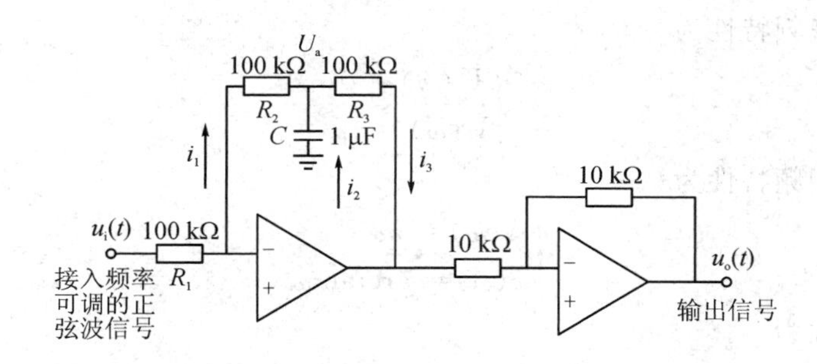

图 3-11　微分环节实验原理图

$$G(j\omega)=j\omega \tag{3-20}$$

实频特性和虚频特性为

$$\begin{cases}U(\omega)=0\\V(\omega)=\omega\end{cases} \tag{3-21}$$

幅频特性和相频特性为

$$\begin{cases}A(\omega)=\omega\\\varphi(\omega)=90^\circ\end{cases} \tag{3-22}$$

对数频率特性为

$$\begin{cases}L(\omega)=20\lg\omega\\\varphi(\omega)=90^\circ\end{cases} \tag{3-23}$$

微分环节的奈奎斯特图如图 3-12 所示，伯德图如图 3-13 所示。

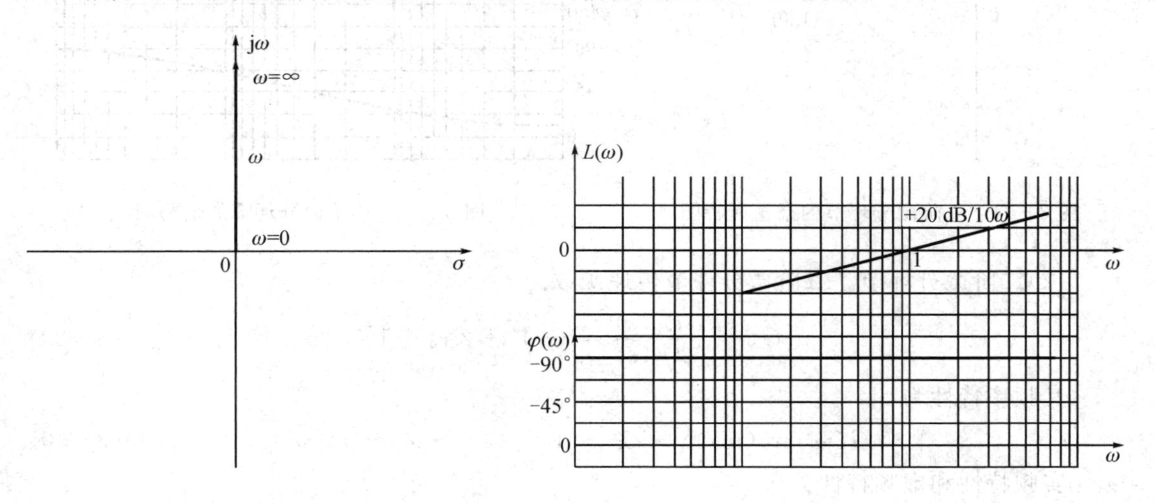

图 3-12　理想微分环节的奈奎斯特图　　图 3-13　理想微分环节的伯德图

下面对一阶微分环节和二阶微分环节进行介绍。

(1)一阶微分环节。一阶微分环节传递函数为

$$G(s)=\frac{U_o(s)}{U_i(s)}=1+\tau s \tag{3-24}$$

其频率特性为

$$G(j\omega)=j\omega\tau+1=\sqrt{1+(\tau\omega)^2}\,e^{j(\arctan\tau\omega)} \tag{3-25}$$

实频特性和虚频特性为

$$\begin{cases} U(\omega)=0 \\ V(\omega)=\tau\omega \end{cases} \tag{3-26}$$

幅频特性和相频特性为

$$\begin{cases} A(\omega)=\tau\omega \\ \varphi(\omega)=\arctan\tau\omega \end{cases} \tag{3-27}$$

对数频率特性为

$$\begin{cases} L(\omega)=20\lg\sqrt{1+(\tau\omega)^2} \\ \varphi(\omega)=\arctan\tau\omega \end{cases} \tag{3-28}$$

一阶微分环节的奈奎斯特图如图 3-14 所示，伯德图如图 3-15 所示。

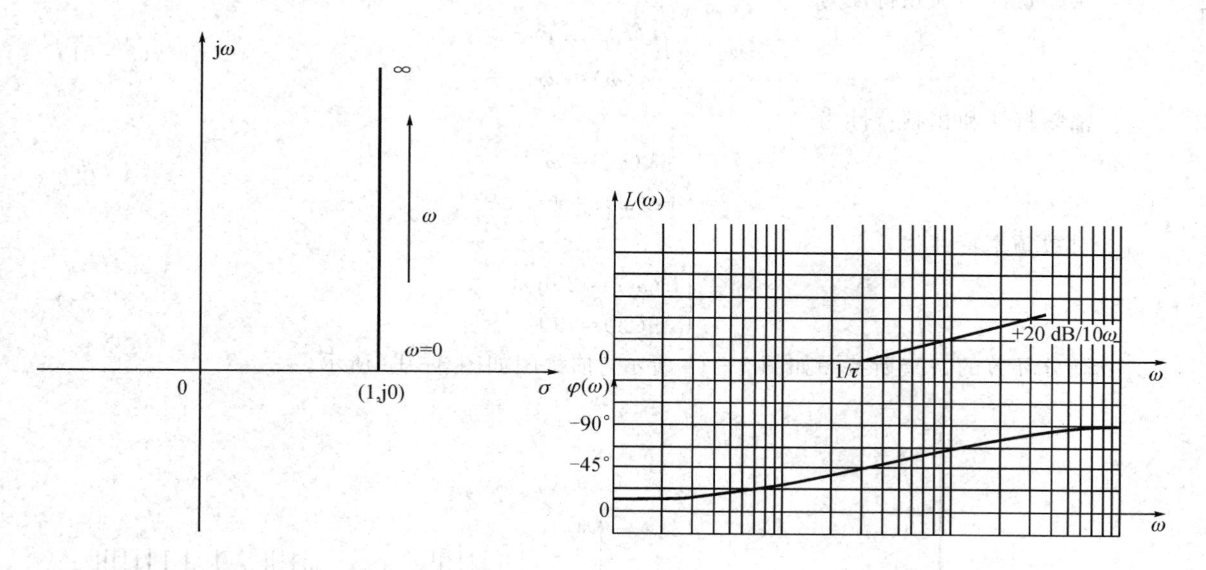

图 3-14　一阶微分环节的奈奎斯特图　　　图 3-15　一阶微分环节的伯德图

(2)二阶微分环节。二阶微分环节传递函数为

$$G(s)=\frac{U_o(s)}{U_i(s)}=(\tau s)^2+2\xi\tau s+1 \tag{3-29}$$

其频率特性为

$$G(j\omega)=(j\tau\omega)^2+j\omega\xi\tau+1=(1-\tau^2\omega^2)+j2\xi\tau\omega \tag{3-30}$$

实频特性和虚频特性为

$$\begin{cases} U(\omega)=(1-\tau^2\omega^2) \\ V(\omega)=2\xi\tau\omega \end{cases} \tag{3-31}$$

幅频特性和相频特性为

$$\begin{cases} A(\omega)=\sqrt{(1-\tau^2\omega^2)^2+(2\xi\tau\omega)^2} \\ \varphi(\omega)=\arctan\dfrac{2\xi\tau\omega}{1-\tau^2\omega^2} \end{cases} \tag{3-32}$$

对数频率特性为

$$\begin{cases} L(\omega) = 20\lg\sqrt{(1-\tau^2\omega^2)^2+(2\xi\tau\omega)^2} \\ \varphi(\omega) = \arctan\dfrac{2\xi\tau\omega}{1-\tau^2\omega^2} \end{cases} \tag{3-33}$$

二阶微分环节的奈奎斯特图如图 3－16 所示，伯德图如图 3－17 所示。

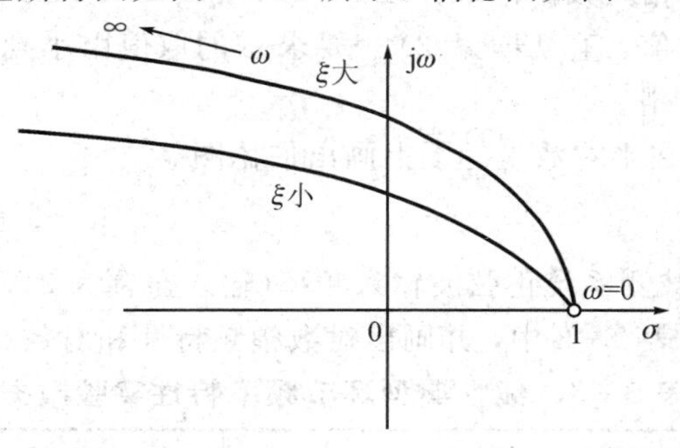

图 3－16　二阶微分环节的奈奎斯特图

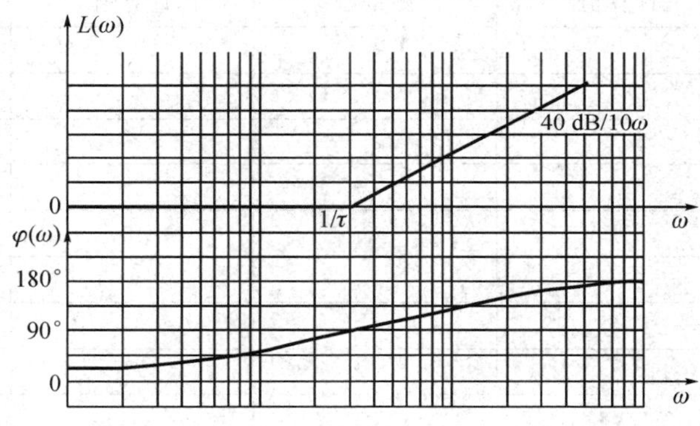

图 3－17　二阶微分环节的伯德图

结论：

(1) 理想微分环节的奈奎斯特图的起点在原点处，终点在虚轴无穷远处，是一条直线，且与积分环节以实轴对称。对数幅频图过(1,0)点，是斜率为＋2 dB/dec 的直线；而对数相频图是＋90°的直线，是与 ω 值无关的恒定值，与积分环节以 ω 轴对称。

(2) 一阶微分环节的奈奎斯特图的起点在实轴上(1,j0)处，终点在无穷远处，是一条平行于虚轴的直线。对数幅频图可以近似成两段直线，在低频段与 0 dB 线重合，高频段是斜率为＋2 dB/dec 的直线，转折点频率是 $\omega=1/\tau$，而此处也是近似线与实际曲线的最大误差处。对数相频图是从 0 变化到＋90°的曲线，在转折频率处是＋45°。

(3) 二阶微分环节的奈奎斯特图的起点在实轴上(1,j0)处，终点在无穷远处，是一条与虚轴有交点的曲线。阻尼比 ξ 值越大，交点距原点越远；阻尼比 ξ 值越小，交点距原点越近。对数幅频图可以近似成两段直线，在低频段与 0 dB 线重合，高频段是斜率为＋4 dB/dec 的直线，转折点频率是 $\omega=1/\tau$，而此处也是近似曲线与实际曲线的最大误差处。对数相频图是从 0 变化到＋180°的曲线，在转折频率处是＋90°，与振荡环节以 ω 轴对称。

(4) 在实际工程中，理想微分环节不能单独使用；一阶微分环节和二阶微分环节常常被用于系统校正，以提高系统的快速响应能力。

实验步骤：

(1) 按原理图 3-11 连线，并将正弦波信号(正弦波发生器 B4 单元的 DAOUT)分别接入 $u_i(t)$ 和示波器测量通道，将输出 $u_o(t)$ 接示波器另一测量通道。

(2) 观察计算机(虚拟示波器时域界面)显示的波形，测量 $u_i(t)$ 和 $u_o(t)$ 的数值，记录它们的幅值和相角，并将相关数据记录在表 3-3 中。

(3) 改变频率 ω 的取值，重复步骤(2)。要求 ω 的取值由小到大逐步增加，取点越多，描点法绘制出的曲线越光滑。

(4) 根据实验数据，在半对数坐标纸上画出伯德图。

5. 实验数据记录

按表 3-3 改变实验被测系统正弦波输入频率(输入振幅为 2 V)，观察波形，测量输出幅频特性和相频特性，填入表 3-3 中，并画出对数幅频特性和对数相频特性曲线(伯德图)。

表 3-3　线性典型环节频率特性实验数据

输入频率/(rad/s)	幅频特性 $L(\omega)$		相频特性 $\varphi(\omega)$	
	计算值	测量值	计算值	测量值
3				
6				
8				
10				
12				
14				
16				
18				
20				
25				
30				
35				
40				
50				
60				
90				
120				
160				
200				
250				
300				

注：(1) 系统输出振幅不得大于 5 V。

(2) 实验过程中要仔细观察实验系统中各环节的输出，不能有限幅现象(－10 V≤输出振幅≤＋10 V)，防止产生非线性失真，影响实验效果。

(3) 由于逐点测量和观察波形比较耗费时间，建议选择 1～2 个典型环节进行实验，这里建议选择惯性环节和一阶微分环节。

实验 3.2　线性二阶系统的频率特性

1. 实验目的

（1）通过实验加深理解二阶系统的性能指标同系统参数的关系；

（2）掌握二阶系统频率特性测试方法；

（3）熟练掌握线性系统频率特性的基本概念；

（4）研究二阶系统频率特性与系统动态性能之间的关系；

（5）加深理解控制系统的频率特性。

2. 实验内容

（1）二阶系统的频率特性测试；

（2）练习伯德图、奈奎斯特图的构造及绘制方法。

3. 实验要求

（1）自行设计实验参数（设置参数时，要考虑系统的稳定性）；

（2）根据原理图所示的相应参数或自行设计的参数，计算 M_p、ω_p、ω_b 等理论值，并绘制奈奎斯特图和伯德图。

4. 实验原理

1）线性二阶系统的频率特性

线性二阶系统的频率特性测试原理实验图如图 3－18 所示，其方框图如图 3－19 所示。

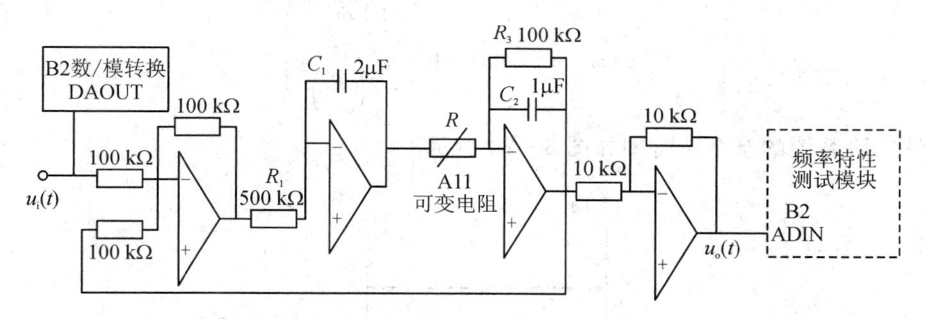

图 3－18　二阶系统频率特性测试电路

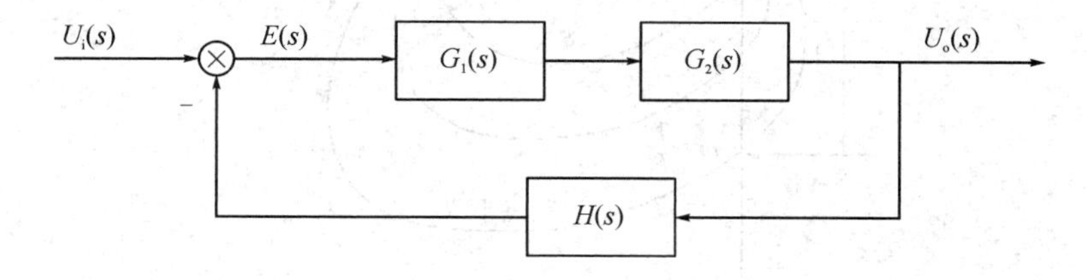

图 3－19　二阶系统结构图

图 3－19 所示被测系统的闭环传递函数为

$$\Phi(s)=\frac{G_1(s)G_2(s)}{1+G_1(s)G_2(s)H(s)} \tag{3-34}$$

将图 3－18 所示实验参数带入，得传递函数为

$$\Phi(s)=\frac{10K}{s^2+10s+10K} \tag{3-35}$$

式(3－35)也称做振荡环节，其一般频率特性表示式可以写为

$$\Phi(\mathrm{j}\omega)=\frac{\omega_n^2}{(\mathrm{j}\omega)^2+2\xi\omega_n(\mathrm{j}\omega)+\omega_n^2}=\frac{\omega_n^2}{(\omega_n^2-\omega^2)+2\mathrm{j}\xi\omega_n\omega} \tag{3-36}$$

实频特性和虚频特性为

$$\begin{cases}U(\omega)=\dfrac{\omega_n^2}{\omega_n^2-\omega^2}\\[2ex] V(\omega)=\dfrac{\omega_n}{2\mathrm{j}\xi\omega}\end{cases} \tag{3-37}$$

幅频特性和相频特性为

$$\begin{cases}A(\omega)=\dfrac{1}{\sqrt{\left[1-\left(\dfrac{\omega}{\omega_n}\right)^2\right]^2+\left(2\xi\dfrac{\omega}{\omega_n}\right)^2}}\\[4ex] \varphi(\omega)=-\left|\arctan\dfrac{2\xi\dfrac{\omega}{\omega_n}}{1-\left(\dfrac{\omega}{\omega_n}\right)^2}\right|\end{cases} \tag{3-38}$$

对数频率特性为

$$\begin{cases}L(\omega)=-20\lg\sqrt{\left[1-\left(\dfrac{\omega}{\omega_n}\right)^2\right]^2+\left(2\xi\dfrac{\omega}{\omega_n}\right)^2}\\[4ex] \varphi(\omega)=-\left|\arctan\dfrac{2\xi\dfrac{\omega}{\omega_n}}{1-\left(\dfrac{\omega}{\omega_n}\right)^2}\right|\end{cases} \tag{3-39}$$

线性二阶系统的奈奎斯特图如图 3－20 所示。

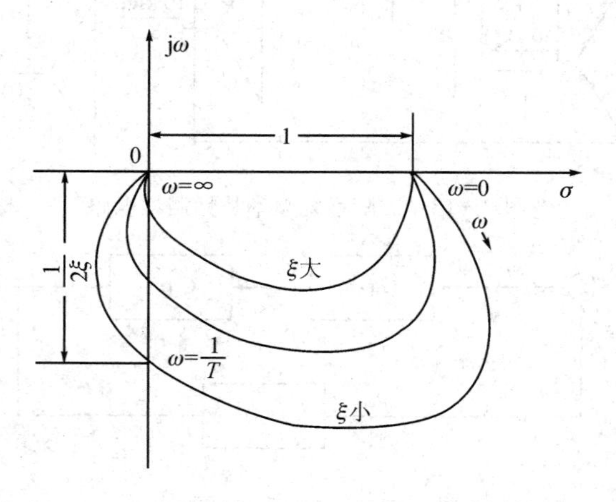

图 3－20　二阶系统(振荡环节)的奈奎斯特图

二阶系统的伯德图绘制：当 $\omega \ll \dfrac{1}{T}$ 时，$L(\omega)\approx 0$；当 $\omega \gg \dfrac{1}{T}$ 时，$L(\omega)$是一条过

$\left(\frac{1}{T},0\right)$点，斜率为$-2$的直线，在$\omega=\frac{1}{T}$附近，误差最大，可按表 3 - 4 修正。绘制的伯德图如图 3 - 21 所示。

表 3 - 4　二阶系统在 $\omega=\frac{1}{T}$ 附近的对数幅频特性准确值与渐近线的误差

ξ \ ΔL/dB \ $L(\omega)$	0	±0.1	±0.2	±0.3	±0.5	±1
0.1	14	7.9	4.3	2.4	0.9	0.1
0.3	4.4	4.4	3	1.9	0.7	0.1
0.5	0	1.2	1.2	0.9	0.4	0
0.7	−2.9	−1.4	−0.6	−0.2	0	0
0.8	−4.1	−2.4	−1.4	−0.8	−0.3	0
1	−6.0	−4.2	−2.9	−1.9	−0.8	−0.1

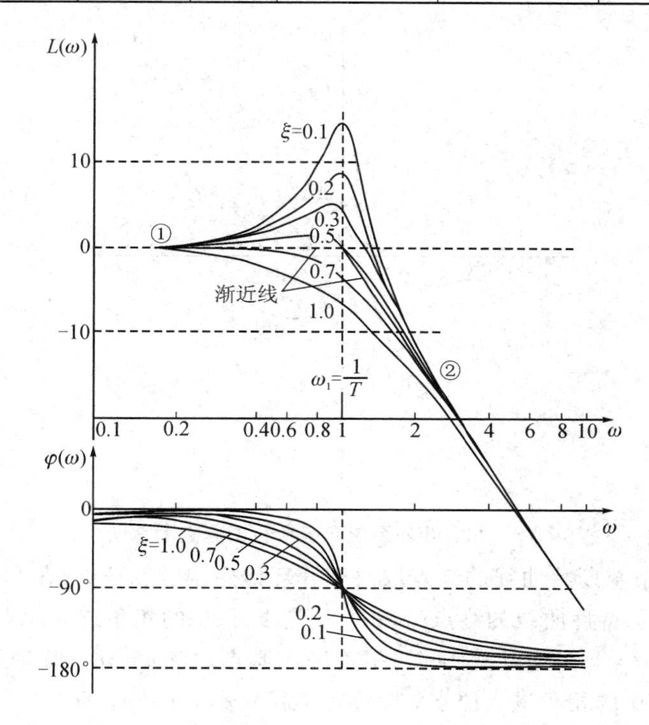

图 3 - 21　二阶系统(振荡环节)的伯德图

2)系统开环幅相频率特性——奈奎斯特图的绘制

开环传递函数一般形式为

$$G(s)=\frac{K\prod_{i=1}^{m}(T_i s+1)}{s^{\nu}\prod_{j=1}^{n-\nu}(T_j s+1)} \tag{3-40}$$

其频率特性为

$$G(\mathrm{j}\omega)=\frac{K\prod_{i=1}^{m}(\mathrm{j}\omega T_i+1)}{(\mathrm{j}\omega)^{\nu}\prod_{j=1}^{n-\nu}(\mathrm{j}\omega T_j+1)}=A(\omega)\mathrm{e}^{\mathrm{j}\varphi(\omega)} \tag{3-41}$$

绘制奈奎斯特图的三要素是：起点、终点、与负实轴的交点。我们知道当ω从0^+增加到无穷大时(ω：$0^+\to\infty$)时，比例环节的相角恒为0°，幅值为K(开环放大系数)，是正实轴上的一个点；积分环节的相角恒为−90°；惯性环节的相角是0°→−90°变化的；振荡环节的相角是从0°→−180°变化的；理想微分环节的相角恒为+90°；一阶微分环节的相角是从0°→+90°变化的；二阶微分环节的相角是从0°→+180°变化的。

(1) 系统开环奈奎斯特曲线的起点取决于积分环节的个数ν，如图3-22所示。

当$\nu=0$，0型系统，起点($\omega=0^+$)在正实轴上；当$\nu=1$，Ⅰ型系统，起点($\omega=0^+$)是在相角为−90°，幅值为无穷大处；当$\nu=2$，Ⅱ型系统，起点($\omega=0^+$)是在相角为−180°，幅值为无穷大处；当$\nu=3$，Ⅲ型系统，起点($\omega=0^+$)是在相角为−270°，幅值为无穷大处；即当$\nu>0$，系统的起点($\omega=0^+$)是在相角为$-\nu\times90°$，幅值为无穷大处。

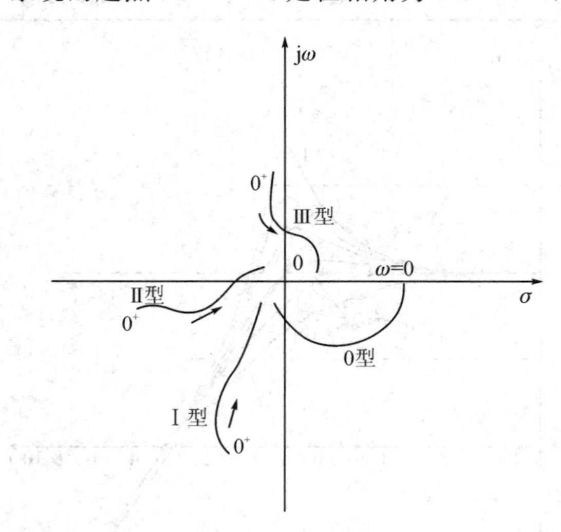

图3-22　开环系统奈奎斯特图起点示意图

(2) 系统开环奈奎斯特曲线的终点取决于开环传递函数($n-m$)值。

当$n-m=1$时，特性曲线的终点($\omega\to\infty$)是以−90°的相角进入原点；当$n-m=2$时，特性曲线的终点($\omega\to\infty$)是以−180°的相角进入原点；当$n-m=3$时，特性曲线的终点($\omega\to\infty$)是以−270°的相角进入原点；即终点($\omega\to\infty$)，$n=m$，且：

$$G(\mathrm{j}\omega)=\frac{K\prod_{i=1}^{m}(\mathrm{j}\omega T_i+1)}{(\mathrm{j}\omega)^{\nu}\prod_{j=1}^{n-\nu}(\mathrm{j}\omega T_j+1)}=A(\omega)\mathrm{e}^{\mathrm{j}\varphi(\omega)} \tag{3-42}$$

$$A(\infty)=\frac{K\prod_{i=1}^{m}T_i}{\prod_{j=1}^{n}T_j}\varphi(\infty)=0° \tag{3-43}$$

一般实际系统中 $n>m$，所以 $A(\infty)=0$，$\varphi(\infty)=-(n-m)\times 90°$，如图 3-23 所示。

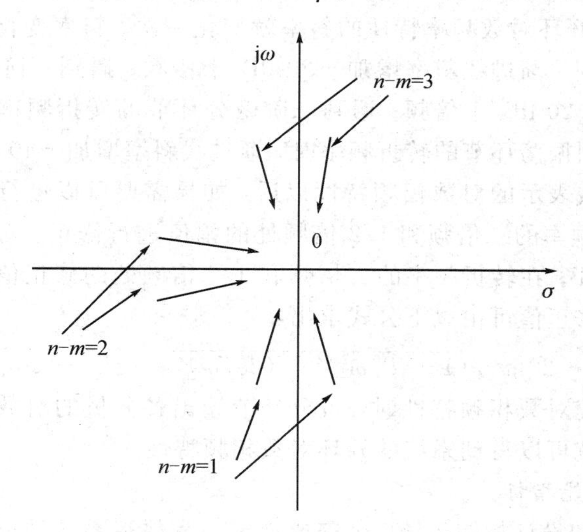

图 3-23　开环系统奈奎斯特图终点示意图

(3) 计算奈奎斯特曲线与直角坐标横轴、纵轴交点。

方法一：与负实轴的交点，由 $\mathrm{Im}[G(\mathrm{j}\omega)]=0$ 来确定；与虚轴的交点，由 $\mathrm{Re}[G(\mathrm{j}\omega)]=0$ 来确定。

方法二：与负实轴的交点，由 $\varphi(\omega)=-180°$ 来确定；与正实轴的交点，由 $\varphi(\omega)=0°$ 来确定；与负虚轴的交点，由 $\varphi(\omega)=-90°$ 来确定。

与正虚轴的交点，由 $\varphi(\omega)=90°$ 来确定。

(4) 曲线凹凸点与传递函数的分子中的时间常数有关。如果在传递函数的分子中没有时间常数，则当 ω 由 0 增大到∞的过程中，开环频率特性的相位角连续减小，特性平滑的变化；如果在分子中有时间常数，则视这些时间常数的数值大小不同，开环频率特性的相位角可能不是以同一方向连续的变化，这时特性可能出现凹部。

3) 系统开环对数频率特性——伯德图的绘制

把给定的传递函数整理成标准形式，即转化成典型环节相乘的形式。系统开环传递函数取对数后有：

$$\begin{cases}L(\omega)=L_1(\omega)+L_2(\omega)+\cdots+L_n(\omega)\\ \varphi(\omega)=\varphi_1(\omega)+\varphi_2(\omega)+\cdots+\varphi_n(\omega)\end{cases}\tag{3-44}$$

其中：$L_n(\omega)$和$\varphi_n(\omega)$分别是系统开环传递函数中每一个典型环节的对数幅频特性和对数相频特性。由此可以看出，系统开环对数幅频特性等于各环节的对数幅频特性之和，系统开环对数相频特性等于各环节的对数相频特性之和，且典型环节的对数幅频特性又可以近似表示为直线(在转折频率处改变斜率)，相频特性又具有奇对称性。所以系统开环伯德图的绘制步骤如下：

(1) 首先确定每一个环节的转折频率 ω_1、ω_2、…、ω_n，并标注在频率 ω 轴上。

(2) 在 $\omega=1$ 处，标出幅值 $20\lg K$ dB 的点 A，其中 K 为系统开环放大系数。

(3) 通过 A 点作一条 $-20v$ dB/dec 的直线，其中 ν 为系统的串联积分环节的个数，直到遇到第一个转折频率为止，此为低频段。

(4) 低频段确定后，依次按频率增加的方向(一般是沿频率 ω 轴向右)绘制，每遇到一个转折频率 ω_i，系统开环对数频率特性的斜率就变化一次。斜率变化的规则是：每当遇到惯性环节的转折频率时，渐进线斜率增加 −20 dB/十倍频；遇到一阶微分环节的转折频率时，渐进线斜率增加 +20 dB/十倍频；遇到二阶微分环节的转折频率时，渐进线斜率增加 +40 dB/十倍频；遇到振荡环节的转折频率时，渐进线斜率增加 −40 dB/十倍频；

(5) 绘出用渐进线表示的对数幅频特性以后，如果需要可以进行修正。通常只需要对转折频率处以及交接频率的二倍频和 1/2 倍频处的幅值进行修正。对于一阶项，在转折频率处的修正值为 ±3 dB；在转折频率的二倍频和 1/2 倍频处的修正值为 ±1 dB。对于二阶项，在转折频率处的修正值可由以下公式求出：

$$\Delta \delta_{\max} = -20\lg \sqrt{(1-T^2\omega^2)^2+(2\xi T\omega)^2}\ \Big|_{\omega=\frac{1}{T}} = -20\lg 2\xi\ (\text{dB}) \qquad (3-45)$$

(6) 绘制开环系统对数相频特性时，可分环节绘出各分量的对数相频特性，然后将各分量的纵坐标相加，就可以得到系统的开环对数相频特性。

4) 系统的频域性能指标

用频域法来分析和设计控制系统时，需要规定一套描述系统性能的指标。如果用开环对数频率特性分析和设计时，一般采用相角稳定裕量 γ、增益稳定裕量 h、增益交界频率(截止频率) ω_c 做技术指标；如果用闭环频率特性来分析和设计时，则常用零频振幅比 $M(0)$、谐振峰值 M_p、谐振频率 ω_p、闭环带宽 ω_b 做技术指标。频域性能指标在伯德图上的表示如图 3-24 所示。

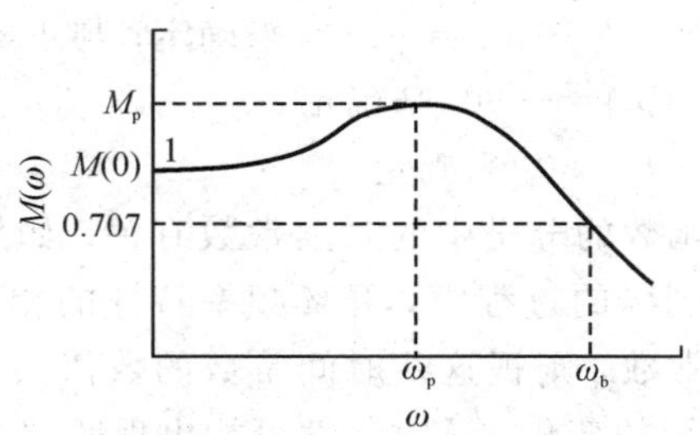

图 3-24　闭环幅频特性图

(1) 性能指标的定义。

零频振幅比 $M(0)$：当 $\omega=0$ 时的闭环幅频特性值。它反映系统的稳态精度，$M(0)$ 越接近 1，系统的稳态精度越高；当 $M(0)\neq 1$ 时，系统有稳态误差。

谐振峰值 M_p：闭环系统幅频特性的最大值 $M_{\max}$。通常，M_p 越大，超调量 $\delta\%$ 越大。

谐振频率 ω_p：闭环系统幅频特性出现最大值 $M_{\max}$(谐振峰值 M_p)时对应的频率。

闭环带宽 ω_b：闭环幅频特性 $M(\omega)$ 下降到其零频幅值的 0.707 倍时的频率。如果 $M(0)=0$ dB，则 0 dB 以下 3 dB 时对应的频率为闭环带宽。

控制系统的带宽反映系统静态噪声滤波特性，同时也用于衡量暂态响应。带宽大，系统响应速度快，即系统上升时间越短，但对于高频干扰的过滤能力越差，这是因为高频信号分量能通过系统并达到输出的缘故；如果闭环带宽比较小，系统的时间响应慢，失真大，快速性差。

相对谐振峰值 M_r：闭环幅频特性的谐振峰值 M_p 与零频振幅比 $M(0)$ 的比值。当 $M(0)=1$ 时，$M_p=M_r=M_{\max}$。相对谐振峰值 M_r 越大，表明系统对某个频率的正弦波输入信号反应越强烈，有谐振的可能，这意味着系统的平稳性较差，阶跃响应将有较大的超调量。一般选择 $M_r = 1.1 \sim 1.5$，如果没有特殊要求，通常取 $M_r = 1.3$。

相角稳定裕量 γ：要使 $G(j\omega)H(j\omega)$ 或 $w_K(j\omega)$ 幅相特性曲线(奈奎斯特曲线如图 3-25 所示)的增益交界点穿过(−1，j0)点，该曲线必须绕原点旋转的角度。其计算公式为

$$\gamma = 180^\circ + \varphi(\omega_c)$$

增益稳定裕量 h：该闭环系统达到不稳定边缘为止时可增加的开环增益的分贝数。其计算公式为

$$h = 20\lg \frac{1}{|G(j\omega_g)H(j\omega_g)|} = 20\lg \frac{1}{|w_K(jw_g)|}\ \text{dB} \tag{3-46}$$

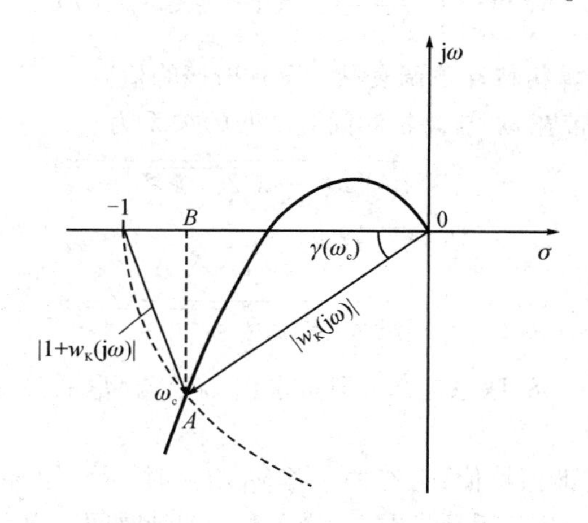

图 3-25　开环幅相特性图

相位交界频率 ω_g：开环幅相特性曲线与负实轴的交点对应的频率。

增益交界频率(截止频率) ω_c：系统开环对数幅频特性 $L(\omega)$ 通过 0 dB 线，即 $L(\omega_c)=0$ 或 $A(\omega_c)=1$ 时的频率，有些书上也把它称为穿越频率。截止频率是开环对数相频特性的一个很重要的参量。

剪切速度：在高频时频率特性衰减的快慢。在高频区衰减得越快，对于信号和干扰的分辨力越强，频率越大，斩波作用越强，系统抗干扰能力也越强。

(2) 系统暂态特性指标和开环、闭环频率特性指标的关系(以二阶系统为例)。

典型二阶系统开环传递函数为

$$G(s) = \frac{\omega_n^2}{s(s+2\xi\omega_n)} \quad (0<\xi<1) \tag{3-47}$$

闭环传递函数为

$$\Phi(s) = \frac{\omega_n^2}{s^2+2\xi\omega_n s+\omega_n^2} \tag{3-48}$$

其频率特性为

$$\Phi(j\omega) = \frac{\omega_n^2}{(\omega_n^2-\omega^2)+2j\xi\omega_n\omega} \tag{3-49}$$

相位裕量 $\gamma(\omega_c)$ 和超调量 $\delta\%$ 之间的关系为

$$\gamma(\omega_c) = \arctan \frac{2\xi}{\sqrt{-2\xi^2+\sqrt{2\xi^4+1}}} \tag{3-50}$$

$$\delta\% = e^{-\frac{\pi\xi}{\sqrt{1-\xi^2}}} \times 100\% \tag{3-51}$$

相位裕量 $\gamma(\omega_c)$ 和调整时间 t_s 之间的关系为

$$t_s\omega_c = \frac{3}{\xi}\sqrt{-2\xi^2 + \sqrt{2\xi^4 + 1}} \tag{3-52}$$

$$t_s\omega_c = \frac{6}{\tan\gamma(\omega_c)} \tag{3-53}$$

谐振频率 ω_p 和超调量 $\delta\%$ 之间的关系为

$$\omega_p = \omega_n\sqrt{1-2\xi^2} \quad (0 < \xi \leqslant 0.707) \tag{3-54}$$

$$M_p = \frac{1}{2\xi\sqrt{1-\xi^2}} \quad (0 < \xi \leqslant 0.707) \tag{3-55}$$

可知，当 $0.707 < \xi$ 时，幅频特性单调衰减，没有谐振峰值。

谐振峰值 M_p、闭环带宽 ω_b 与调整时间 t_s 之间的关系为

$$\omega_b = \omega_n\sqrt{1-2\xi^2 + \sqrt{2-4\xi^2+4\xi^4}} \tag{3-56}$$

$$t_s = \frac{3}{\xi\omega_n} \tag{3-57}$$

$$\omega_b t_s \approx \frac{3}{\xi}\sqrt{1-2\xi^2 + \sqrt{2-4\xi^2+4\xi^4}} \tag{3-58}$$

将式(3-55)与式(3-58)联系起来，即可求出 $\omega_b t_s$ 与 M_p 的关系。

结论：

(1) 超调量 $\delta\%$ 只与谐振峰值 M_p 有关，当 M_p 增大时，$\delta\%$ 也随着增大。

(2) 当谐振峰值 M_p 一定，闭环带宽 ω_b 增大时，上升时间 t_r 和调节时间 t_s 将随之减小。

(3) 闭环带宽 ω_b 与阻尼比 ξ 成反比，当 ξ 增大时，ω_b 将减小。

(4) 对于给定的谐振峰值 M_p，调整时间与闭环带宽成反比，带宽越大，说明系统自身惯性很小，动作迅速，系统的快速响应性越好。

对于高阶系统很难找出频域指标与时域指标之间的关系，但如果高阶系统存在一对共轭闭环主导极点，可借用二阶系统公式近似计算。

谐振峰值 M_p 与超调量 $\delta\%$ 的关系为

$$\delta = 0.16 + 0.4(M_p - 1) \quad (1 \leqslant M_p \leqslant 1.8) \tag{3-59}$$

谐振峰值 M_p、闭环带宽 ω_b 与调整时间 t_s 之间的关系为

$$t_s = \frac{K\pi}{\omega_c}(\mathrm{s}) \tag{3-60}$$

式中：

$$K = 2 + 1.5(M_p - 1) + 2.5(M_p - 1)^2 \quad (1 \leqslant M_p \leqslant 1.8) \tag{3-61}$$

高阶系统增益交界频率和带宽有以下关系：

$$\omega_b \approx 1.6\,\omega_c \tag{3-62}$$

所以可将式(3-60)改写为

$$t_s = \frac{1.6K\pi}{\omega_b}(\mathrm{s}) \tag{3-63}$$

结论：调整时间 t_s 同谐振峰值 M_p 成正比，也就是说调整时间 t_s 随着谐振峰值 M_p 的增大而增大；调整时间 t_s 同闭环带宽 ω_b（或截止频率 ω_c）成反比，也就是说调整时间 t_s 随着闭

环带宽 ω_b（或截止频率 ω_c）的增大而减小。

相位裕量 $\gamma(\omega_c)$ 和谐振峰值 M_p 之间的关系为

$$\gamma = \arctan \frac{2\xi}{\sqrt{-2\xi^2 + \sqrt{4\xi^4 - 1}}} \tag{3-64}$$

将式(3-55)与(3-64)联系起来，即可求出 γ 与M_p 的关系，对高阶系统可以用下式近似计算：

$$M_p \approx \frac{1}{\sin\gamma} \tag{3-65}$$

对图 3-18 所示的系统，令积分时间常数为 T_i，惯性时间常数为 T，开环增益为 K，可得自然谐振频率为

$$\omega_n = \sqrt{\frac{K}{T_i T}} \tag{3-66}$$

阻尼比为

$$\xi = \frac{1}{2}\sqrt{\frac{T_i}{KT}} \tag{3-67}$$

谐振频率为

$$\omega_p = \omega_n \sqrt{1-2\xi^2} \tag{3-68}$$

当 $\xi > 0.707$ 时，闭环没有谐振；当 $\xi < 0.707$ 时，有谐振峰值。谐振峰值为

$$M_p = \frac{1}{2\xi\sqrt{1-\xi^2}} \tag{3-69}$$

截止频率可以用调整时间计算：

$$t_s\omega_c = \frac{3}{\xi}\sqrt{-2\xi^2 + \sqrt{4\xi^4 + 1}} \tag{3-70}$$

或

$$t_s\omega_c = \frac{6}{\tan\gamma} \tag{3-71}$$

其中调整时间：

$$t_s = \frac{3}{\xi\omega_n}\ (\Delta=5) \quad t_s = \frac{4}{\xi\omega_n}\ (\Delta=2) \tag{3-72}$$

截止频率也可用自然谐振频率计算：

$$\omega_c = \omega_n \times \sqrt{\sqrt{1+4\xi^4} - 2\xi^2} \tag{3-73}$$

带宽频率为

$$A(\omega_b) = \frac{\omega_n^2}{\sqrt{(\omega_n^2 - \omega_b)^2 + 4\xi^2\omega_n^2\omega_b^2}} = 0.707 \tag{3-74}$$

相角裕量为

$$\gamma = 180^\circ + \varphi(\omega_c) \tag{3-75}$$

或

$$\gamma = \arctan \frac{2\xi}{\sqrt{\sqrt{4\xi^4+1} - 2\xi^2}} \tag{3-76}$$

结论：γ 值越小，M_p 越大，振荡越厉害；γ 值越大，M_p 越小，调节时间 t_s 越长。因此，为使二阶闭环系统不至于振荡得太厉害及调节时间太长，一般希望：$30° \leqslant \gamma \leqslant 70°$。

如图 3-18 所示，积分环节的积分时间常数 $T_i = R_1 \times C_1 = 1$ s；惯性环节的惯性时间常数 $T = R_3 \times C_2 = 0.1$ s；开环增益 $K = R_3/R$。设开环增益 $K = 25(R = 4\ \text{k}\Omega)$，各参数指标的计算结果为：自然谐振频率 $\omega_n = 15.81$ rad/s。阻尼比 $\xi = 0.316$；谐振峰值 $L(\omega_p) = 4.44$ dB；谐振频率 $\omega_p = 14.4$ rad/s；截止频率 $\omega_c = 14.186$；相角裕度 $\gamma = 34.93°$。

注意：

(1) 根据 AEDK-SACT-2 自动控制教学实验系统的现况，要求构成被测二阶闭环系统的阻尼比 ξ 必须满足条件：$\xi \geqslant 0.05$，即 $\dfrac{T_i}{KT} \geqslant 0.01$，否则模/数转换器(B7 单元)将产生削顶。

(2) AEDK-SACT-2 自动控制教学实验系统在测试频率特性时，实验开始后，实验机将按设定的角频率按序自动产生频率信号进行扫描测试，当被测系统的输出 $u_o(t) \leqslant \pm 60$ mV 时将停止测试。

5. 实验步骤

(1) 根据原理图设计(计算)电阻 R 的取值：当 $\xi = 1$、$\xi = 0.707$、$\xi = 0.5$、$\xi < 0.5$ 等时，反推可变电阻 R 的值。

(2) 计算 $\xi = 1$、$\xi = 0.707$、$\xi = 0.5$、$\xi < 0.5$ 时系统的转折频率和系统频域指标。

(3) 根据原理图构造实验电路，输入正弦波信号。

(4) 设置频率 ω 的值，测量频域伯德图和奈奎斯特图。注意在转折频率附近多设置一些测量点，这样描绘出来的伯德图和奈奎斯特图就比较光滑。

(5) 将所测得的数据填入实验数据记录表 3-5 中，并保存波形。

6. 思考与讨论

(1) 将实验结果与理论知识作对比，并进行讨论。

(2) 将频域分析结果同时域分析结果作比较。

(3) 分析时域动态性能指标与频域特性的特征参数(闭环对数特性 M_p 和 ω_p、开环对数频率特性 ω_c 和 γ_c)的对应关系。

(4) 从开环频率特性分析控制系统的主要动态性能。

(5) 简述闭环频率特性在高、中、低三个频段的主要特征。

7. 实验数据记录

表 3-5 为实验数据记录。

表 3-5　二阶系统频率特性测试实验数据

输入电阻 R / 参数		40 kΩ			
增益 K		2.5			
自然频率 ω_n (计算值)		5			

续表

阻尼比 ξ（计算值）		$\xi>1$ 过阻尼 $\xi=$	临界阻尼 $\xi=1$	欠阻尼 $\xi=$	欠阻尼 $\xi=0.5$	欠阻尼 $\xi=$
谐振峰值 M_p	计算值					
	测量值					
谐振频率 ω_p	计算值					
	测量值					
截止频率 ω_c	计算值					
	测量值					
带宽频率 ω_b	计算值					
	测量值					
相角裕度 γ	计算值					
	测量值					
与虚轴的交点坐标 I_m	计算值					
	测量值					

第4章　线性系统的校正与设计

校正就是在系统中加入一些可以根据需要改变的环节或装置，使系统特性发生变化，从而满足要求的各项指标，事实上这是带有工程设计性质的一项工作。

串联校正是基本的校正方式，在设计串联校正装置时应当熟练掌握频域法的超前、滞后、滞后-超前校正的基本方法、作用、适用场合，根据系统固有部分的特点和设计要求进行选择，并且用频域法或根轨迹进行综合。

局部反馈控制是工程上常用的校正方法，其主要特点是在一定的频率范围内用校正装置的传递函数的倒数去改造被校正对象。

另外，还要掌握时域法的比例-微分、比例反馈和微分反馈校正方法、作用及适用场合。

实验4.1　频域法导前校正

1. 实验目的

(1) 掌握系统校正的基本方法及原理。

(2) 深入理解开环零、极点对闭环系统性能的影响关系。

(3) 加深理解串联校正的特点，学会正确选择校正装置。

2. 实验内容

(1) 预习导前校正的原理。

(2) 利用闭环和开环的对数幅频特性和相频特性完成导前校正网络的参数的计算。

(3) 在被控系统中串入导前校正网络，以构建一个性能满足指标要求的新系统。

3. 实验要求

(1) 做好预习，根据实验原理图所示的相应参数，写出系统的开环、闭环传递函数。计算开环对数幅频特性 $L(\omega)$ 和相频特性 $\varphi(\omega)$、幅值穿越频率 ω_c、相位裕度 γ，按“校正后系统的相位裕度 γ'”要求，设计校正参数，构建校正后系统。

(2) 观测校正前、后的时域特性曲线，并测量校正后系统的相位裕度 γ'、超调量 $\delta\%$、峰值时间 t_p 等时域性能指标。

(3) 改变“校正后系统的相位裕度 γ'”要求，设计校正参数，构建校正后系统，画出其系统模拟电路图和阶跃响应曲线，观测校正后系统的相位裕度 γ'、超调量 $\delta\%$、峰值时间 t_p 等性能指标，并填入实验报告的数据记录表中。

4. 实验原理

1) 校正原理及要求

用频域法设计系统时，对系统的性能要求可以转化成对系统开环对数频率特性的要求。系统的开环对数频率特性大致可以分成高、中、低三个频段。低频段描述系统的静态性能，因为低频段由放大环节和积分环节构成，积分环节的个数(ν)越多，开环放大系数 K 越大，系统的静态误差就越小(可参考表 1-4)；中频段描述的是系统动态响应性能，带宽 ω_b、截止频率 ω_c 越大，动态响应速度越快，而增益裕量 h 和相角裕量 γ 越大，系统的稳定性越好；高频段是描述系统的抗干扰能力，斜率越大越好，斜率越大，衰减越快，抗干扰能力越强。所以我们可以在伯德图上分段对系统的性能进行调整，即校正。一般要求：

(1) 穿过 ω_c 的幅频特性斜率以 -20 dB/dec 为宜；

(2) 低频段和高频段可以有更大的斜率，低频段斜率更大的线段可以提高系统的稳态指标，高频段斜率更大的线段可以更好地排除高频干扰；

(3) 中频段的穿越频率 ω_c 的选择决定于系统暂态响应速度的要求；

(4) 中频段的长度对相位裕量有很大的影响，中频段越长，相位裕量越大；

(5) 在对系统进行校正时，首先绘制出系统未校正之前的伯德图，根据系统对数频率特性图的作法，知道系统的开环传递函数是由若干个典型环节串联或并联构成，而开环对数频率特性等于各个串(并)联环节的对数频率特性相加(减)，所以掌握典型环节的频率特性非常重要。在绘制系统的伯德图时，首先绘制出各典型环节的伯德图，然后逐点叠加即可得到系统的开环对数频率特性。最后再绘制校正网络伯德图，二者叠加即可得到校正后系统的伯德图。

导前校正的原理是利用导前校正网络的相角导前特性，使中频段斜率由 -40 dB/dec 变为 -20 dB /dec，并占据较大的频率范围，从而使系统相角裕度增大，动态过程超调量下降，并使系统开环截止频率增大，近而使闭环系统带宽增大，响应速度也加快。导前校正网络的电路图及伯德图如图 4-1 所示。

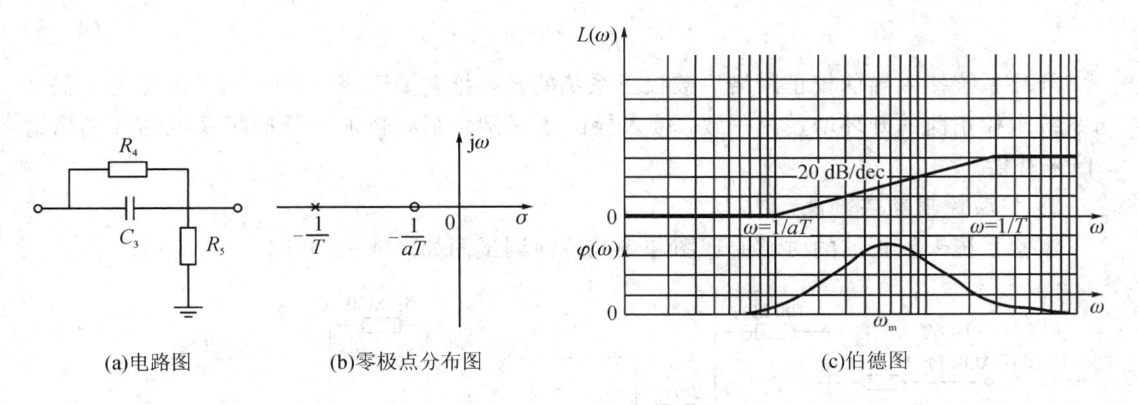

图 4-1　导前校正网络

导前校正网络的传递函数为

$$G_c(s)=\frac{1}{a}\times\frac{1+aTs}{1+Ts} \tag{4-1}$$

网络的参数为

$$a=\frac{R_4+R_5}{R_5}>1,\ T=\frac{R_4 R_5}{R_4+R_5}C_3 \tag{4-2}$$

导前校正网络的频率特性为

$$G_c(j\omega)=\frac{1}{a}\times\frac{1+j\omega aT}{1+j\omega T} \tag{4-3}$$

导前校正网络的相频特性为

$$\varphi_c(\omega)=\arctan aT\omega-\arctan\omega T>0° \tag{4-4}$$

网络的最大导前相位角为

$$\varphi_m(\omega)=\arcsin\frac{a-1}{a+1}\quad 或\quad a=\frac{1+\sin\varphi_m}{1-\sin\varphi_m} \tag{4-5}$$

φ_m 处的对数幅频值为

$$L_c(\varphi_m)=10\lg a \tag{4-6}$$

网络的最大导前角频率为

$$\omega_m=\frac{1}{T\sqrt{a}} \tag{4-7}$$

当频率 ω 由 $0\to\infty$ 时，网络所产生的相位导前作用是逐渐增加的，达到最大值后逐渐减小。网络最大导前角为

$$\varphi_m(\omega_m)=\arctan\frac{1}{\sqrt{a}} \tag{4-8}$$

为了改进系统的稳定性和动态性能指标，在设计导前校正网络时，应使网络的最大导前相位角 φ_m 尽可能出现在校正后的系统的幅值穿越频率 ω'_c 处，即 $\omega_m\approx\omega'_c$，也就是要尽可能提高 φ_m 的值。

另外由式(4-1)可以看出，如果 a 足够小，则导前网络近似于理想微分环节，但 a 的减小会使网络的低频衰减作用增大，为了保证有较好的开环增益，又需要增加放大系数(元件或环节)，所以为了得到足够的导前相位角，还使网络的衰减不至于太大，一般常取：

$$a=\frac{R_4+R_5}{R_5}\approx 5\sim 20 \tag{4-9}$$

开环系统接入导前校正网络后被校正系统的开环增益要下降 $a\times100\%$，因此为了保持与系统未校正前的开环增益相一致，接入导前校正网络后，必须另行提高系统的开环增益 a 倍来补偿。

2）实验原理及实验设计

实验系统未校正前的时域原理图和频域特性测试图如图 4-2 和图 4-3 所示。

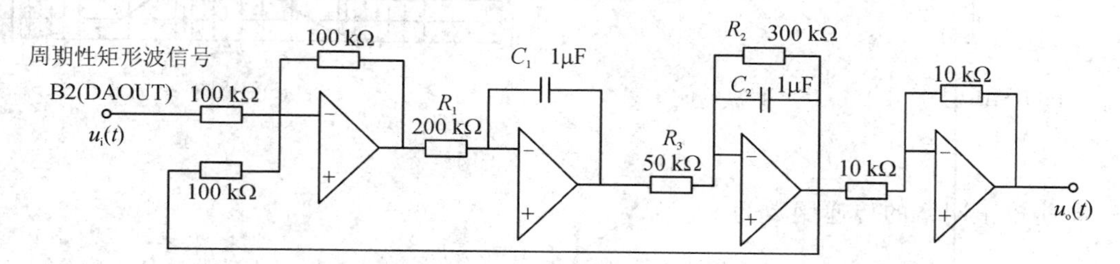

图 4-2　未校正系统的模拟电路图

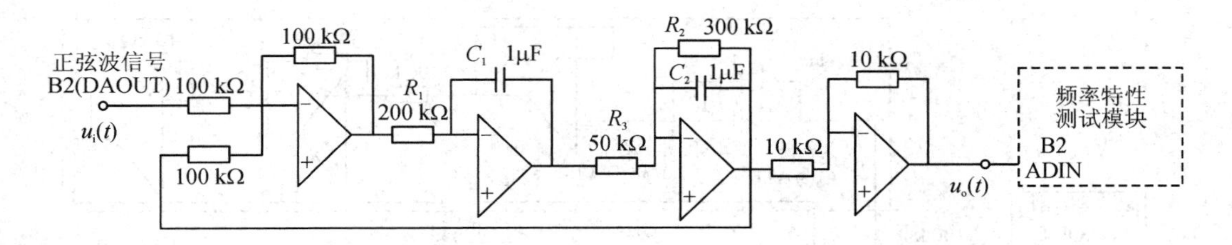

图 4－3　未校正系统频域特性测试的模拟电路图

导前校正网络的参数设计如下：

(1) 在未校正系统模拟电路的开环伯德图上测得未校正系统的相位裕度 $\gamma=19°$。

(2) 如果设计要求校正后系统的相位裕度 $\gamma'=52°$，设计余量 $\Delta=5°\sim10°$，则网络的最大导前相位角为

$$\varphi_m=\gamma'-\gamma+\Delta=52°-19°+9°=42° \tag{4-10}$$

式中：$\Delta=9°$。则有：

$$\sin\varphi_m=0.67$$

(3) 由式(4－5)可计算出网络的参数为

$$a=\frac{1+\sin\varphi_m}{1-\sin\varphi_m}=\frac{1+0.67}{1-0.67}=5.06 \tag{4-11}$$

取 $a=5$。

(4) 由式(4－6)可计算出网络的最大导前相位角 φ_m 处的对数幅频值为

$$L_c(\varphi_m)=10\lg a=10\lg 5=7(\text{dB}) \tag{4-12}$$

(5)在系统开环幅频特性曲线图上测出最大导前角频率 $\omega_m=14.4$ rad/s，这也是串联导前校正后系统的零分贝频率 ω_c'。

(6) 由式(4－7)可计算出串联导前校正网络的参数为

$$T=\frac{1}{\omega_m\sqrt{a}}=\frac{1}{14.4\times2.24}=0.031 \tag{4-13}$$

(7) 由式(4－2)计算导前网络参数值。令 $C_3=1\ \mu\text{F}$，$R_4=155\ \text{k}\Omega$，$R_5=38.7\ \text{k}\Omega$，则导前校正网络的传递函数为

$$G_c(s)=\frac{1}{5}\times\frac{1+0.155s}{1+0.031s} \tag{4-14}$$

(8) 接入导前校正网络后，被校正系统的开环增益要下降 $a\times100\%$，为了补偿必须要将系统的开环增益提高 a 倍。因为 $a=5$，所以校正后系统应另行串入开环增益等于 5 的运放。

串联导前校正后系统频域特性测试的模拟电路图如图 4－4 所示。

串联导前校正后系统的传递函数为

$$G(s)=\frac{1}{5}\times\frac{1+0.155s}{1+0.031s}\times\frac{30}{0.2s(1+0.3)} \tag{4-15}$$

实验接线如图 4－5 所示。

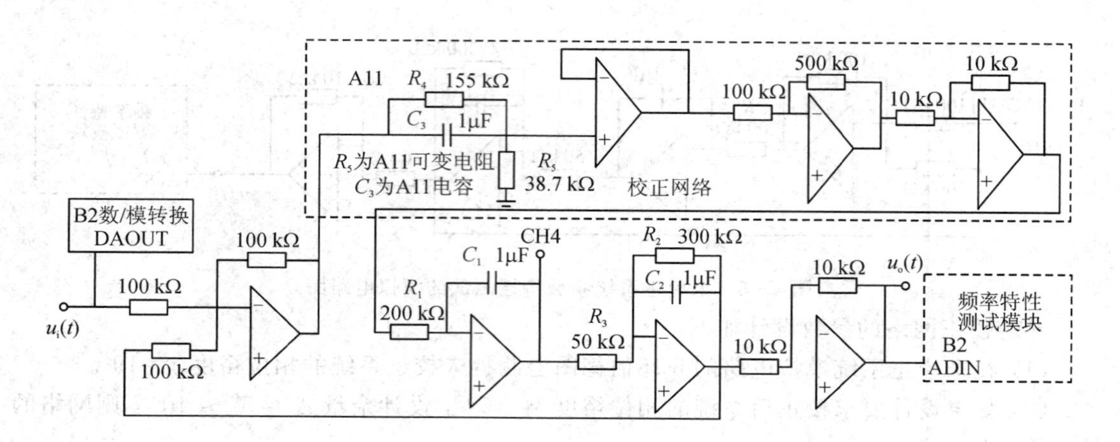

图 4 - 4　串联导前校正后系统频域特性测试的模拟电路图

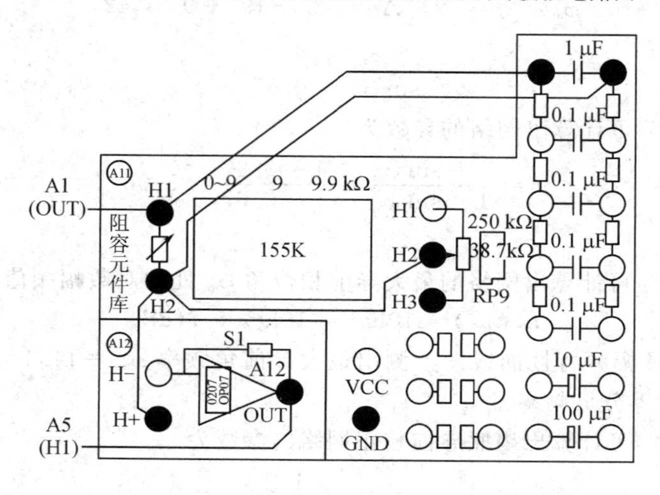

图 4 - 5　校正网络(部分)连线示意图

3) 总结

(1) 导前校正网络加入系统后，系统的增益交界频率增加了，这说明系统的带宽频率增大了，系统的响应速度会提高，即系统的快速性变好；校正后的相角裕量也加大了，说明特性的稳定性也提高了。

(2) 微分网络的缺点是低频段衰减较大，抗干扰能力差，网络输出端的信号噪声比要比输入端的减少很多。为保证有足够大的信号噪声比，加在网络输入端的信号必须足够大。

(3) 当要求导前校正提供的导前量大于60°时，只用一个导前校正装置很难实现，因为为了获得大于60°的导前角，a 的取值会很大，这将使高频段的增益过大，从而使系统的抗干扰能力减弱，甚至无法正常工作。如果一定要使用很大的导前角，可考虑采用两级导前校正。

5. 实验步骤

(1) 根据原理图 4 - 2 和图 4 - 4 分别构造实验电路；

(2) 分别测量校正前、校正后的时域响应波形和数据；

(3) 分别测量校正前、校正后的频域特性曲线及相位裕度 γ'、超调量 $\delta\%$等参数；

(4) 将所测得的数据填入实验数据表 4-1 中。

6. 实验数据记录

表 4-1 为实验数据记录表。

表 4-1　频域法导前校正实验数据

相位裕度 γ' (设计目标)	测量值					
	相位裕度 γ	谐振峰值 M_p	峰值时间 t_p	上升时间 t_r	超调量 $\delta\%$	调节时间 t_s
未校正前						
40°						
50°						
60°						
70°						

7. 讨论与思考

叙述相角导前校正网络的优缺点(从网络特性、工作原理、效果、优点、缺点、适用场合、不适用场合等几方面进行描述)。

实验 4.2　频域法滞后校正

1. 实验目的

(1) 掌握频域法滞后校正的基本原理及方法。

(2) 深入理解开环零、极点对闭环系统性能的影响关系。

(3) 加深理解串联校正的特点，学会正确选择校正装置。

2. 实验内容

(1) 预习滞后校正的原理。

(2) 利用闭环和开环的对数幅频特性和相频特性完成滞后校正网络的参数的计算。

(3) 在被控系统中串入滞后校正网络，以构建一个性能满足指标要求的新系统。

3. 实验要求

(1) 做好预习，根据实验原理图所示的相应参数，写出系统的开环、闭环传递函数。计算开环对数幅频特性 $L(\omega)$ 和相频特性 $\varphi(\omega)$、幅值穿越频率 ω_c、相位裕度 γ，按"校正后系统的相位裕度 γ'"要求，设计校正参数，构建校正后系统。

(2) 观测校正前、后的时域特性曲线，并测量校正后系统的相位裕度 γ'、超调量 $\delta\%$、峰值时间 t_p 等时域性能指标。

(3) 观测被控系统的开环对数幅频特性 $L(\omega)$ 和相频特性 $\varphi(\omega)$、幅值穿越频率 ω_c、相位裕度 γ。

(4) 改变"校正后系统的相位裕度 γ'"要求，设计校正参数，构建校正后系统，画出其系统模拟电路图和阶跃响应曲线，观测校正后相位裕度 γ'、超调量 $\delta\%$、峰值时间 t_p 等性能指标，并填入实验报告的数据记录表中。

4. 实验原理

1) 校正原理及要求

积分(相角滞后)网络的用途主要是改善系统的稳态性能指标。串联滞后校正的原理是利用滞后校正网络高频幅值衰减的特性，以降低被校正系统的系统开环截止频率，从而获得足够的相角裕度。滞后校正网络的最大滞后相位角 φ_m，应力求避免发生在已校正的幅值穿越频率 ω'_c 附近。对于响应速度要求不高，而抑制噪声电平性能要求较高的系统可采用滞后校正。如果未校正系统已具备满意的动态性能，则可采用滞后校正方法以提高系统的稳态精度，同时保持动态性能基本不变。滞后校正网络的电路图及特性如图 4-6 所示。

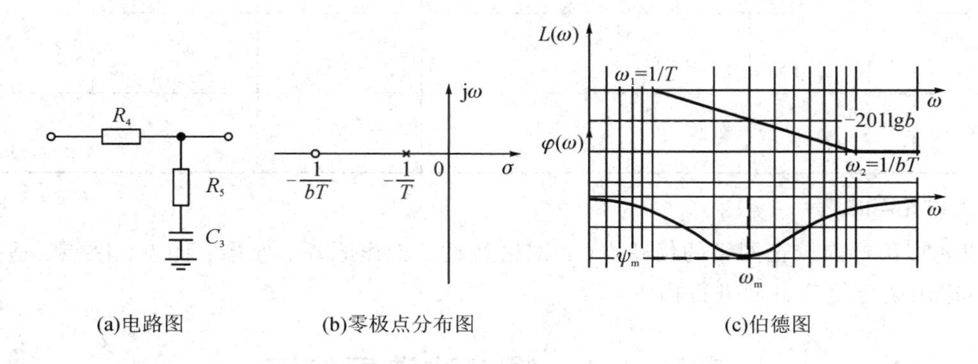

(a)电路图　　(b)零极点分布图　　(c)伯德图

图 4-6　滞后校正网络

滞后校正网络的频率特性为

$$G_c(s)=\frac{1+bTs}{1+Ts} \tag{4-16}$$

网络的参数为

$$b=\frac{R_5}{R_4+R_5}<1,\ T=(R_4+R_5)C_3 \tag{4-17}$$

滞后校正网络的传递函数为

$$G_c(j\omega)=\frac{1+j\omega bT}{1+j\omega T} \tag{4-18}$$

滞后校正网络的相频特性为

$$\varphi_c(\omega)=\arctan bT\omega-\arctan\omega T \tag{4-19}$$

比较滞后校正网络的频率特性和导前校正网络的频率特性，可以看出，相位导前校正网络是一种高通滤波器，而相位滞后校正网络是一种低通滤波器。因为 b 小于 1，所以滞后校正网络的频率特性的相角 $\varphi_c(\omega)$ 总是滞后的，故称为相位滞后网络。

相位滞后校正网络的最大滞后角 $\varphi_m(\omega)$ 发生在 $\omega_1=\dfrac{1}{T}$ 和 $\omega_2=\dfrac{1}{bT}$ 的几何中心 ω_m 处。

为了避免最大滞后相角发生在已经校正系统的开环增益交界频率 ω_c' 附近，避免恶化动态性能，所以选择滞后网络参数的原则是让 ω_2 远远地小于 ω_c'，一般为

$$\omega_2=\frac{1}{bT}=\frac{\omega_c'}{10} \tag{4-20}$$

滞后网络在 ω_c' 处的相位角为

$$\varphi_c(\omega_c')=\arctan bT\omega_c'-\arctan\omega_c'T \tag{4-21}$$

b 的取值不宜过小，b 太小会使系统的快速性变差很多，并且 $\varphi_c(\omega_c')$ 相角滞后太大，也不利于校正，所以一般情况 b 的取值大于 0.05，一般取 0.1。

2）实验设计

滞后校正网络的传递函数如式(4-18)所示。设校正后的截止频率为 ω_c'，则网络的参数为

$$-20\lg b=L(\omega_c') \tag{4-22}$$

为了避免最大滞后角发生在已校正系统开环截止频率 ω_c' 附近，通常使网络的交接频率远小于 ω_c'，一般取 $0.1\omega_c'$，即

$$\frac{1}{bT}=\frac{\omega_c'}{10}b=\frac{R_5}{R_4+R_5}\qquad T=(R_4+R_5)C_3 \tag{4-23}$$

(1) 未校正系统时域特性的测试。

按照未校正系统模拟电路图 4-7 连接线路。系统首先输入阶跃信号，测量时域响应波形和性能指标。

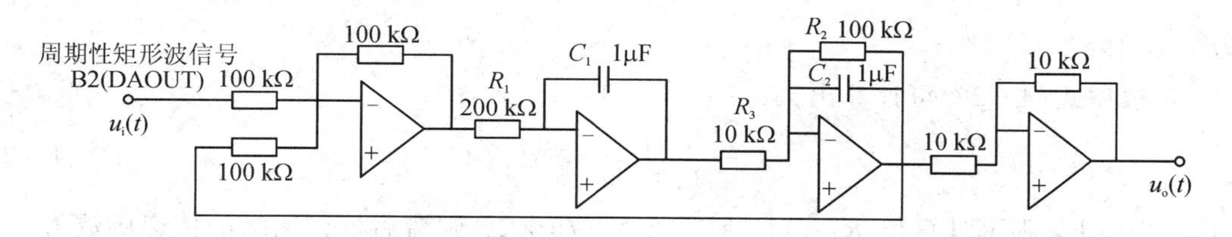

图 4-7　未校正系统模拟电路图

图 4-7 所示的未校正系统的开环传递函数为

$$G(s)=\frac{10}{0.2\,s(1+0.1\,s)} \tag{4-24}$$

在阶跃响应曲线上测时域性能指标：超调量 $\delta\%=48.9\%$；调整时间 $t_s=0.78$ s，误差 $\Delta=\pm5$；峰值时间 $t_p=0.15$ s。

(2) 未校正系统频域特性的测试。

未校正系统频域特性测试的模拟电路图如图 4-8 所示。给系统输入端加正弦波信号，测量系统响应的频率性能指标。首先设置频率测量点，实验开始后，将按“频率特性扫描点设置”规定的频率值，按序自动产生多种频率信号，DAOUT 输出施加于被测系统的输入端 $u_i(t)$，然后分别测量被测系统的对数幅值和相位，数据经相关运算后在虚拟示波器中显示。

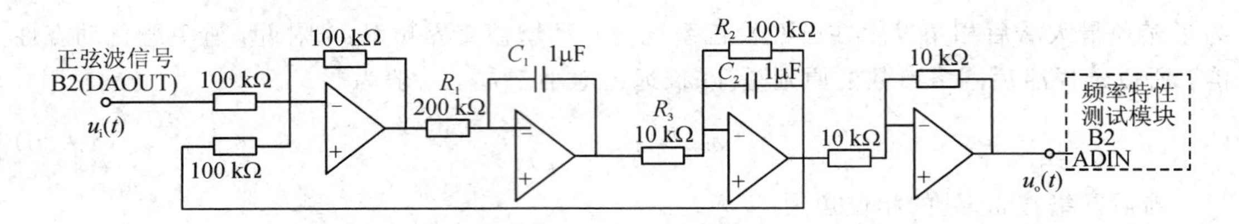

图 4-8　未校正系统频域特性测试的模拟电路图

测得未校正系统频域特性性能指标，穿越频率：$\omega_c = 20.38$ rad/s；相位裕度：$\gamma = 26°$。

(3) 滞后校正网络的设计。

① 如果设计要求校正后系统的相位裕度 $\gamma = 52°$，考虑到滞后校正网络在新的截止频率 ω_c' 处会产生一定的相角滞后 $\varphi(\omega_c')$，所以有：

$$\gamma' = \gamma(\omega_c') - \varphi(\omega_c') \tag{4-25}$$

取 $\varphi(\omega_c') = -11°$，则 $\gamma' = \gamma(\omega_c') - \varphi(\omega_c') = 52° + 11° = 63°$。

② 在未校正系统开环相频特性曲线中，移动 φ 标尺到 $\varphi(\omega) = 63° - 180° = -117°$ 处；再移动 ω 标尺到曲线与 $\varphi(\omega) = -117°$ 相交处，可测得角频率 $\omega = 6.29$ rad/s，即为系统校正后的期望穿越频率 ω_c'。

③ 在未校正系统开环幅频特性曲线中，移动 L 标尺到曲线与 $\omega = 6.29$ rad/s 相交处，从曲线图上可读出滞后校正网络对数幅频值 $L(\omega_c') = -16.3$ dB。

④ 根据式(4-22)可计算出网络的参数为

$$-20\lg b = L(\omega_c') \tag{4-26}$$

得 $b = 0.154$。

⑤ 根据式(4-23)可计算出

$$T = \frac{1}{0.1\,\omega_c' b} = 10.34 \tag{4-27}$$

令 $C_3 = 10\ \mu$F，则可计算出 $R_5 = 159$ kΩ，$R_4 = 875$ kΩ。则滞后校正网络的传递函数为

$$G_c(s) = \frac{1 + 1.59s}{1 + 10.34s} \tag{4-28}$$

⑥ 串联滞后校正系统频域特性的测试。

串联滞后校正系统频域特性测试的模拟电路图如图 4-9 所示，其传递函数为

$$G(s) = \frac{1 + 1.59s}{1 + 10.34s} \times \frac{10}{0.2s(1 + 0.1s)} \tag{4-29}$$

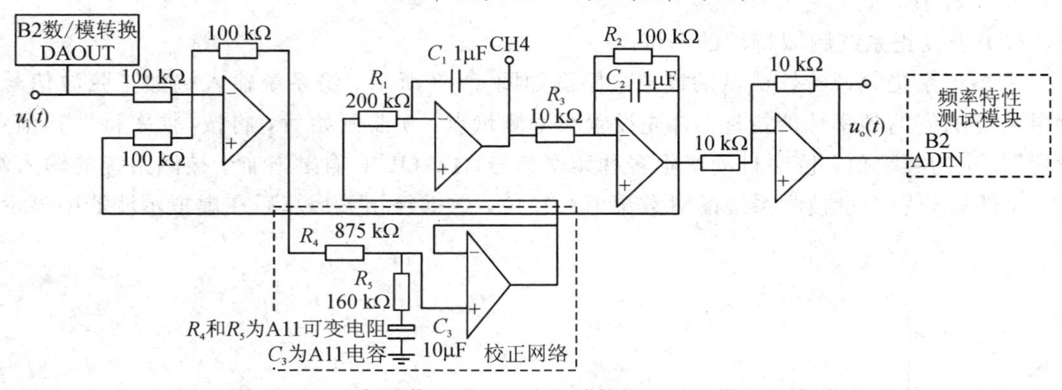

图 4-9　串联滞后校正系统频域特性测试的模拟电路图

实验接线图如图 4－10 所示。

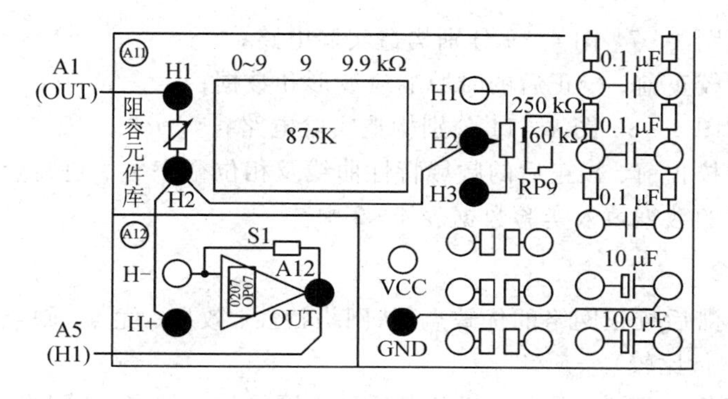

图 4－10　校正网络(部分)连线示意图

在开环对数幅频曲线中测出：$\omega_c=6.29$ rad/s，在开环对数相频曲线中测出该角频率对应的相角 $\varphi(\omega_c)=127.8°$，因此计算得出相位裕度 $\gamma=180°-127.8°=52.2°$。

在串联滞后校正后的相频特性曲线上可测得串联滞后校正后系统的频域特性，即穿越频率：$\omega_c=6.29$ rad/s；相位裕度：$\gamma=52.2°$。

(4) 串联滞后校正系统时域特性的测试。

串联滞后校正系统时域特性的测试原理如图 4－11 所示。

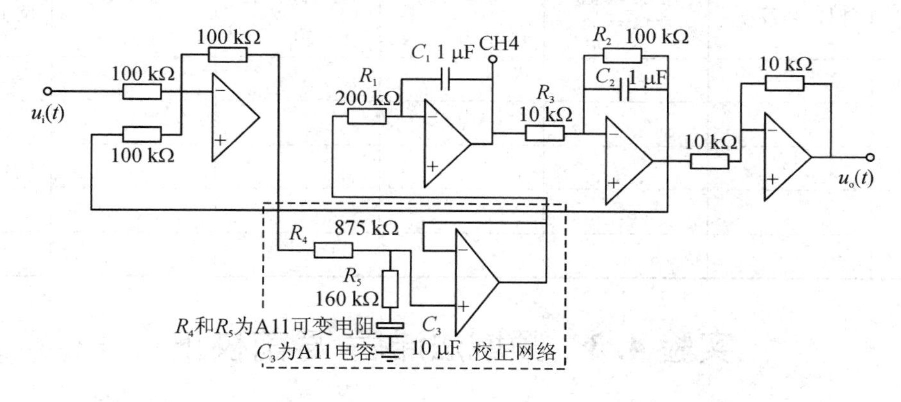

图 4－11　串联滞后校正系统时域特性测试的模拟电路图

给系统输入阶跃信号，测量时域响应波形和性能指标，可测得超调量 $\delta\%=20.4\%$，峰值时间 $t_p=0.47$ s。

总结：

(1) 滞后校正的主要作用是降低中频段和高频段的开环增益，但不影响低频段的开环增益，这样就达到了既满足静态性能指标又保证了稳定性的要求，但它的缺陷是在截止频率 ω_c 处产生一定的相角滞后。

(2) 如果要求的相角裕量大于 40°，一般情况下滞后校正不能满足该要求，解决的办法有三种：①如果允许的话，可降低 ω_c；②如果滞后装置的大时间常数可以实现，并且“爬行”现象可以接受的话，可将 ω_2 选择在更远离 ω_c 处，以使滞后校正装置在 ω_c 处造成的相角滞后量再少一点；③采用滞后校正的同时再引进导前校正，即采用滞后-导前校正法。

5．实验步骤

（1）根据原理图 4-7、图 4-9 分别构造实验电路；

（2）分别测量校正前、校正后的时域响应波形和数据；

（3）根据原理图 4-8、图 4-11 分别构造实验电路；

（4）分别测量校正前、校正后的频域特性曲线及相位裕度 γ'、超调量 M_p 等参数；

（5）将所测得的数据填入实验数据表 4-2 中。

6．思考与讨论

（1）叙述相角滞后校正网络的优缺点(从网络特性、效果、优点、缺点、适用场合、不适用场合等几方面进行比较)。

（2）试比较相角导前校正网络、相角滞后校正网络的优缺点(从网络特性、效果、优点、缺点、适用场合、不适用场合等几方面进行比较)。

7．实验数据记录

表 4-2 为实验数据记录表。

表 4-2　频域法滞后校正实验数据

相位裕度 γ'（设计目标）	测　量　值					
	相位裕度 γ'	谐振峰值 M_p	峰值时间 t_p	上升时间 t_r	超调量 $\delta\%$	调节时间 t_s
未校正前						
40°						
50°						
60°						
70°						

实验 4.3　频域法滞后-导前校正

1．实验目的

（1）掌握频域法滞后-导前校正的基本方法及原理；

（2）深入理解开环零、极点对闭环系统性能的影响关系；

（3）加深理解串联校正的特点，学会正确选择校正装置。

2．实验内容

（1）预习滞后-导前校正的原理；

（2）利用闭环和开环的对数幅频特性和相频特性完成滞后-导前校正网络的参数的计算；

（3）在被控系统中串入滞后-导前校正网络，以构建一个性能满足指标要求的新系统。

3．实验要求

（1）做好预习，根据实验原理图所示的相应参数，写出系统的开环、闭环传递函数。计算开环对数幅频特性 $L(\omega)$ 和相频特性 $\varphi(\omega)$、幅值穿越频率 ω_c、相位裕度 γ，按“校正后系

统的相位裕度 γ'"要求，设计校正参数，构建校正后系统；

(2) 观测校正前、后的时域特性曲线，并测量校正后系统的相位裕度 γ'、超调量 $\delta\%$、峰值时间 t_p 等时域性能指标；

(3) 观测被控系统的开环对数幅频特性 $L(\omega)$ 和相频特性 $\varphi(\omega)$、幅值穿越频率 ω_c、相位裕度 γ；

(4) 改变"校正后系统的相位裕度 γ'"要求，设计校正参数，构建校正后系统，画出其系统模拟电路图和阶跃响应曲线，观测校正后的相位裕度 γ'、超调量 $\delta\%$、峰值时间 t_p 等性能指标，并填入实验报告的数据记录表中。

4. 实验原理

1) 校正原理及要求

滞后-导前校正兼有滞后校正和导前校正的优点，即响应速度快、超调量小、抗干扰性能好。当未校正系统不稳定，且要求校正后系统响应速度快、相角裕量和稳态精度都较高时，选择滞后-导前校正是最好的解决方案。滞后-导前校正网络的电路图及零极点分布图如图 4-12 所示。

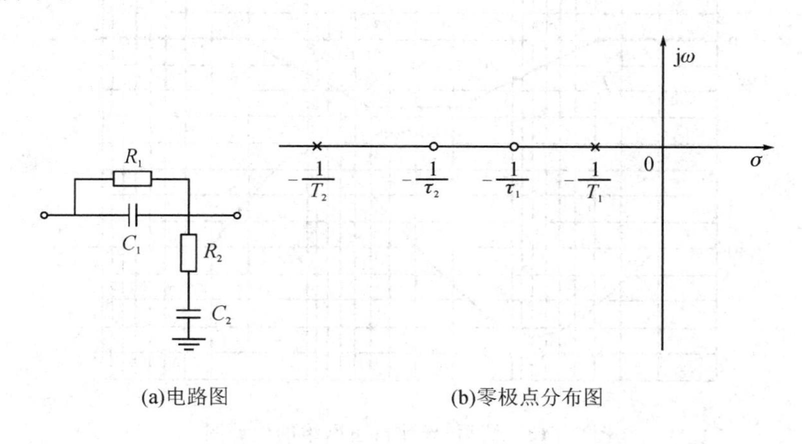

(a)电路图　　(b)零极点分布图

图 4-12　滞后-导前校正网络

滞后-导前校正网络的伯德图如图 4-13 所示。

由图 4-12(a)可以看出，滞后-导前校正网络实际上是由一个导前(微分)网络和一个滞后(积分)网络构成的，在选择元件参数值时，应使 $C_2 > C_1$，$R_1 > R_2$。因为对于输入信号的高频分量，电容 C_2 的阻抗很小，该网络的作用和导前(微分)网络的相同；对于输入信号的低频分量，电容 C_1 的阻抗很大，该网络的作用和滞后(积分)网络的相同。所以在选用复合校正(滞后-导前校正)网络时，系统的振幅储备和相角储备都会有所增加，而对系统的精度不会有影响。

滞后-导前校正网络的传递函数为

$$G_c(s)=\frac{\tau_1\tau_2 s^2+(\tau_1+\tau_2)s+1}{\tau_1\tau_2 s^2+(\tau_1+\tau_2+\tau_{12})s+1} \tag{4-30}$$

或

$$G_c(s)=\frac{(1+\tau_1 s)(1+\tau_2 s)}{(1+T_1 s)(1+T_2 s)} \tag{4-31}$$

式中：$\tau_1 = R_1C_1$；$\tau_2 = R_2C_2$；$\tau_{12} = R_1C_2$；

$$T_1, T_2 = \frac{(\tau_1+\tau_2+\tau_{12}) \pm \sqrt{(\tau_1+\tau_2+\tau_{12})^2 - 4\tau_1\tau_2}}{2} \tag{4-32}$$

令 $\tau_1 = aT_1$，$\tau_2 = bT_2$，则滞后-导前校正网络的传递函数可写为

$$G_c(s) = \frac{(1+aT_1s)(1+bT_2s)}{(1+T_1s)(1+T_2s)} = \left(\frac{1+aT_1s}{1+T_1s}\right)\left(\frac{1+bT_2s}{1+T_2s}\right) \tag{4-33}$$

当 $a>1$，$b<1$ 时，式(4-33)右端第一项起导前校正的作用，第二项起滞后校正的作用。由图 4-13 可以看出，在低频范围内，滞后-导前校正装置的相角为负；而在高频范围内，滞后-导前校正装置的相角为正。

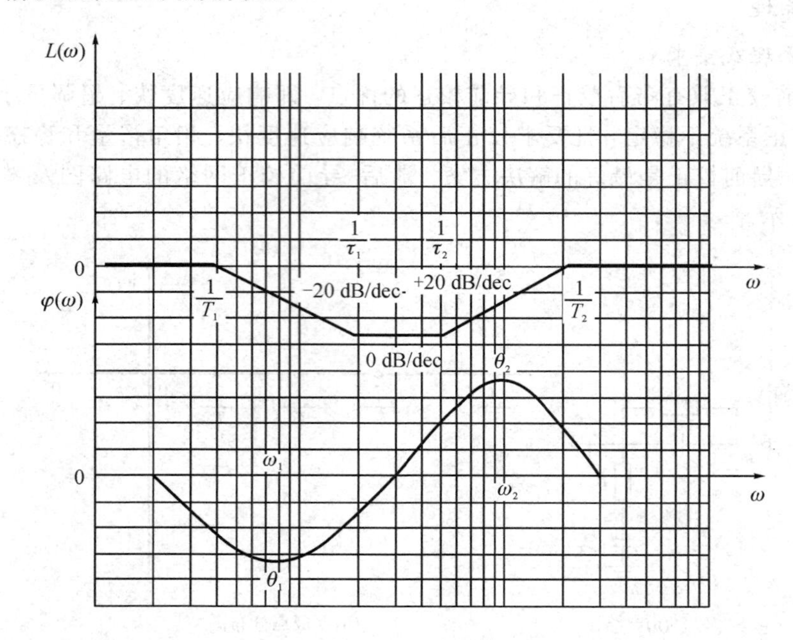

图 4-13 滞后-导前校正网络的伯德图

在选择滞后-导前校正网络的参数时，应使 $\frac{1}{T_1}$、$\frac{1}{\tau_1}$ 远低于系统原始特性的截止频率 ω_c，并使 ω_c 处于 $\frac{1}{T_2}$ 和 $\frac{1}{\tau_2}$ 之间，这样可以充分发挥滞后-导前校正网络的校正作用。

2）实验设计

可参考第 1 章 1.5 小节，自行设计本实验参数。

(1) 未校正系统时域特性的测试。

按照未校正系统时域测试电路图 4-14 连接线路。系统首先输入阶跃信号，测量时域响应波形和性能指标。

(2) 未校正系统频域特性的测试。

按照未校正系统频域测试电路图 4-15 连接线路。系统首先输入正弦波信号，测量频域响应波形和性能指标。

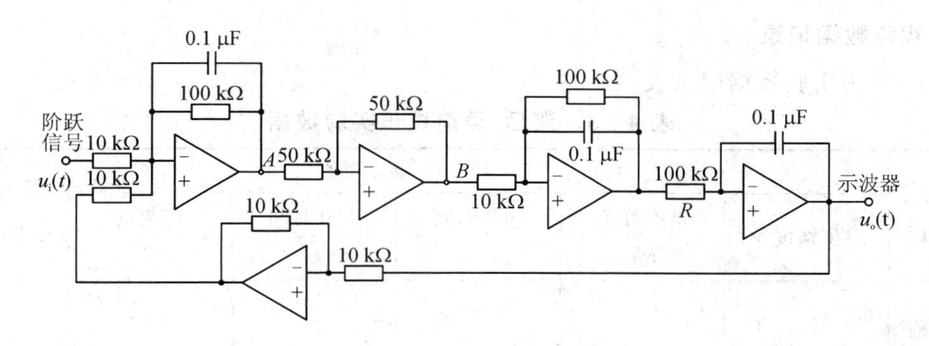

图 4 - 14　未校正系统时域测试电路图

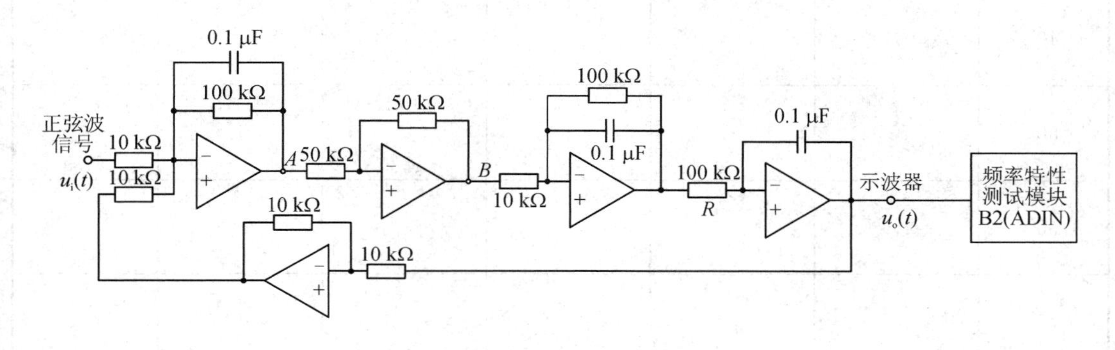

图 4 - 15　未校正系统频域测试电路图

开环系统加入滞后-导前网络如图 4 - 16 所示，分别测量校正后系统的时域和波形及性能指标。

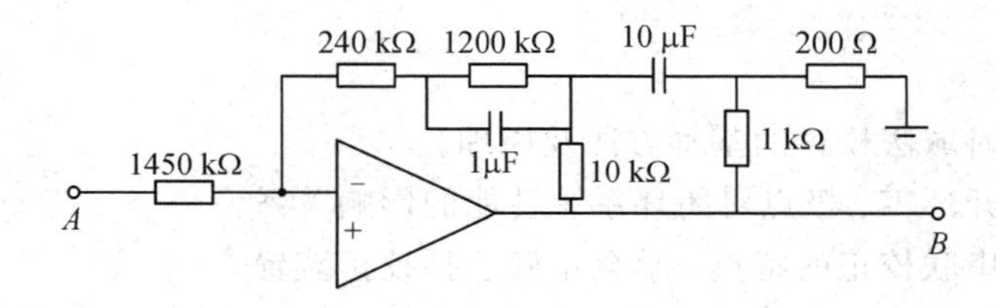

图 4 - 16　滞后-导前校正网络

5. 实验步骤

(1) 根据原理图 4 - 15、图 4 - 16 构造实验电路；

(2) 分别测量校正前、校正后的时域响应波形和数据；

(3) 分别测量校正前、校正后的频域特性曲线及相位裕度 γ'、超调量 M_p 等参数；

(4) 将所测得的数据填入实验数据表 4 - 3 中。

6. 思考与讨论

(1) 叙述相角滞后-导前校正网络的优缺点(从目的、效果、优点、缺点、适用场合、不适用场合等几方面进行比较)。

(2) 试比较相角导前校正网络、相角滞后校正网络、相角滞后-导前校正网络的优缺点(从目的、效果、优点、缺点、适用场合、不适用场合等几方面进行比较)。

7. 实验数据记录

表 4-3 为实验数据记录表。

表 4-3　滞后-导前校正实验数据

相位裕度 γ'（设计目标）	测量值					
	相位裕度 γ'	谐振峰值 M_p	峰值时间 t_p	上升时间 t_r	超调量 $\delta\%$	调节时间 t_s
未校正前						
40°						
50°						
60°						
70°						

实验 4.4　时域法比例-微分校正

1. 实验目的

(1) 掌握系统时域法校正的基本方法及原理。

(2) 深入理解开环零、极点对闭环系统性能的影响关系。

(3) 加深理解串联校正的特点，学会正确选择校正装置。

2. 实验内容

(1) 预习比例-微分校正的原理。

(2) 利用二阶系统的闭环传递函数标准式完成比例-微分校正网络参数的计算。

(3) 在被控系统中串入比例-微分校正网络，以构建一个性能满足指标要求的新系统。

3. 实验要求

(1) 做好预习，根据实验原理图所示的相应参数，写出系统的开环、闭环传递函数。

(2) 观测被控系统的时域曲线，按“校正后系统的超调量 $\delta\%$”要求，设计校正参数，构建校正后系统。

(3) 观测校正后的时域特性曲线，并测量校正后系统的超调量 $\delta\%$、峰值时间 t_p。

(4) 按“校正后系统的超调量 $\delta\%$”不同要求，自行设计校正参数，构建校正后系统，观察校正前、后的时域特性曲线，并测量校正后系统的超调量 $\delta\%$、峰值时间 t_p。

4. 实验原理

串联比例-微分校正的实验方框图如图 4－17 所示。

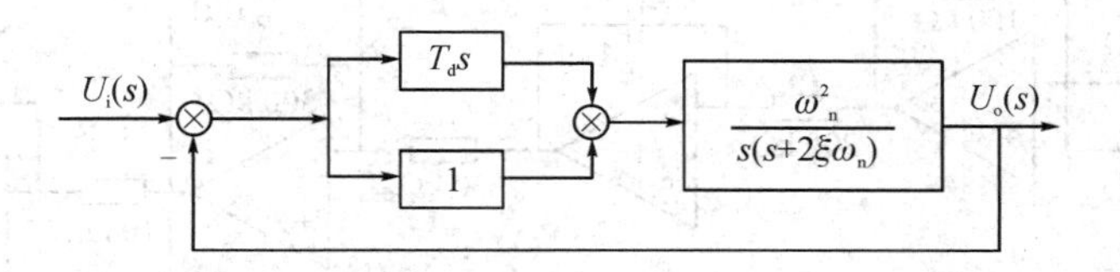

图 4－17　联比例-微分校正系统

未校正系统的开环传递函数为

$$G(s)=\frac{\omega_n^2}{s(s+2\xi\omega_n)} \tag{4-34}$$

加入比例-微分校正后系统的闭环传递函数为

$$\Phi(s)=\frac{\omega_n^2(1+T_d s)}{s^2+(2\xi\omega_n+T_d\omega_n^2)s+\omega_n^2} \tag{4-35}$$

从式(4－35)中可看出，这是一个有零点的二阶系统，可以应用标准的二阶系统时域分析方法进行分析。

设系统的有效阻尼比为

$$\xi_d=\xi+0.5\omega_n T_d \tag{4-36}$$

代入式(4－35)可得：

$$\Phi(s)=\frac{\omega_n^2(1+T_d s)}{s^2+2\xi_d\omega_n s+\omega_n^2} \tag{4-37}$$

比例-微分校正的二阶系统将不改变系统的自然频率，但是可以增大系统的有效阻尼比，以抑制振荡；适当选择微分时间常数 T_d的值，可使系统既具有好的响应平稳性，又具有满意的响应快速性；微分附加的存在，增加了时间响应中的高次谐波分量，使得响应曲线的前沿变陡，提高了系统的快速性。

串联比例-微分校正网络如图 4－18 所示。

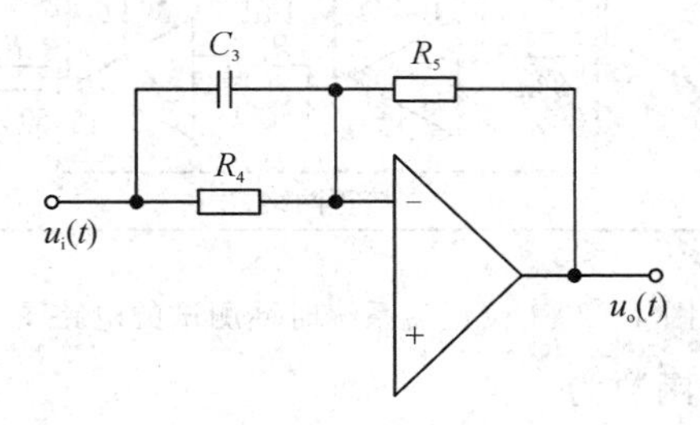

图 4－18　串联比例-微分校正网络

串联比例-微分校正的传递函数为

$$G_c(s)=K_d(1+T_d s) \tag{4-38}$$

式中：$K_d=\frac{R_5}{R_4}$；$T_d=R_4\times C_3$；$R_5=R_4$。　(4－39)

1）未校正系统时域特性的测试

未校正系统时域测试的电路图如图 4－19 所示。本实验给输入 u_i加阶跃信号，观察系统输出的时域特性。

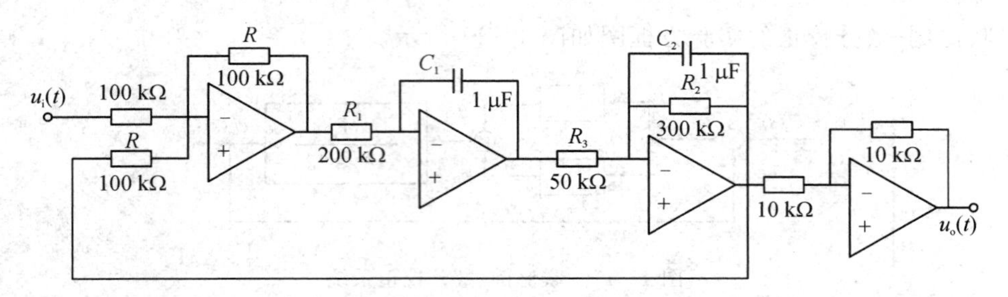

图 4-19　未校正系统时域测试的电路图

图 4-19 所示未校正系统的开环传递函数为

$$G(s)=\frac{6}{0.2s(1+0.3s)} \tag{4-40}$$

观察系统阶跃响应，在被测系统输出的时域特性曲线上测量其超调量 $\delta\%$、峰值时间 t_p、上升时间 t_r 及调节时间 t_s，超调量：$\delta\% = 57.2\%$；峰值时间：$t_p = 0.332$ s；调节时间：$t_s = 1.8$ s；取误差 $\Delta = 5$；计算得：$\omega_n = 10$，$\xi = 0.1667$。

2）接入比例-微分校正后系统时域特性的测试

比例-微分校正网络的设计如下：

(1) 设计要求 $\delta\% \leqslant 25\%$。由 $\delta\% = e^{\frac{\xi\pi}{\sqrt{1-\xi^2}}} \times 100\% = 25\%$，可计算出 $\xi_d \geqslant 0.4$，代入式(4-36)，可得到 $t_d \geqslant 0.0467$。

(2) 取 $t_d = 0.05$，$C_3 = 1\ \mu F$，$K_d = 1$，由 $T_d = R_4 \times C_3$，求得 $R_4 = 50\ k\Omega$；由 $K_d = \frac{R_5}{R_4} = 1$，求得 $R_5 = 50\ k\Omega$。

校正后系统时域测试的电路图如图 4-20 所示。

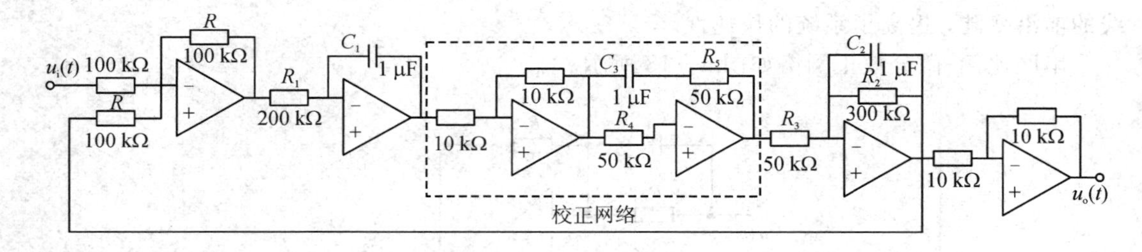

图 4-20　校正后系统时域测试的电路图

校正后系统的开环传递函数为

$$G(s)=\frac{6\times(1+0.05s)}{0.2s(1+0.3s)} \tag{4-41}$$

观察系统阶跃响应，在被测系统输出的时域特性曲线上测量其超调量 $\delta\%$、峰值时间 t_p、上升时间 t_r 及调节时间 t_s，超调量：$\delta\% = 25.8\%$；峰值时间：$t_p = 0.32$ s，测试结果表明符合设计要求。

5. 实验步骤

(1) 根据原理图 4-19、图 4-20 构造实验电路；

(2) 分别测量校正前、校正后的时域响应波形和数据；

(3) 将所测得的数据填入实验数据表4-4中。

6. 思考与讨论

(1) 叙述比例-微分校正的优缺点(从目的、效果、优点、缺点、适用场合、不适用场合等几方面进行比较)。

(2) 简述如何用根轨迹法对系统进行比例-微分校正。

7. 实验数据记录

表4-4为实验数据记录表。

表4-4 比例-微分校正实验数据

超调量 $\delta\%'$ (设计目标)	峰值时间 t_p/ms	上升时间 t_r/ms	超调量 $\delta\%$	调节时间 t_s/ms
未校正前				
25				
20				
15				
10				

4.5 时域法局部比例反馈校正

1. 实验目的

(1) 掌握系统时域法校正的基本方法及原理。

(2) 深入理解开环零、极点对闭环系统性能的影响关系。

(3) 加深理解串联校正的特点，学会正确选择校正装置。

2. 实验内容

(1) 预习局部比例反馈校正的原理。

(2) 利用二阶系统的闭环传递函数标准式完成局部比例反馈校正参数的计算。

(3) 在被控系统中加入局部比例反馈校正，以构建一个性能满足指标要求的新系统。

3. 实验要求

(1) 做好预习，根据实验原理图所示的相应参数，写出系统的开环、闭环传递函数。

(2) 观测被控系统的时域曲线，按"校正后系统的超调量 $\delta\%$"要求，设计校正参数，构建校正后系统。

(3) 观测校正后的时域特性曲线，并测量校正后系统的超调量 $\delta\%$、峰值时间 t_p 等参数。

(4) 按"校正后系统的超调量 $\delta\%$"要求，自行设计校正参数，构建校正后系统，观察校正前、后的时域特性曲线，并测量校正后系统的超调量 $\delta\%$、峰值时间 t_p 等参数。

4. 实验原理

图4-21是采用比例反馈包围惯性环节进行局部校正的结构图。

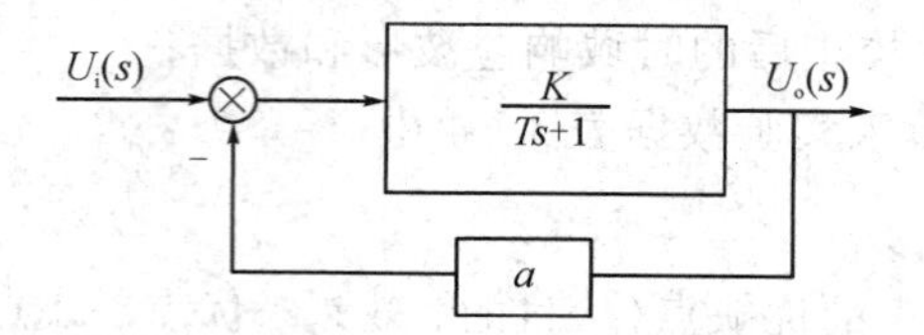

图 4-21 局部比例反馈校正结构图

设

$$T_a = \frac{T}{1+aK} \tag{4-42}$$

$$K_a = \frac{K}{1+aK} \tag{4-43}$$

式中：a 为比例反馈系数。

图 4-21 的等效传递函数为

$$G_c(s) = \frac{K}{Ts+aK+1} = \frac{K_a}{1+T_a s} \tag{4-44}$$

从式(4-44)可以看出，图 4-21 的局部比例反馈校正就是一个惯性环节，而这个新构成的惯性环节的惯性时常数减小了(详见式(4-42))，从而增加了系统的阻尼比，降低了系统的超调量及上升时间，使得响应曲线的前沿变陡，提高了系统的快速性。

局部比例反馈后，会降低被校正系统的开环增益(详见式(4-43))，因此必须提高局部比例反馈外的增益来进行补偿。闭环控制系统中局部比例反馈外的增益应提高为

$$K_x = \frac{K}{K_a} \tag{4-45}$$

图 4-22 是带局部比例反馈校正的二阶闭环控制系统结构图。图中 $G_c(s)$ 为校正前的原惯性环节被比例反馈所包围组成的新惯性环节，$K_x=\frac{K}{K_a}$ 环节为补偿由于局部比例反馈校正后，被校正系统降低了开环增益而增加的比例环节。

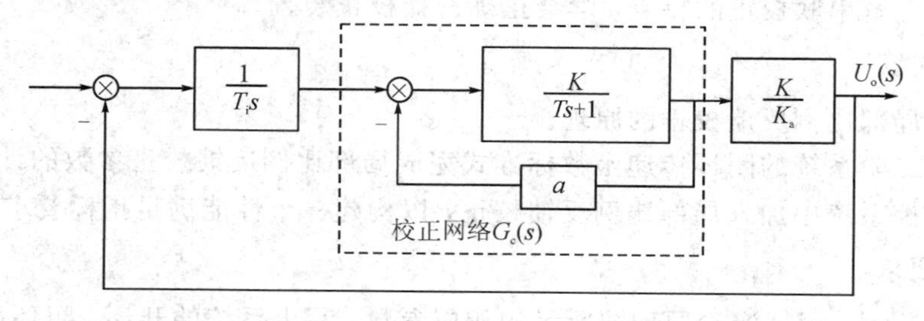

图 4-22 带局部比例反馈校正的二阶闭环控制系统结构图

1) 未校正系统时域特性的测试

未校正系统的模拟电路图如图 4-23 所示。系统输入阶跃信号+2.5 V 时，测量系统的输出时域特性。

图 4-23 所示未校正系统的开环传递函数为

$$G(s) = \frac{6}{0.2s(1+0.3s)} \tag{4-46}$$

模拟电路的各环节参数中，积分环节的积分时间常数：$T_i = R_1 \times C_1 = 0.2$ s；惯性环节的惯性时间常数：$T = R_2 \times C_2 = 0.3$ s；开环增益：$K = R_2/R_3 = 6$；超调量：$\delta\% = 57.2\%$；

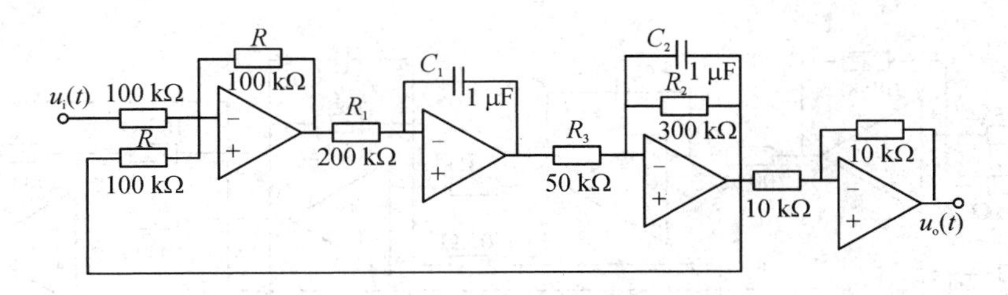

图 4-23 未校正系统的模拟电路图

峰值时间：$t_p = 0.32$ s；调节时间：$t_s = 1.8$ s，误差取值 $\Delta = 5$。因此计算得 $\omega_n = 10$，$\xi = 0.167\,67$。

2）比例反馈包围惯性环节校正网络的设计

在图 4-23 所示的未校正系统的模拟电路图中，用比例反馈包围惯性环节，则校正后的系统模拟电路如图 4-24 所示。

提高的增益为

$$K_x = \frac{K}{K_a} = \frac{R_6}{R_5} \tag{4-47}$$

（1）要求设计校正装置，使控制系统满足超调量 $\delta\% \leqslant 25\%$。

（2）按超调量 $\delta\% \leqslant 25\%$ 计算，可得到校正后系统的阻尼比 $\xi \geqslant 0.4$。

（3）按图 4-23 所示的被校正对象积分时间常数 $T_i = 0.2$ s，开环增益 $K = 6$，新惯性环节 $G_c(s)$ 的时间常数为 T_a，按标准二阶系统阻尼比的计算式：

$$\xi = \frac{1}{2}\sqrt{\frac{T_i}{K T_a}} \tag{4-48}$$

可得到新惯性环节 $G_c(s)$ 的时间常数 $T_a = 0.052$ s。

（4）按图 4-23 所示的被控对象校正前的原惯性时间常数 $T = 0.3$ s，开环增益 $K = 6$，校正（惯性）环节 $G_c(s)$ 的时间常数为 $T_a = 0.052$ s，代入式（4-42），可得到比例反馈系数 $a = 0.795$。如取 $R_7 = 10$ kΩ，则 $R_4 = 10$ kΩ/0.795 = 12.6 kΩ。

（5）按原开环增益 $K = 6$，比例反馈系数 $a = 0.795$，代入式（4-43），可得到新惯性环节 $G_c(s)$ 的开环增益 $K_a = 1.04$，原系统的开环增益 $K = 6$。

（6）为补偿由于局部比例反馈校正后，被校正系统降低了的开环增益，必须增加比例环节 $K_x = K/K_a$。按式（4-45）可确定增加的比例环节的增益应为

$$K_x = \frac{K}{K_a} = \frac{6}{1.04} = 5.77 \tag{4-49}$$

如取反馈电阻 $R_6 = 200$ kΩ，则输入电阻应为 $R_5 = 200$ kΩ/5.77 = 34.7 kΩ。为了方便实验，近似取值，得 $R_5 = \frac{100 \times 50}{100 + 50} = 33.3$ kΩ。

3）比例反馈包围惯性环节校正后系统时域特性的测试

比例反馈包围惯性环节校正后系统的模拟电路如图 4-24 所示。

在校正后系统的时域特性曲线上可测得时域特性，即超调量：$\delta\% = 24.5\%$；峰值时间：$t_p = 0.15$ s，可知测试结果符合设计要求。

5. 实验步骤

（1）根据原理图 4-23、图 4-24 构造实验电路；

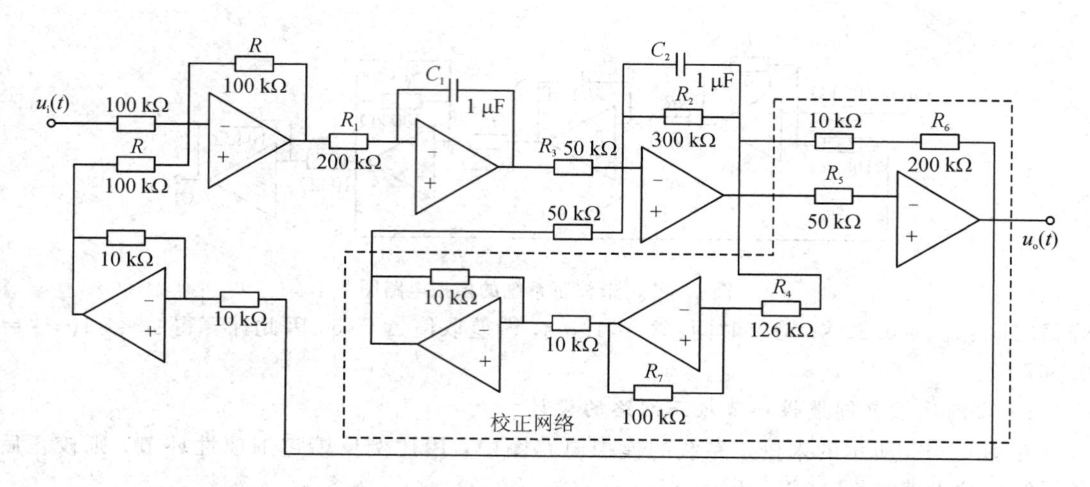

图 4-24　比例反馈包围惯性环节校正后系统电路的模拟电路

(2) 分别测量校正前、校正后的时域响应波形和数据；

(3) 将所测得的数据填入实验数据表 4-5 中。

6. 思考与讨论

(1) 叙述局部比例校正的优缺点（从目的、效果、优点、缺点、适用场合、不适用场合等几方面进行比较）。

(2) 简述如何用根轨迹方法对系统进行比例反馈校正。

7. 实验数据

表 4-5 为实验数据记录表。

表 4-5　比例反馈校正实验数据

超调量 $\delta\%'$（设计目标）	峰值时间 t_p /ms	上升时间 t_r /ms	超调量 $\delta\%$	调节时间 t_s /ms
未校正前				
25				
20				
15				
10				

实验 4.6　时域法微分反馈校正

1. 实验目的

(1) 掌握系统时域法校正的基本方法及原理。

(2) 深入理解开环零、极点对闭环系统性能的影响关系。

(3) 加深理解串联校正的特点，学会正确选择校正装置。

2. 实验内容

(1) 预习微分反馈校正的原理。

（2）利用Ⅰ型二阶系统的闭环传递函数标准式完成微分反馈校正网络参数的计算。

（3）在被控系统中加入微分反馈校正网络，以构建一个性能满足指标要求的新系统。

3. 实验要求

（1）做好预习，根据实验原理图所示的相应参数，写出系统的开环、闭环传递函数。

（2）观测被控系统的时域曲线，按“校正后系统的超调量 $\delta\%$”要求，设计校正参数，构建校正后系统。

（3）观测校正后的时域特性曲线，并测量校正后系统的超调量 $\delta\%$、峰值时间 t_p 等参数。

（4）按“校正后系统的超调量 $\delta\%$”要求，自行设计校正参数，构建校正后系统，观察校正前、后的时域特性曲线，并测量校正后系统的超调量 $\delta\%$、峰值时间 t_p 等参数。

4. 实验原理

图 4－25 是微分反馈校正系统的结构图。

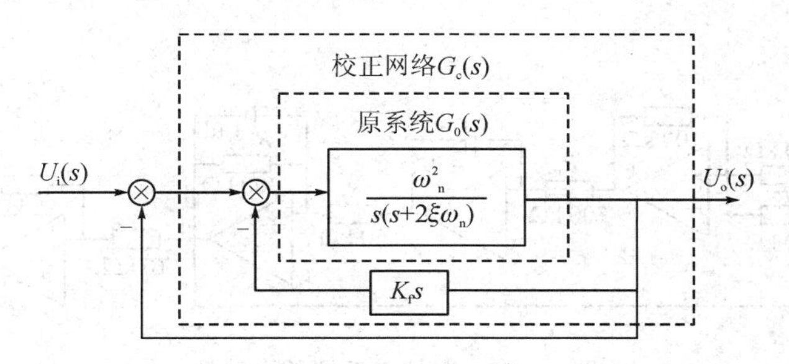

图 4－25　微分反馈校正系统的结构图

被控对象的传递函数为

$$G_0(s)=\frac{\omega_n^2}{s(s+2\xi\omega_n)} \tag{4-50}$$

微分反馈后的传递函数为

$$G_c(s)=\frac{G_0(s)}{1+G_0(s)K_f s}=\frac{\omega_n^2}{s^2+2(\xi+0.5\omega_n K_f)\omega_n s} \tag{4-51}$$

设微分反馈后的有效阻尼比为

$$\xi_t=\xi+0.5\omega_n K_f \tag{4-52}$$

代入式(4－51)，得

$$G_c(s)=\frac{\omega_n^2}{s^2+2\xi_t\omega_n s} \tag{4-53}$$

从式(4－53)中可看出，微分反馈校正的二阶系统仍是一个二阶系统，可以应用标准的二阶系统时域分析方法进行分析。

微分反馈校正的二阶系统将不改变系统的自然频率，但是可以增大系统的有效阻尼比，以抑制振荡；适当选择微分时间常数 K_f 的值，可使得系统既具有好的响应平稳性，又具有满意的响应快速性；微分附加的存在，增加了时间响应中的高次谐波分量，使得响应曲线的前沿变陡，提高了系统的快速性。

微分校正网络如图 4－26 所示。

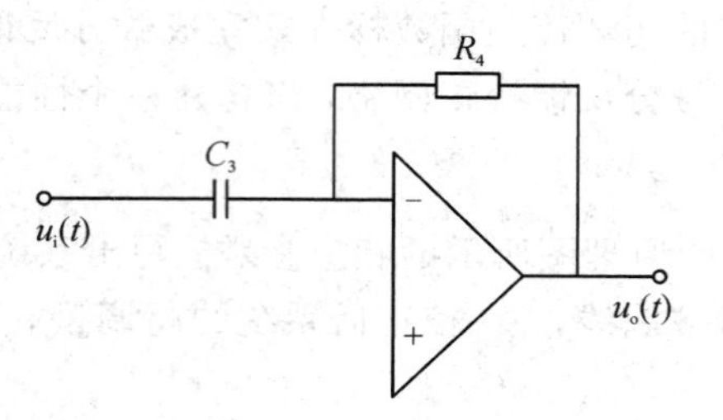

图 4－26　微分校正网络

微分校正网络的传递函数为

$$G(s) = K_f s \tag{4-54}$$

$$K_f = R_4 \times C_3 \tag{4-55}$$

1）校正系统时域特性的测试

未校正系统模拟电路图如图 4－27 所示，输入阶跃信号＋2.5 V 时，测量系统的输出时域特性。

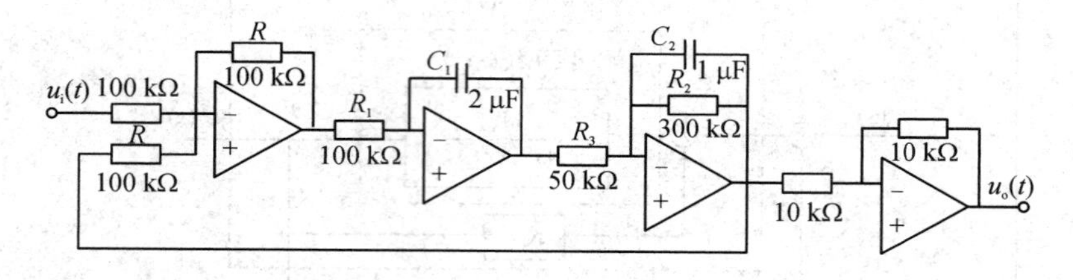

图 4－27　未校正系统的电路图

图中，积分环节的积分时间常数 $T_i = R_1 \times C_1 = 0.2$ s，惯性环节的惯性时间常数 $T = R_2 \times C_2 = 0.3$ s，增益 $K = \dfrac{R_2}{R_3} = 6$。

被控对象的传递函数为

$$G(s) = \frac{6}{0.2S(1 + 0.3s)} = \frac{100}{s^2 + 3.33s} \tag{4-56}$$

可计算出其自然频率 $\omega_n = 10$，阻尼比：$\xi = 0.1665$，超调量 $\delta\% = e^{-\frac{\xi\pi}{\sqrt{1-\xi^2}}} \times 100\% = 59\%$，峰值时间 $t_p = \dfrac{\pi}{\omega_n \sqrt{1-\xi^2}} = 0.32$ s。

在未校正系统的时域特性曲线上可测得时域特性，即超调量：$\delta\% = 57.2\%$；峰值时间：$t_p = 0.332$ s；调节时间：$t_s = 1.8$ s，误差取值 $\Delta = 5$。

2）微分反馈校正后系统时域特性的测试

微分校正网络的设计如下：

（1）要求设计校正装置，使系统满足 $\delta\% \leqslant 25\%$。

（2）按超调量 $\delta\% \leqslant 25\%$ 计算，可得到校正后系统的阻尼比 $\xi_t \geqslant 0.4$。

（3）按图 4－28 的被校正对象积分时间常数 $T_i = 0.2$ s，自然频率 $\omega_n = 10$，阻尼比 $\xi = 0.1665$，代入式(4－51)可得到校正后的 $K_f = 0.0467$。

（4）为了方便实验，令 $C_3 = 1\ \mu$F，校正后的 $K_f = 0.0467$，代入式(4－55)，可得到 $R_4 = 46.7$ kΩ。取近似值，则 $R_4 = 50$ kΩ。

校正后的系统电路如图 4－28 所示。

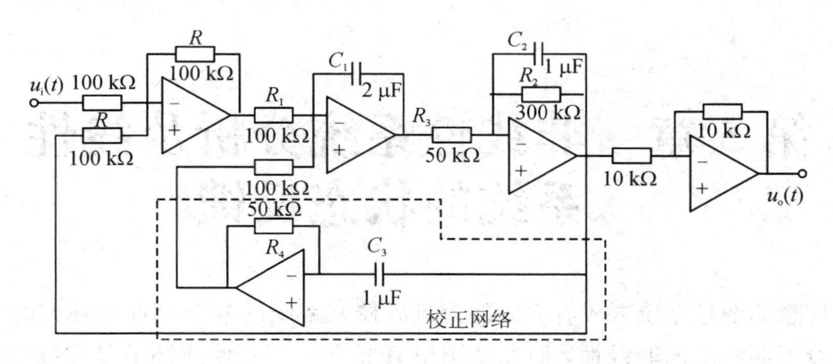

图 4－28　微分反馈校正后系统模拟电路

在校正后系统的输入端加入阶跃信号，从系统输出特性曲线上可测得时域指标，即超调量 $\delta\%=23.1\%$，峰值时间 $t_p=0.36$ s，可知测试结果符合设计要求。

5. 实验步骤

(1) 根据原理图 4－27、图 4－28 构造实验电路；

(2) 分别测量校正前、校正后的时域响应波形和数据；

(3) 将所测得的数据填入实验数据表 4－6 中。

6. 思考与讨论

(1) 叙述微分校正的优缺点(从目的、效果、优点、缺点、适用场合、不适用场合等几方面进行比较)。

(2) 简述如何用根轨迹方法对系统进行比例积分微分(PID)校正。

7. 实验数据记录

表 4－6 为实验数据记录表。

表 4－6　微分反馈校正实验数据

超调量 $\delta\%'$ (设计目标)	峰值时间 t_p /ms	上升时间 t_p /ms	超调量 $\delta\%$	调节时间 t_p /ms
未校正前				
25				
20				
15				
10				

第5章　非线性系统分析及线性系统的状态反馈

现实中理想的线性系统并不存在，因为组成控制系统的各个元件或环节的动态和静态特性都存在着不同程度的非线性，而在系统中只要有一个元件或环节是非线性的，那这个系统就不具有叠加性和齐次性。非线性系统的特征是稳定性分析复杂、存在自激振荡现象和频率响应有畸变。

由于非线性系统的形式多样，一般情况下不容易求得非线性微分方程的解，所以工程上是采用近似的方法，即相平面法、描述函数法和逆系统法。

实验5.1　非线性典型环节实验

1. 实验目的

(1) 了解相似性原理的基本概念。

(2) 掌握使用运算放大器构成各种常用的典型环节的方法。

(3) 掌握各类典型环节输入和输出的时域关系。

(4) 学会时域法测量典型环节参数的方法。

2. 实验内容

(1) 使用运算放大器构成饱和、继电器、死区、空回(可选做)非线性典型环节。

(2) 输入(+5～−5)V可连续变化的电压信号，测量各典型环节的输入和输出波形及相关参数。

3. 实验要求

(1) 做好预习，根据实验内容中的原理图及相应参数，写出其数学表达式，并计算相关参数。

(2) 分别画出各典型环节的理论波形。

4. 实验原理

1) 继电器特性

继电器特性实验电路如图5-1所示。

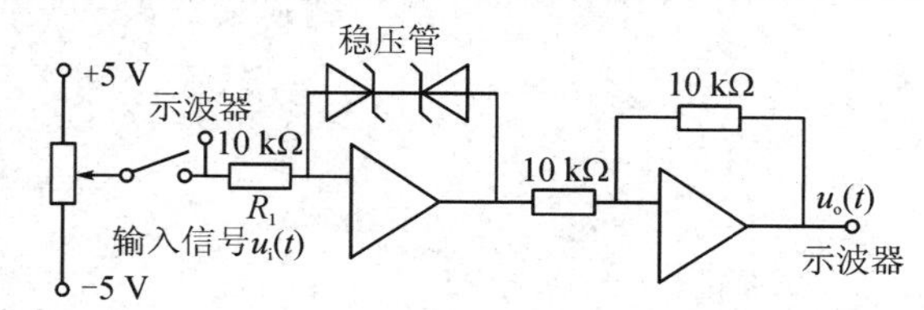

图5-1　继电器特性模拟电路

$u_i(t)-u_o(t)$ 的时域响应理论波形如图 5-2 所示。

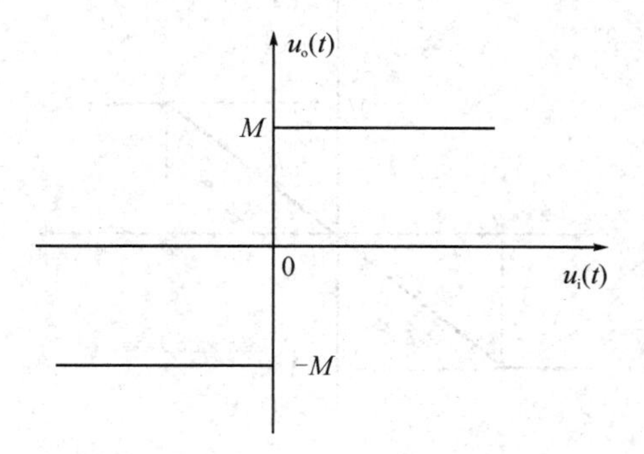

图 5-2　理想继电特性

输出 $u_o(t)$ 为

$$u_o(t)=\begin{cases} M & u_i>0 \\ -M & u_i<0 \end{cases} \tag{5-1}$$

继电器的非线性会使系统产生自持振荡，甚至会导致系统不稳定，还会增大系统的稳态误差。继电器的输出响应波形还有如图 5-3 所示种类。

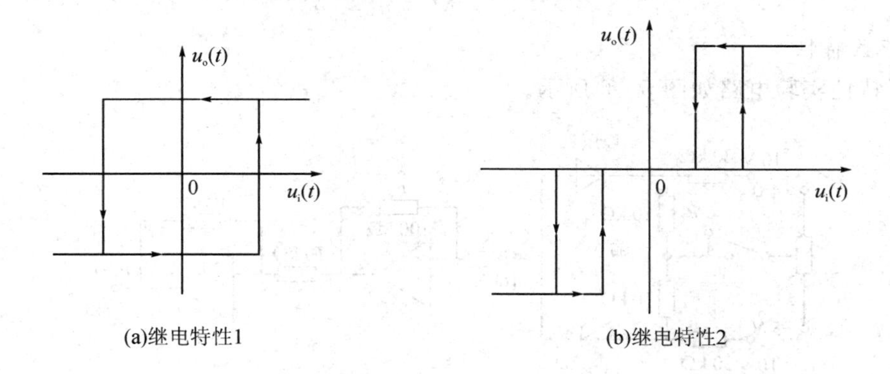

图 5-3　继电特性

2）饱和特性

饱和特性实验电路如图 5-4 所示。

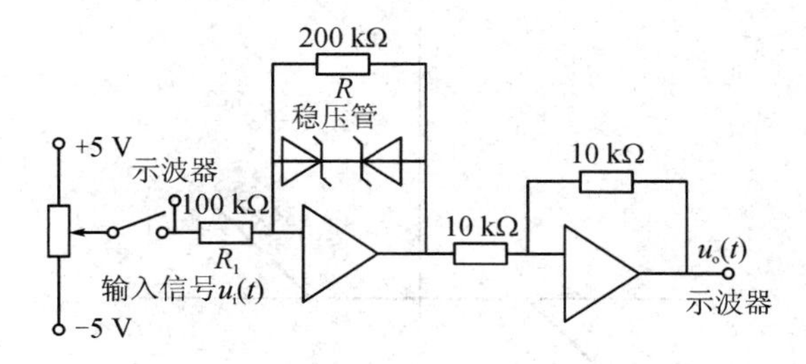

图 5-4　饱和特性模拟电路

$u_i(t)-u_o(t)$ 的时域响应理论波形如图 5-5 所示。

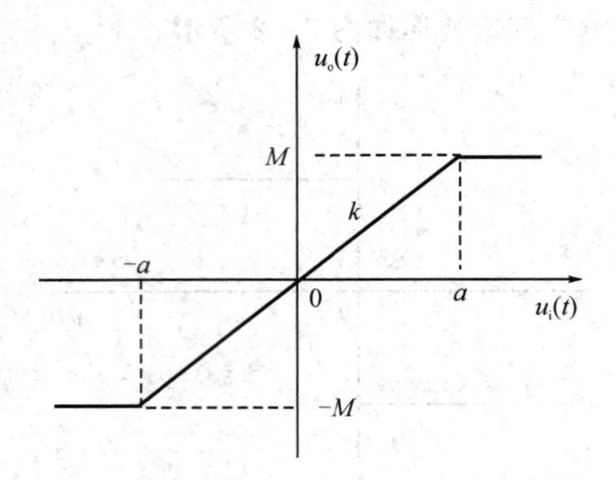

图 5－5　理想饱和特性

比例系数(斜率)为

$$K = R/R_1 (R_1 = 1000\ \text{k}\Omega, R = 200\ \text{k}\Omega)$$

输出 $u_o(t)$ 为

$$u_o(t) = \begin{cases} M & u_i > a \\ K u_i & |u_i| \leqslant a \\ -M & u_i < a \end{cases} \tag{5-2}$$

3）死区特性

死区特性实验电路如图 5－6 所示。

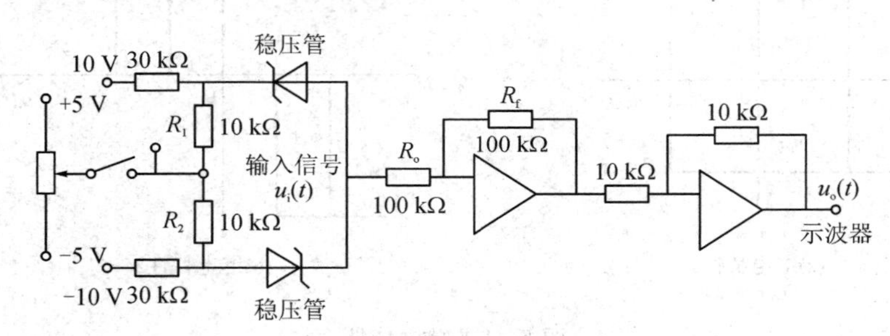

图 5－6　死区特性模拟电路

$u_i(t) - u_o(t)$ 的时域响应理论波形如图 5－7 所示。

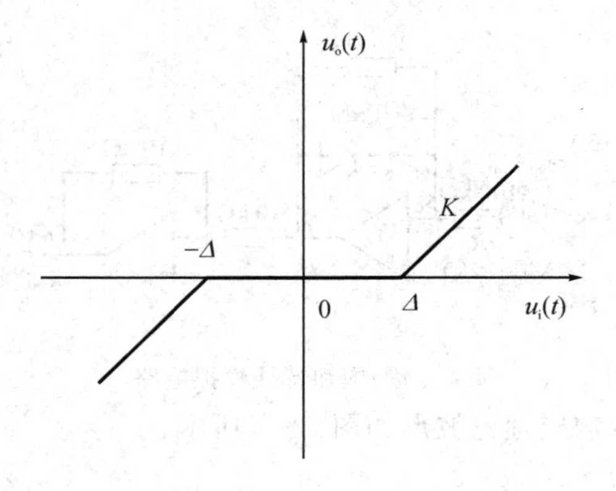

图 5－7　死区特性

死区值：输出 $u_o(t)$ 为

$$u_o(t)=\begin{cases}0 & u_i\leqslant |a| \\ K(u_i-a) & u_i>a \\ K(u_i+a) & u_i<-a\end{cases} \tag{5-3}$$

在实际系统中死区可由众多原因引起，它对系统可产生不同的影响：一方面，它使系统不稳定或者产生自振荡；另一方面，有时人们会人为地引入死区特性，使系统具有抗干扰能力。

4）空回（磁滞回线）特性

空回特性实验电路如图 5－8 所示。

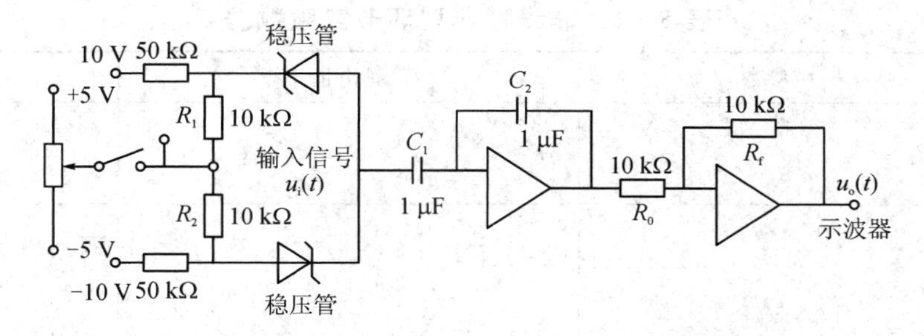

图 5－8　空回（磁滞回线）特性模拟电路

$u_i(t)-u_o(t)$ 的时域响应理论波形如图 5－9 所示。

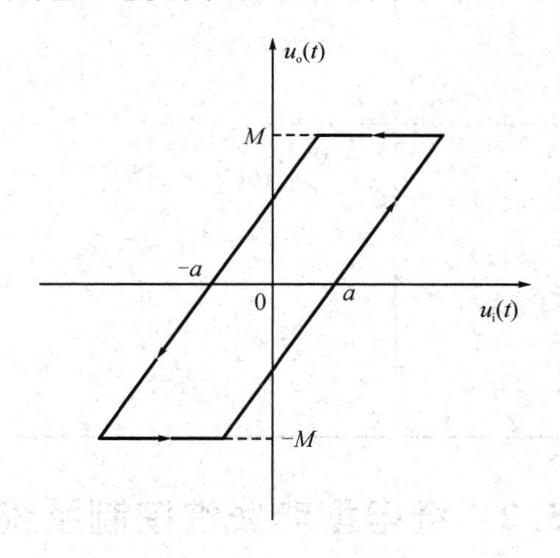

图 5－9　空回（磁滞回线）特性

输出 $u_o(t)$ 为

$$u_o(t)=\begin{cases}K(u_i-a)u_i>0 & u_i>2a-b \\ K(b-a)u_i<0 & u_i>b-2a \\ K(u_i+a)u_i<0 & u_i<b-2a \\ K(-b+a)u_i>0 & u_i<2a-b\end{cases} \tag{5-4}$$

滞环（空回）特性会使系统的相角裕度减小，动态性能恶化，甚至产生自持振荡。

5. 实验步骤

(1) 根据非线性典型环节特性模拟电路图构造实验电路；

(2) 分别测量波形和数据；

(3) 将所测得的数据填入表 5-1 中。

6. 思考与讨论

举例说明现实生活中有哪些器件或系统是非线性典型环节特性。

7. 实验数据记录

表 5-1 为实验数据记录表。

表 5-1 非线性典型环节实验数据

名称	参数	理论值	实测值
继电器特性	$R_1=$	$M=$	$M=$ $-M=$
饱和特性	$R=$ $R_1=$ $M=$	$K=\frac{R}{R_1}=$ $M=$	$K=$ $M=$ $-M=$
死区特性	$R_1=R_2=10\ \text{k}\Omega$ $K=R_f/R_o=$	$\Delta=\frac{R_2}{50}\times 10(\text{V})$ $=0.2R_2(\text{V})$ $=$	$\Delta=$ $-\Delta=$
空回特性	$R_1=R_2=10\ \text{k}\Omega$	$\Delta=\frac{R_2}{50}\times 10(\text{V})$ $=0.2R_2(\text{V})$ $=$ $\tan\alpha=\frac{C_i}{C_f}\times\frac{R_f}{R_o}$ $=$	$\Delta=$ $\tan\alpha=$

实验 5.2 继电型非线性控制系统实验

1. 实验目的

(1) 熟悉非线性系统的分析方法(相平面法)；

(2) 了解继电型非线性环节对控制系统性能的影响。

2. 实验内容

用相平面法分析继电型非线性控制系统的阶跃响应和稳态误差。

3. 实验要求

(1) 做好预习，根据实验内容中的原理图及结构图的相应参数，计算在阶跃信号作用下

误差 $e(t)$ 的相轨迹；

(2) 画出相平面图及在不同幅值的阶跃信号输入下的相轨迹和输出波形。

4. 实验原理

1) 非线性控制系统的基本概念

实际的控制系统中几乎都不可避免地带有某种程度的非线性，系统中只要有一个非线性环节，就称其为非线性控制系统。

在实际的控制系统中，除了存在着不可避免的非线性因素外，有时为了改善系统的性能或简化系统的结构，还要人为地在系统中插入非线性部件，构成非线性系统。例如采用继电器控制执行电机，使电机始终工作于最大电压下，充分发挥其调节能力，以获得时间最优控制系统；利用“变增益”控制器，以大大改善控制系统的性能。

线性控制系统的稳定性只取决于系统的结构和参数，而与外作用和初始条件无关，但非线性控制系统的稳定性与输入的初始条件有着密切的关系。

对于非线性控制系统，建立数学模型是很困难的，并且多数非线性微分方程无法直接求解，因此通常都用相平面法或函数描述法进行分析。

2) 用相平面图分析非线性控制系统

非线性系统的相平面分析法是状态空间分析法在二维空间特殊情况下的应用。它是一种不用求解方程，而用图解法给出 $X_1=e$， $X_2=\dot{e}$ 的相平面图，由相平面图就能清楚地知道系统的动态性能和稳态程度。

利用相平面法分析非线性控制系统，首先必须在相平面上选择合适的坐标，在理论分析中均采用输出量 u_o 及其导数 $\dot{u}_o$，实际上系统的其他变量也同样可用做相平面坐标；当系统是阶跃输入或是斜坡输入时，选取非线性环节的输入量，即系统的误差 e，及其他的导数 $\dot{e}$ 作为相平面坐标，会更方便些。

相轨迹表征着系统在某个初始条件下的运动过程，当改变阶跃信号的幅值，即改变系统的初始条件时，便获得一系列的相轨迹。根据相轨迹的形状和位置就能分析系统的瞬态响应和稳态误差。一簇相轨迹所构成的图叫做相平面图，相平面图表征系统在各种初始条件下的运动过程。假使系统原来处于静止状态，则在阶跃输入作用时，二阶非线性控制系统的相轨迹是一簇趋向于原点的螺旋线。继电型非线性控制系统的实验方框图如图 5－10 所示。

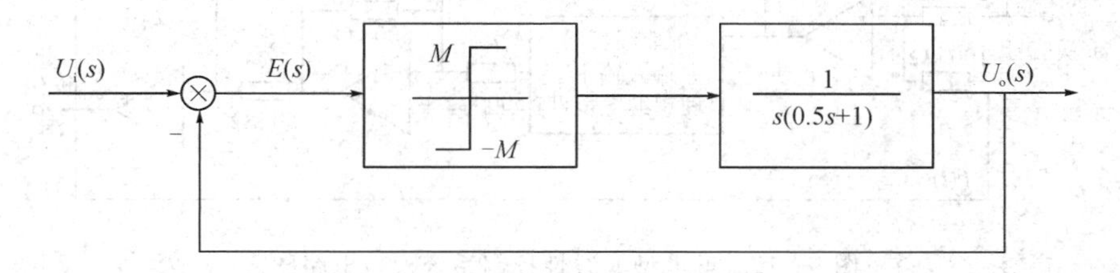

图 5－10　继电型非线性控制系统方框图

图 5－10 所示非线性控制系统可用下列微分方程表示：

$$\begin{cases} T\ddot{U}_i+\dot{U}_i-KM=0 & (e>0) \\ T\ddot{U}_i+\dot{U}_i+KM=0 & (e<0) \end{cases} \tag{5-5}$$

式中：T 为时间常数(取 $T=0.5$)；K 为线性部分开环增益(取 $K=1$)；M 为稳压管稳压值。

采用 e 和 $\dot{e}$ 为相平面坐标，以及考虑

$$e = U_i - U_o \tag{5-6}$$

$$U_i = A \cdot 1(t), \qquad \dot{e} = -\dot{c}_0 \tag{5-7}$$

则式(5-5)变为

$$\begin{cases} T\ddot{e} + \dot{e} - KM = 0 & (e > 0) \\ T\ddot{e} + \dot{e} + KM = 0 & (e < 0) \end{cases} \tag{5-8}$$

代入 $T=0.5$、$K=1$，以及所选用的稳压值 M，应用等倾线法做出当初始条件为

$$e(0) = U_i(0) - U_o(0) = U_i(0) = A \tag{5-9}$$

时的相轨迹，改变 $U_i(0)$ 的值就可得到一簇相轨迹。继电型非线性控制系统的相轨迹如图5-11所示。

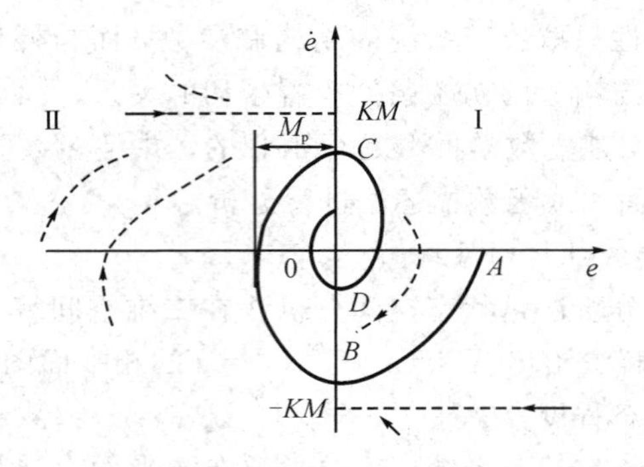

图 5-11　继电型非线性控制系统的相轨迹

其中的纵坐标轴将相平面分成两个区域（Ⅰ和Ⅱ），e 轴是两组相轨迹的分界线。系统在阶跃信号输入下，在区域Ⅰ内，从初始点 A 开始沿相轨迹运动到分界线上的 B，从 B 点开始在区域Ⅱ内，沿区域Ⅱ内的本轨迹运动到 C 再进入区域Ⅰ，经过几次往返运动，若是理想继电特性，则系统逐渐收敛于原点。

5. 实验步骤

(1) 根据原理图 5-12 构造实验电路。

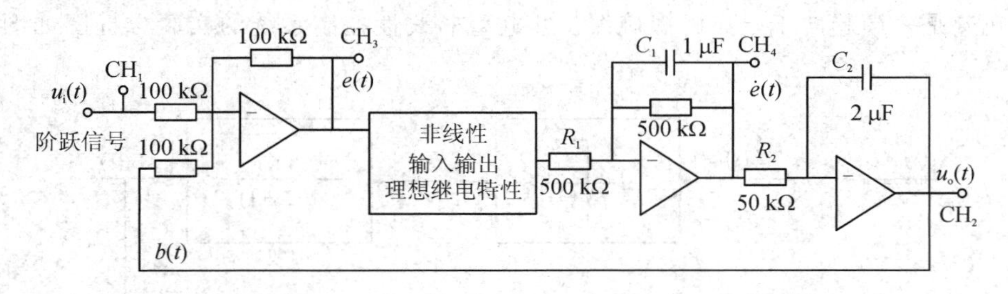

图 5-12　继电型非线性控制系统模拟电路图

(2) 测量时域响应波形和相应参数。

(3) 将所测得的数据填入实验数据表 5-2 中。

6. 思考与讨论

将实验结果与理论知识对比，并进行讨论。

7. 实验数据记录

表 5－2 为实验数据记录表。

表 5－2　继电型非线性控制系统实验数据

输入电压值/V	3		2		1	
	0→3	3→0	0→2	2→0	0→1	1→0
时域超调量 M_p						
相轨迹超调量 M_p						
峰值时间 t_p /s						

注：时域超调量 M_P 是指时域阶跃响应的最大值与稳态值的差值。

实验 5.3　饱和型非线性控制系统实验

1. 实验目的

(1) 熟悉非线性系统的分析方法(相平面法)；

(2) 了解存在饱和型非线性环节对控制系统性能的影响。

2. 实验内容

用相平面法分析饱和型非线性控制系统的阶跃响应和稳态误差。

3. 实验要求

(1) 做好预习，根据实验内容中的原理图及结构图的相应参数，计算在阶跃信号作用下误差 $e(t)$ 的相轨迹；

(2) 画出相平面图及在不同阶跃信号输入下的相轨迹和输出波形。

4. 实验原理

饱和型非线性控制系统如图 5－13 所示，图 5－14 是该系统的模拟电路。

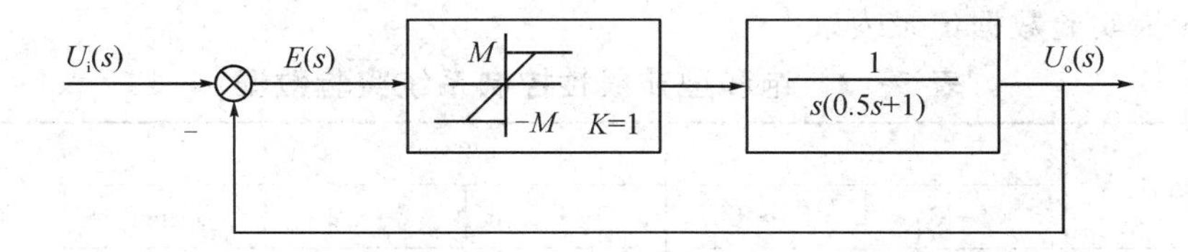

图 5－13　饱和型非线性控制系统

图 5－13 所示的饱和型非线性控制系统由下列微分方程表示：

$$
\begin{cases}
T\ddot{e}+\dot{e}+Ke=0 & (|e|<a)\text{线性区} \\
T\ddot{e}+\dot{e}+\dfrac{M}{K}=0 & (e<a)\text{正饱和区} \\
T\ddot{e}+\dot{e}-\dfrac{M}{K}=0 & (e<-a)\text{负饱和区}
\end{cases} \tag{5-10}
$$

饱和型非线性控制系统的相轨迹如图 5-15 所示，该图是非线性控制系统在阶跃信号输入下得到的。图 5-15 中初始点为 A，从点 A 开始沿区域Ⅱ的相轨迹运动至分界线上的点 B 进入区域Ⅰ，再从点 B 开始沿区域Ⅰ的相轨迹运动，最后收敛于稳定焦点(原点)。

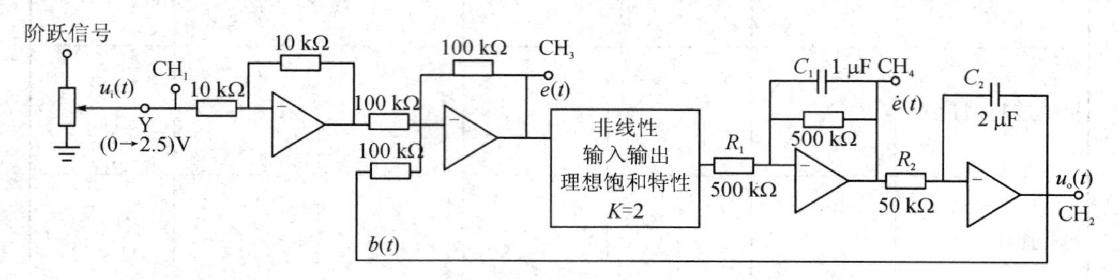

图 5-14　饱和型非线性控制系统模拟电路

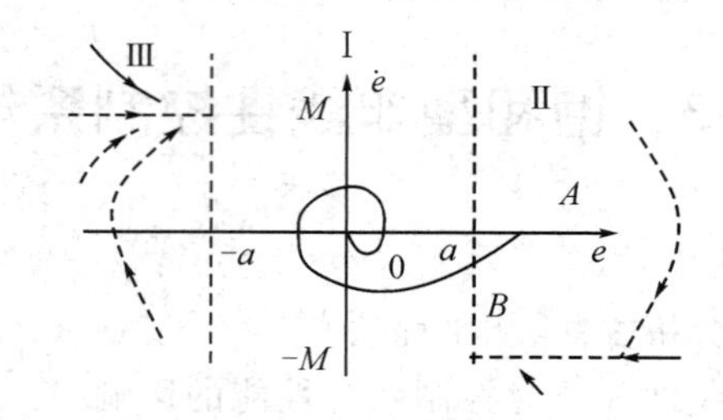

图 5-15　饱和型非线性控制系统相轨迹

5. 实验步骤

(1) 根据原理图 5-14 构造实验电路。

(2) 测量时域响应波形和相应参数。

(3) 将所测得的数据填入实验数据表 5-3 中。

6. 思考与讨论

将实验结果与理论知识对比，并进行讨论。

7. 记录实验数据

表 5-3 为实验数据记录表。

表 5-3　饱和型非线性控制系统实验数据

输入电压值/V	3		2		1	
	0→3	3→0	0→2	2→0	0→1	1→0
时域超调量 M_p						

续表

输入电压值/V	3		2		1	
	0 → 3	3 → 0	0 → 2	2 → 0	0 → 1	1 → 0
相轨迹超调量 M_p						
峰值时间 t_p /s						
饱和斜率						

注：时域超调量 M_p 是指时域阶跃响应的最大值与稳态值的差值。

实验 5.4　间隙(空回)型非线性控制系统实验

1. 实验目的

(1) 熟悉非线性系统的分析方法(相平面法)；

(2) 了解间隙(空回)型非线性环节对控制系统性能的影响。

2. 实验内容

用相平面法分析间隙(空回)型非线性控制系统的阶跃响应和稳态误差。

3. 实验要求

(1) 做好预习，根据实验内容中的原理图及结构图的相应参数，计算在阶跃信号作用下误差 $e(t)$ 的相轨迹；

(2) 画出相平面图及在不同阶跃信号输入下的相轨迹和输出波形。

4. 实验原理

间隙(空回)型非线性控制系统的方框图如图 5-16 所示。

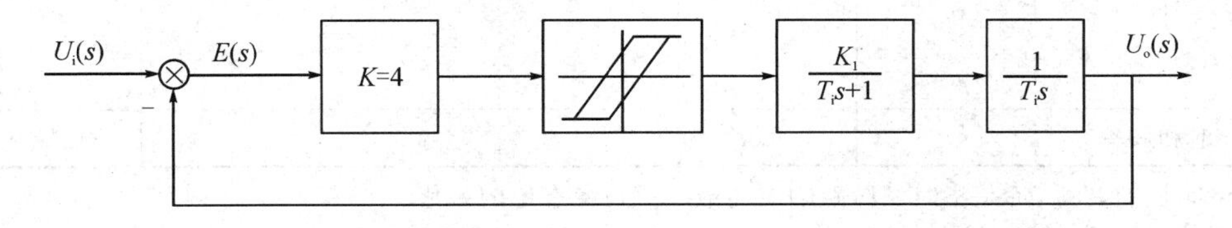

图 5-16　间隙型非线性控制系统

间隙(空回)型非线性控制系统的实验原理如图 5-17 所示。

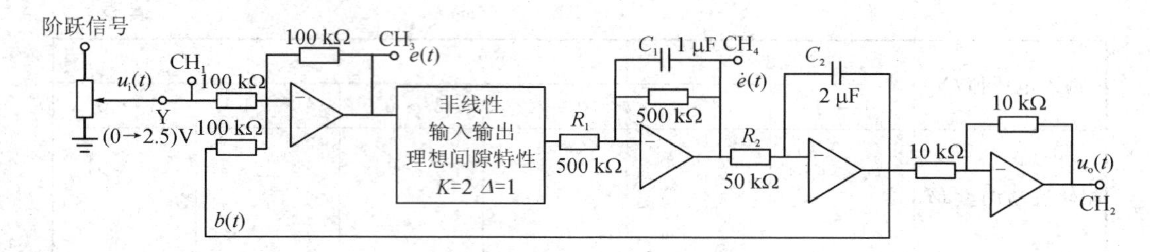

图 5－17　间隙型非线性控制系统模拟电路

5. 实验步骤

(1) 根据原理图 5－17 构造实验电路。

(2) 测量时域响应波形和相应参数。

(3) 将所测得的数据填入实验数据表中。

6. 思考与讨论

将实验结果与理论知识对比，并进行讨论。

7. 实验数据记录

表 5－4 为实验数据记录表。

表 5－4　间隙型非线性控制系统实验数据

输入电压值/V	3		2		1	
	0→3	3→0	0→2	2→0	0→1	1→0
时域超调量 M_p						
相轨迹超调量 M_p						
峰值时间 t_p /s						
饱和斜率						

注：时域超调量 M_p 是指时域阶跃响应的最大值与稳态值的差值。

实验 5.5　继电型非线性三阶控制系统实验

1. 实验目的

(1) 熟悉非线性控制系统的分析方法(描述函数法)；

（2）了解继电型非线性环节对三阶控制系统性能的影响。

2. 实验内容

（1）预习非线性控制系统的重要特征——自激振荡，极限环的产生及性质；

（2）用描述函数法分析非线性控制系统的稳定性和自振荡的原理，求出极限环的振幅和频率（或周期）；

（3）用描述函数法分析继电型非线性三阶控制系统的稳定性，及控制系统的线性部分增益和非线性环节起点对控制系统稳定性的影响；

（4）观察继电型三阶非线性控制系统的相平面图，并验证极限环的振幅和频率计算值。

3. 实验要求

做好预习，根据实验内容中的原理图及结构图的相应参数，计算继电型三阶控制系统自振荡的角频率 ω_A 和振幅 A。

4. 实验原理

1）非线性控制系统的重要特征——自激振荡

非线性控制系统在符合某种条件下，即使没有外界变化信号的作用，也能产生固有振幅和频率的稳定振荡，其振幅和频率由系统本身的特性所决定；如有外界扰动时，只要扰动的振幅在一定的范围内，这种振荡状态仍能恢复。这种自振荡只与系统的结构参数有关，与初始条件无关。对于非线性系统的稳定的自振荡，其振幅和频率是确定的，并且可以测量得到。振幅可用负倒特性曲线 $-1/N(A)$ 曲线的自变量 A 的大小来确定，而振荡频率由线性部分的 $G(j\omega)$ 曲线的自变量 ω 来确定。

注：所得的振幅和频率是非线性环节的输入信号的振幅和频率。

产生自振荡的条件为

$$|G(j\omega)N(A)|=1,\angle G(j\omega)+\angle N(A)=-\pi \tag{5-11}$$

产生自振荡在三阶非线性控制系统中是常见的，因此这里进行详细的说明。

注：线性控制系统虽然也能产生等幅振荡，但这是在临界稳定的情况下才能产生的，一旦系统参数发生微小变化，这种临界状态会被破坏，振荡将消失。在非线性控制系统出现的自振荡现象，在相平面图中将会看到一条封闭曲线，即极限环。在一些复杂的非线性控制系统中，有可能出现两个或两个以上的极限环。

2）用描述函数法分析非线性控制系统

（1）描述函数的定义。非线性环节的描述函数的定义为非线性环节的输入正弦波信号与稳态输出的基波分量的复数比。

描述函数法是非线性控制系统的一种近似分析法。这种方法只能用于分析无外作用的情况下，非线性控制系统的稳定性和自振荡问题。它是一种频域分析法，其实质是应用谐波线性化的方法，通过描述函数将非线性环节的特性线性化，然后用频率法的一些结论来研究非线性控制系统。

描述函数表达了非线性环节对正弦（基波）的传递能力，由于大多数不包含储能元件，它们的输出与输入频率无关，所以常见的描述函数仅是非线性环节输入正弦波信号幅值 A 的函数，用 $N(A)$ 来表示。

非线性控制系统典型的结构图是一个非线性环节和一个线性部分的串联，如图 5-18

所示。

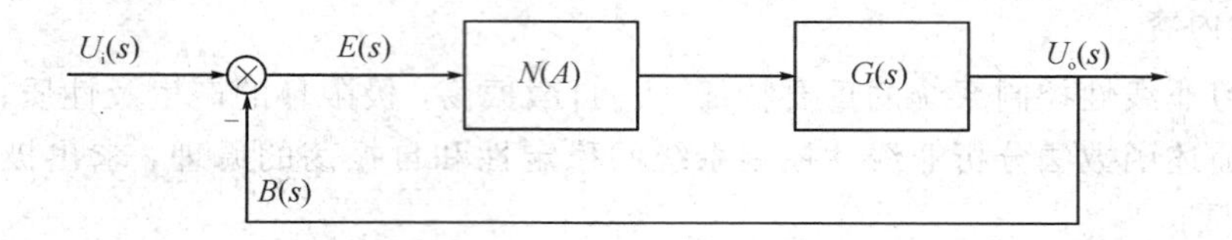

图 5-18　非线性控制系统典型的结构图

由图 5-18 的结构图可以得到线性化后的闭环系统的频率特性为

$$\Phi(\mathrm{j}\omega)=\frac{U_o(\mathrm{j}\omega)}{U_i(\mathrm{j}\omega)}=\frac{N(A)G(\mathrm{j}\omega)}{1+N(A)G(\mathrm{j}\omega)} \tag{5-12}$$

由特征方程 $1+N(A)G(\mathrm{j}\omega)=0$，可以得到：

$$G(\mathrm{j}\omega)=-\frac{1}{N(A)} \tag{5-13}$$

即

$$-\frac{1}{N(A)}=G(\mathrm{j}\omega) \tag{5-14}$$

$-\dfrac{1}{N(A)}$ 称为非线性特性的负倒描述函数。

(2) 描述函数的应用。对比在线性系统分析中，应用奈氏判据，当满足 $G(\mathrm{j}\omega)=-1$ 时，系统是临界稳定的，即系统是等幅振荡状态。显然，式(5-14)中的 $-\dfrac{1}{N(A)}$ 相当于线性系统中的 $(-1,\ \mathrm{j}0)$ 点，其区别在于确定系统产生等幅振荡的临界点不再是一个固定的点，而是随着输入信号幅值 A 变化的一条负倒描述函数曲线。

推广的奈氏判据可叙述如下：在幅相开环频率特性曲线(极坐标图)中，若线性部分的 $G(\mathrm{j}\omega)$ 曲线不包围负倒描述函数 $-\dfrac{1}{N(A)}$ 曲线，则非线性控制系统是稳定的，两者距离越远，稳定程度越高。如线性部分的 $G(\mathrm{j}\omega)$ 曲线与负倒描述函数 $-\dfrac{1}{N(A)}$ 相交，则非线性控制系统中存在着周期运动(极限环)，它可以是稳定的，也可以是不稳定的。

(3) 应用描述函数法的限制条件。

① 非线性控制系统的结构图可以简化为只有一个非线性环节 $N(A)$ 和一个线性部分 $G(S)$ 相串联的典型形式，如图 5-18 所示。

② 非线性环节的输入输出特性是奇对称的，即 $y(x)=-y(-x)$，以保证非线性特征在正弦信号作用下的输出不包含恒定分量，也就是输出响应的平均值为零。

③ 系统的线性部分具有较好的低通滤波性能，这样当正弦波信号输入非线性环节时，输出中高次谐波分量将被大大削弱，因此闭环通道内近似地只有一次谐波信号流通，从而使应用描述函数法所得的分析结果比较正确。

3) 用相平面图分析非线性控制系统

对于二阶系统，相平面图含有系统运动的全部信息；对于高阶系统，相平面图虽然不包含系统运动的全部信息，但是相平面图表征了系统某些状态的运动过程，而用实验法可以直接获得系统的相轨迹，因此它对于高阶系统的研究也是有用的。

4）继电型非线性三阶控制系统

应用描述函数法分析图 5-19 所示的继电型非线性三阶控制系统的稳定性，为此在复平面 $G(s)$ 上分别画出线性部分 $G(j\omega)$ 的轨迹和非线性环节 $-\dfrac{1}{N(A)}$ 的轨迹，然后分析系统的稳定性。若存在极限环，则求出极限环的振幅和频率(或周期)。

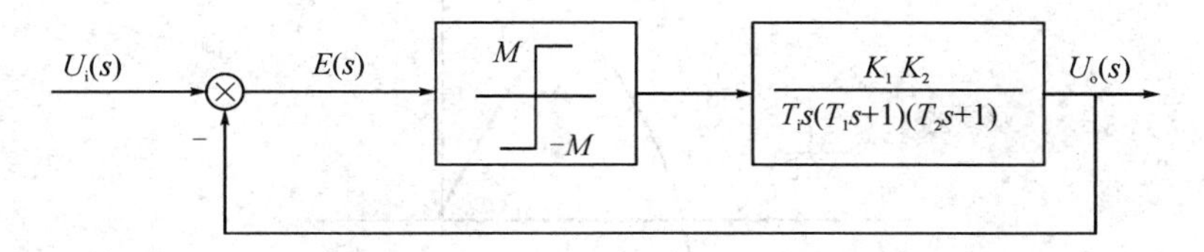

图 5-19　继电型非线性三阶控制系统

系统线性部分的开环传递函数为

$$G(s)=\frac{K_1 K_2}{T_i s(T_1 s+1)(T_2 s+1)} \tag{5-15}$$

继电型非线性三阶控制系统的实验原理图如图 5-20 所示。

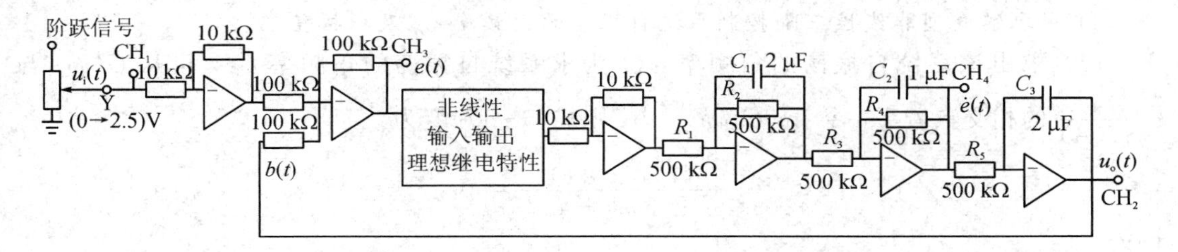

图 5-20　继电型非线性三阶控制系统的模拟电路

图 5-20 所示的模拟电路线性部分的各环节参数中，积分环节的积分时间常数 $T_i=R_5\times C_3=1$ s；惯性环节的惯性时间常数 $T_1=R_2\times C_1=1$ s，$K_1=\dfrac{R_2}{R_1}=1$；惯性环节的惯性时间常数 $T_2=R_4\times C_2=0.5$ s，$K_2=\dfrac{R_4}{R_3}=1$。将这些参数代入式(5-15)，传递函数可简化为

$$G(s)=\frac{1}{s(s+1)(0.5s+1)} \tag{5-16}$$

其频率特性为

$$G(j\omega)=\frac{-6\,\omega^2}{\omega^6+5\,\omega^4+4\,\omega^2}+j\,\frac{(2\,\omega^3-4\omega)}{\omega^6+5\,\omega^4+4\,\omega^2} \tag{5-17}$$

理想继电特性的负倒描述函数为

$$-\frac{1}{N(A)}=-\frac{\pi A}{4M} \tag{5-18}$$

当 $A=0$ 时，$-\dfrac{1}{N(A)}=0$；当 $A=\infty$ 时，$-\dfrac{1}{N(A)}=\infty$。实际上，理想继电特性负倒特性曲线，即 $-\dfrac{1}{N(A)}$ 曲线就是整个负实轴。

图 5-21 示出了继电型非线性三阶控制系统的幅相开环频特性曲线(极坐标图)、非线

性环节负倒特性曲线 $-\frac{1}{N(A)}$ 的轨迹及线性部分 $G(\mathrm{j}\omega)$ 的轨迹。从图中可以看出，两者必定相交，即该控制系统中必定存在着周期运动(极限环)。

设两轨迹相交于点 A，可用描述函数法判断出系统存在稳定的极限环。

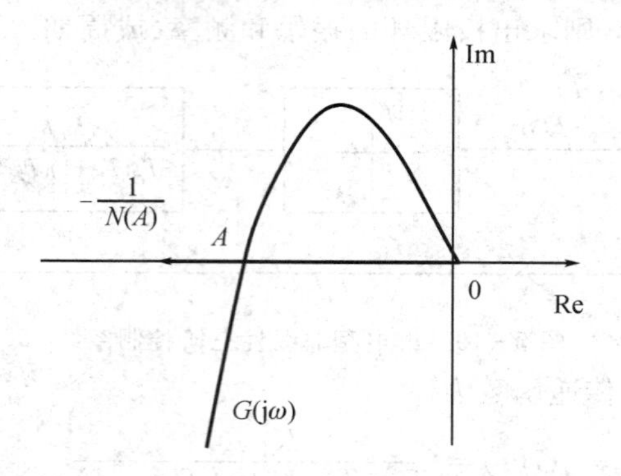

图 5-21 继电型非线性三阶控制系统 $-\frac{1}{N(A)}$ 和 $G(\mathrm{j}\omega)$ 的轨迹

5) 求取继电型非线性三阶控制系统自振荡的角频率 ω_A 及振幅值 A

(1) 求出该系统自振荡的角频率 ω_A。为求系统自振荡的角频率 ω_A，可从 $G(\mathrm{j}\omega)$ 与 $-\frac{1}{N(A)}$ 的相交点着手，令 $\mathrm{Im}[G(\mathrm{j}\omega)=0$，则式(5-17)变为

$$\frac{(2\omega^3-4\omega)}{\omega^6+5\omega^4+4\omega^2}=0$$

则有：

$$(2\omega^3-4\omega)=0 \tag{5-19}$$

据式(5-19)可求出该系统自振荡的角频率 $\omega_A=1.414$ rad/s。

(2) 求出该系统线性部分 $G(\mathrm{j}\omega)$ 的轨迹与负实轴的相交点。再令 $\mathrm{Im}[G(\mathrm{j}\omega)]=0$，并且将 $\omega_A=1.414$ rad/s 代入式(5-19)，则有

$$\mathrm{Re}[G(\mathrm{j}\omega)]=\frac{-6\omega^2}{\omega^6+5\omega^4+4\omega^2}\Big|_{\omega=1.414}=-0.3333$$

(3) 求出该系统自振荡的振幅值 A。由于理想继电特性负倒特性曲线，即 $-\frac{1}{N(A)}$ 曲线就是整个负实轴，因此两轨迹相交点的系统负倒描述函数值 $-\frac{1}{N(A)}=G(\mathrm{j}\omega)=-0.333$。按 $M=3.6$ 和 $-\frac{1}{N(A)}=G(\mathrm{j}\omega)=-0.333$ 代入式(5-18)，可得到自振荡角频率的振幅值 $A=1.57$。

5. 实验步骤

(1) 根据原理图 5-20 构造实验电路。

(2) 观察系统阶跃响应，被测系统输出的时域及相平面图。

(3) 测量自激振荡(极限环)的振幅和周期，将所测得的数据填入实验数据表 5-5 中。

6. 思考与讨论

将实验结果与理论知识对比，并进行讨论。

7. 实验数据记录（M=3.6 V、0→+2.5 V 阶跃）

表5-5为实验数据记录表。

表5-5　继电型三阶非线性控制系统实验数据

继电限值幅/V	3.7		3		2		1	
	计算值	测量值	计算值	测量值	计算值	测量值	计算值	测量值
振荡振幅								
振荡周期								

实验5.6　饱和型非线性三阶控制系统实验

1. 实验目的

(1) 熟悉非线性控制系统的分析方法(描述函数法)；

(2) 了解饱和型非线性环节对三阶控制系统性能的影响。

2. 实验内容

(1) 预习非线性控制系统的重要特征——自激振荡、极限环的产生及性质；

(2) 用描述函数法分析非线性控制系统的稳定性和自振荡的原理，求出极限环的振幅和频率(或周期)；

(3) 用描述函数法分析继电型非线性三阶控制系统的稳定性，及控制系统的线性部分增益和非线性环节起点对控制系统稳定性的影响；

(4) 观察饱和型三阶非线性控制系统的相平面图，并验证极限环的振幅和频率计算值。

3. 实验要求

做好预习，根据实验内容中的原理图及结构图的相应参数，计算饱和型三阶控制系统自振荡的角频率 ω_A 和振幅值 A。

4. 实验原理

饱和型非线性三阶控制系统的方框图如图5-22所示。

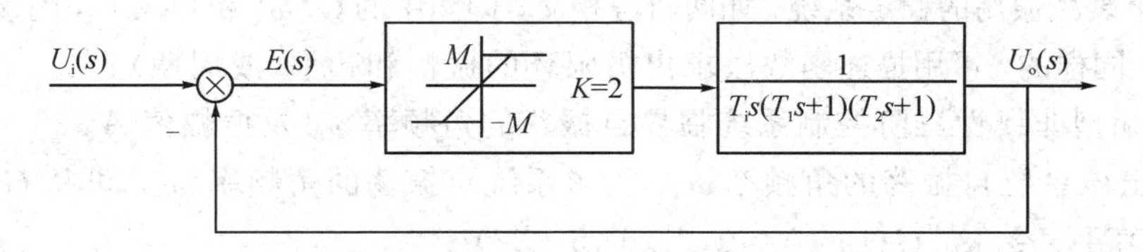

图5-22　饱和型非线性三阶控制系统

系统线性部分的开环传递函数为

$$G(s)=\frac{K_1K_2}{T_i s(T_1 s+1)(T_2 s+1)} \tag{5-20}$$

饱和型非线性三阶控制系统的实验原理图如图5-23所示。

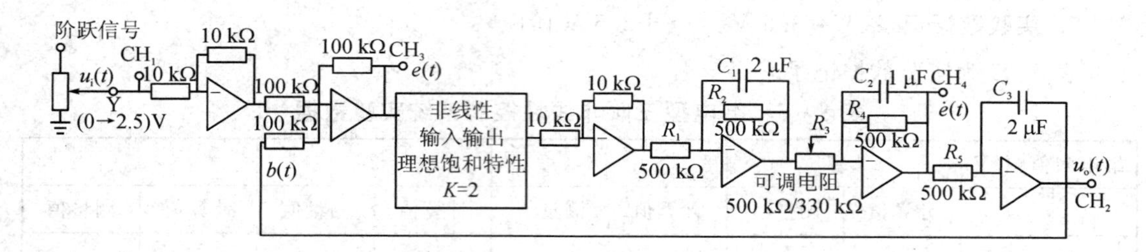

图 5-23 饱和型非线性三阶控制系统的模拟电路图

图 5-23 所示的模拟电路线性部分的各环节参数中，积分环节的积分时间常数 $T_i = R_5 \times C_3 = 1\ \text{s}$；惯性环节的惯性时间常数 $T_1 = R_2 \times C_1 = 1\ \text{s}$，$K_1 = \dfrac{R_2}{R_1} = 1$；惯性环节的惯性时间常数 $T_2 = R_4 \times C_2 = 0.5\ \text{s}$，$K_2 = \dfrac{R_4}{R_3} = \dfrac{500\ \text{k}\Omega}{R_3}$。将这些参数代入式(5-20)，则传递函数可简化为

$$G(s) = \frac{K_1 K_2}{s(s+1)(0.5s+1)} \tag{5-21}$$

其频率特性为

$$G(\mathrm{j}\omega) = K_1 K_2 \left(\frac{-6\omega^2}{\omega^6 + 5\omega^4 + 4\omega^2} + \mathrm{j}\frac{(2\omega^3 - 4\omega)}{\omega^6 + 5\omega^4 + 4\omega^2} \right) \tag{5-22}$$

控制系统中的非线性环节为饱和型非线性环节，其斜率 $k=2$，限幅值 $M=3.6$ V。

饱和非线性环节系统的描述函数为

$$N(A) = \frac{2k}{\pi}\left[\arcsin\frac{a}{A} + \frac{a}{A}\sqrt{1-\left(\frac{a}{A}\right)^2} \right] \tag{5-23}$$

式(5-23)中：k 为饱和型非线性环节中线性部分的斜率；a 为宽度，即 $a = \dfrac{M}{k}$。负倒特性曲线的起点($A=a$)为

$$-\frac{1}{N(A)} = -\frac{1}{k} \tag{5-24}$$

图 5-24 示出了饱和型非线性三阶控制系统的幅相开环频特性曲线(极坐标图)、非线性环节负倒特性曲线 $-\dfrac{1}{N(A)}$ 的轨迹及线性部分 $G(\mathrm{j}\omega)$ 的轨迹。如两轨迹不相交，即图中的 $G(\mathrm{j}\omega)1$，则该系统是个衰减振荡的稳定系统；如两轨迹相交，即图中的 $G(\mathrm{j}\omega)$ 和 $G(\mathrm{j}\omega)2$，则该系统将存在稳定极限环。同样的，可用描述函数法求出极限环的振幅和频率(或周期)。

求取饱和型非线性三阶控制系统临界自振荡的角频率 ω_A 及振幅值 A。

(1) 求出该系统自振荡的角频率 ω_A。为求系统自振荡的角频率 ω_A，可从 $G(\mathrm{j}\omega)$ 与负实轴的相交点着手，令 $\mathrm{Im}[G(\mathrm{j}\omega)] = 0$，则式(5-22)变为

$$\frac{(2\omega^3 - 4\omega)}{\omega^6 + 5\omega^4 + 4\omega^2} = 0$$

则有：

$$(2\omega^3 - 4\omega) = 0 \tag{5-25}$$

根据式(5-25)可求出该系统自振荡的角频率 $\omega_A = 1.414$ rad/s。

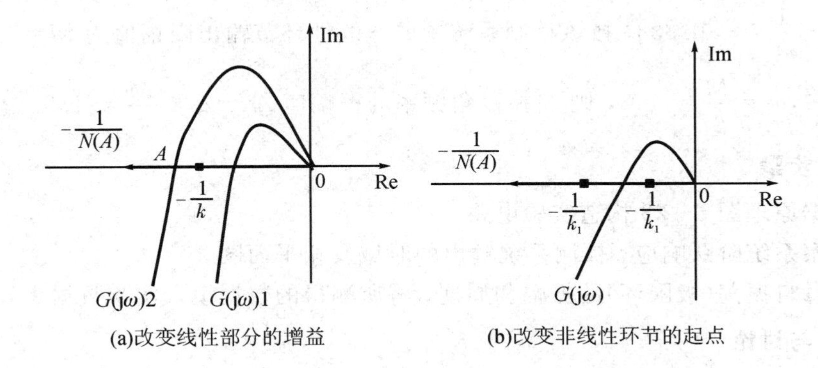

(a)改变线性部分的增益　(b)改变非线性环节的起点

图 5 - 24　饱和型非线性三阶控制系统 $-\frac{1}{N(A)}$ 和 $G(j\omega)$ 的轨迹

(2) 求出该系统线性部分 $G(j\omega)$ 的轨迹与负实轴的相交点。再令 $\mathrm{Im}[G(j\omega)]=0$，并且将 $\omega_A=1.414$ rad/s 代入式(5 - 22)，则可求出

$$\mathrm{Re}[G(j\omega)]=K_1K_2\left(\frac{-6\omega^2}{\omega^6+5\omega^4+4\omega^2}\right)\bigg|_{\omega=1.414}=-0.3333k_1 \tag{5-26}$$

(3) 求出系统负倒特性曲线的起点。按该控制系统中的非线性环节斜率 $k=2$，根据式(5 - 24)可求出负倒特性曲线的起点为 -0.5。

(4) 判断该系统的稳定性。该系统负倒特性曲线的起点为 -0.5，与式(5 - 26)的计算结果相比较，可知负倒特性曲线的起点在 $G(j\omega)$ 与负实轴相交点的左边，即 $G(j\omega)$ 与负倒特性曲线 $-\frac{1}{N(A)}$ 不相交，则系统为稳定系统，系统极限环不存在，如图 5 - 24(a)中的 $G(j\omega)1$ 所示。

(5) 线性部分的增益对控制系统极限环的影响。由于该系统负倒特性曲线的起点为 -0.5，如增大线性部分的增益，使 $\mathrm{Re}[G(j\omega_A)]\leqslant-\frac{1}{k}$，才能使 $G(j\omega)$ 的曲线包围 $-\frac{1}{N(A)}$ 线，则系统将产生极限环，如图 5 - 24(a)中的 $G(j\omega)2$ 所示。

因为 $K_1=\frac{R_1}{R_2}=1$，$K_2=\frac{R_4}{R_3}$，$R_4=500$ kΩ，为使 $\mathrm{Re}[G(j\omega_A)]\leqslant-\frac{1}{k}$，则增益 $k_1\times k_2\geqslant1.5$，$R_3\leqslant330$ kΩ。令 $R_3=330$ kΩ，得增益 $k_1\times k_2=1.515$，可求出该系统自振荡的振幅值 A，即按该控制系统中的饱和型非线性环节输出限幅值为 $M=3.6$ V，斜率 $k=2$，则自振荡角频率的振幅值 $A=a=\frac{M}{k}\approx1.8$。

(6) 非线性环节的负倒描述函数起点对控制系统极限环的影响。由于该系统线性部分 $G(j\omega)$ 的轨迹与负实轴的相交点为 -0.3333，如改变非线性环节负倒描述函数的起点，使其起点 $\geqslant-0.3333$，使负倒特性曲线的起点从 $-\frac{1}{k_1}$ 点移动到 $-\frac{1}{k_2}$ 点，且 $-\frac{1}{k_2}\geqslant\mathrm{Re}[G(j\omega_A)]$，才能使 $G(j\omega)$ 的曲线包围 $-\frac{1}{N(A)}$ 线，则系统会产生极限环，如图 5 - 24(b)中的 $G(j\omega)$ 所示。

求出该系统自振荡的振幅值 A：按“饱和特性”输出限幅值为 $M=3.6$ V，$k=3$，

$-\dfrac{1}{N(A)}=-\dfrac{1}{k}=-0.333$，按该控制系统中的非线性环节输出限幅值为 $M=3.6$ V，斜率 $k=3$，$k=\dfrac{M}{a}$，$a=\dfrac{M}{k}=1.2$，则自振荡角频率的振幅值 $A=a=\dfrac{M}{k}=1.2$。

5. 实验步骤

(1) 根据原理图 5-23 构造实验电路。

(2) 观察系统阶跃响应、被测系统输出的时域及相平面图。

(3) 测量自振荡(极限环)的振幅和周期，将所测得的数据填入实验数据表 5-6 中。

6. 思考与讨论

将实验结果与理论知识对比，并进行讨论。

7. 实验数据记录($M=3.6$ V、0→+2.5 V 阶跃)

将求出的自振荡角频率 ω_A 或周期 T、自振荡角频率振幅值 A 的理论计算值填入表 5-6 中，同时将实验结果也填入表 5-6。

表 5-6　实验理论和实测数据

线性部分	非线性部分	角频率 ω_A/(rad/s)	周期 T/s	振幅 A/V
		测量值 / 理论值	测量值 / 理论值	测量值 / 理论值
$G(j\omega)=\dfrac{K}{j\omega(j\omega+1)(0.5j\omega+1)}$	继电型	/ 1.414	/ 4.44	/ 1.57
	饱和型 $K=1.51$	/ 1.414	/ 4.44	/ 1.8
	饱和型 $K=3$	/ 1.414	/ 4.44	/ 1.2

测量自振荡(极限环)的振幅和频率，填入实验报告表 5-7 中(设饱和型非线性环节的限幅值 $M=3.6$ V，输入都是 0→+2.5 V 阶跃，分别改变 C_1 和 C_3。

表 5-7　测量自振荡的振幅和频率

线性增益 K	惯性常数 T	积分常数 T_i	非线性环节斜率 k	极限环			
				振幅		频率	
				计算值	测量值	计算值	测量值
1	1	1					
	0.5						
		0.5					

续表

<table>
<tr><td rowspan="3">线性增益 K</td><td rowspan="3">惯性常数 T</td><td rowspan="3">积分常数 T_i</td><td rowspan="3">非线性环节斜率 k</td><td colspan="4">极限环</td></tr>
<tr><td colspan="2">振幅</td><td colspan="2">频率</td></tr>
<tr><td>计算值</td><td>测量值</td><td>计算值</td><td>测量值</td></tr>
<tr><td rowspan="3">1.51</td><td>1</td><td rowspan="2">1</td><td></td><td></td><td></td><td></td><td></td></tr>
<tr><td rowspan="2">0.5</td><td></td><td></td><td></td><td></td><td></td></tr>
<tr><td>0.5</td><td></td><td></td><td></td><td></td><td></td></tr>
</table>

注意：

(1) 为了观察方便，以上实验中，该控制系统中的饱和型非线性环节输出限幅值为 $M=3.6$ V。输入都是在 0→+2.5 V 阶跃的情况下进行的，如果用户要改变限幅值 M，或阶跃输入，则必须保证：实验被控系统的输入＞饱和型非线性环节的斜率 $k\times$限幅值 M(保证饱和型非线性环节正常输出)。

(2) 在另行构建实验被控系统时，要仔细观察实验被控系统中各线性部分的输出，不能有限幅现象(−10 V)≤输出≤+10 V，避免新增加饱和型非线性环节。

实验 5.7　线性系统的状态反馈及极点配置实验

1. 实验目的

(1) 了解和掌握状态反馈及极点配置的原理；

(2) 了解和掌握利用矩阵法及传递函数法计算状态反馈及极点配置的原理与方法。

2. 实验内容

(1) 预习状态全反馈改善系统性能的原理和状态观测器的模拟实现方法；

(2) 在被控系统中进行状态反馈及极点配置，以构建一个性能满足指标要求的新系统；

(3) 用全状态反馈实现二阶系统极点的任意配置，并用电路模拟实验和软件仿真予以实现。

3. 实验要求

(1) 做好预习，掌握利用系统内部状态反馈来改造系统极点分布的原理；

(2) 根据实验内容中的原理图及结构图的相应参数，分析受控系统的可控性，同时写出其状态方程和输出方程；

(3) 计算闭环极点的位置，并绘制根轨迹图；

(4) 设计状态反馈参数，并构建状态反馈后系统，画出状态反馈后系统的模拟电路图。

4. 实验原理

由于控制系统的动态性能主要取决于它的闭环极点在 S 平面上的位置，因而人们常把对系统动态性能的要求转化为一组希望的闭环极点。一个单输入单输出的 N 阶系统，如果仅靠系统的输出量进行反馈，显然不能使系统的 n 个极点位于所希望的位置。基于一个 N 阶系统有 N 个状态变量，如果把它们作为系统的反馈信号，则在满足一定的条件下就能实现对系统极点的任意配置，这个条件就是系统能控。理论证明，通过状态反馈的系统，其动态性能一定要优于只有输出反馈的系统。

一个控制系统的性能是否满足要求，需要通过解的特征进行评价。也就是说，当传递函数是有理函数时，它的全部信息几乎都集中表现为它的极点、零点及传递函数。因此若被控系统完全能控，则可以通过状态反馈任意配置极点，使被控系统达到期望的时域性能指标。

设有被控系统如图 5-25 所示，它是一个二阶闭环系统。

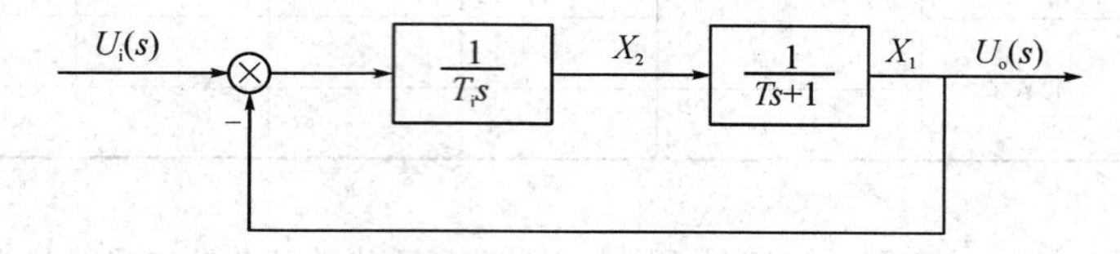

图 5-25　被控系统

图 5-25 所示的被控系统的传递函数为

$$\begin{aligned}\Phi(s) &= \frac{1}{T_i s(Ts+1)+1} \\ &= \frac{1}{T_i T s^2 + T_i s + 1} \\ &= \frac{b_0}{s^2 + a_1 s + a_0}\end{aligned} \tag{5-27}$$

采用零极点表达式为

$$\Phi(s) = \frac{b_0}{(s-\lambda_1)(s-\lambda_2)} \tag{5-28}$$

进行状态反馈后，如图 5-26 所示，图中输入增益阵 L 是用来满足静态要求的。

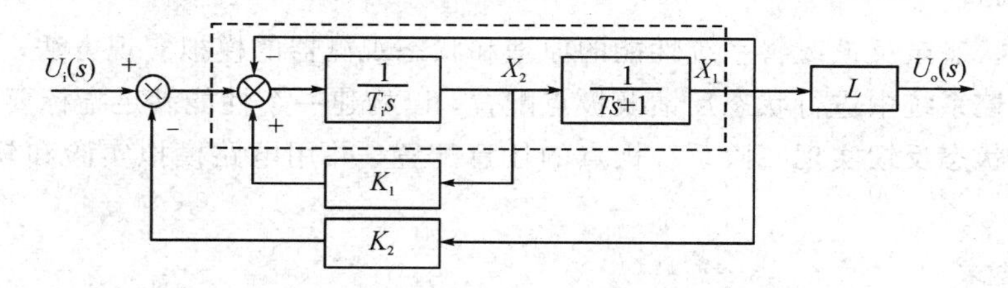

图 5-26　状态反馈后的被控系统

设状态反馈后零极点表达式为

$$\Phi(s) = \frac{b_0}{(s-\lambda_1^*)(s-\lambda_2^*)} \tag{5-29}$$

1）矩阵法计算状态反馈及极点配置

（1）被控系统。

被控系统状态系统变量图如图 5-27 所示。

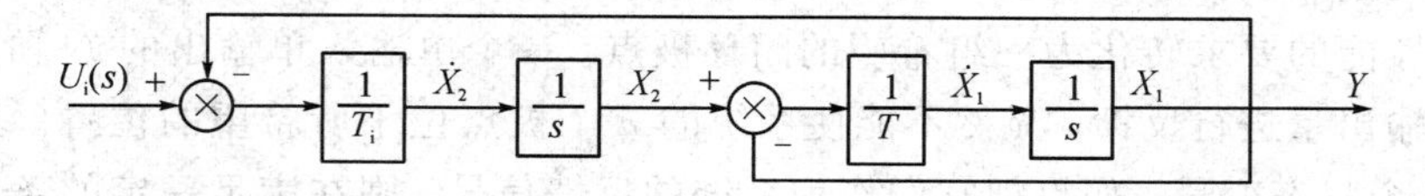

图 5-27　被控系统状态系统变量

状态反馈后的被控系统状态系统变量图如图 5－28 所示。

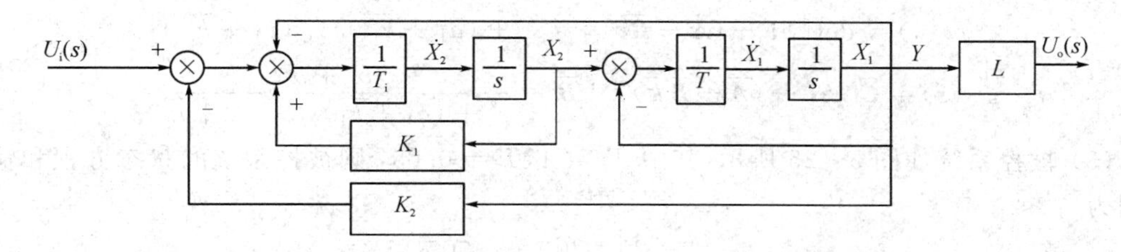

图 5－28　状态反馈后的被控系统状态系统变量图

图 5－25 的被控系统的状态方程和输出方程为

$$\begin{cases}\dot{\boldsymbol{X}}_1 = \dfrac{1}{T}\boldsymbol{X}_1 + \dfrac{1}{T}\boldsymbol{X}_2 \\ \dot{\boldsymbol{X}}_2 = \dfrac{1}{T_{\mathrm{i}}}\boldsymbol{X}_1 + \dfrac{1}{T_{\mathrm{i}}}u \\ \boldsymbol{Y} = \boldsymbol{X}_1\end{cases} \tag{5－30}$$

$$\sum\nolimits_0 \boldsymbol{A},\ \boldsymbol{B},\ \boldsymbol{C} = \begin{cases}\boldsymbol{X} = \boldsymbol{A}\boldsymbol{x} + \boldsymbol{B}u \\ \boldsymbol{Y} = \boldsymbol{C}\boldsymbol{x}\end{cases} \tag{5－31}$$

式中：$\boldsymbol{x} = \begin{bmatrix} x_1 \\ x_2 \end{bmatrix}$；$\boldsymbol{A} = \begin{bmatrix} -\dfrac{1}{T} & \dfrac{1}{T} \\ -\dfrac{1}{T_{\mathrm{i}}} & 0 \end{bmatrix}$；$\boldsymbol{B} = \begin{bmatrix} 0 \\ \dfrac{1}{T_{\mathrm{i}}} \end{bmatrix}$；$\boldsymbol{C} = [1 \quad 0]$。

被控系统的特征多项式和传递函数分别为

$$\Phi_{\mathrm{o}}(s) = \frac{b_1 s + b_0}{s^2 + a_1 s + a_0} = \boldsymbol{C}(\boldsymbol{SI} - \boldsymbol{A})^{-1}\boldsymbol{B} \tag{5－32}$$

$$f_{\mathrm{o}}(s) = s^2 + a_1 s + a_0 = \det(\boldsymbol{SI} - \boldsymbol{A}) \tag{5－33}$$

可通过如下变换(设 $\boldsymbol{P}$ 为能控标准型变换矩阵)：

$$\boldsymbol{X} = \boldsymbol{P}\overline{\boldsymbol{x}} \tag{5－34}$$

将 $\sum_0(\boldsymbol{A},\ \boldsymbol{B},\ \boldsymbol{C})$ 化为能控标准型 $\overline{\sum}(\overline{\boldsymbol{A}},\ \overline{\boldsymbol{B}},\ \overline{\boldsymbol{C}})$，即

$$\begin{cases}\overline{\boldsymbol{X}} = \overline{\boldsymbol{A}}\,\overline{\boldsymbol{x}} + \overline{\boldsymbol{B}}u \\ \boldsymbol{Y} = \overline{\boldsymbol{C}}\,\overline{\boldsymbol{x}}\end{cases} \tag{5－35}$$

式中：$\overline{\boldsymbol{A}} = \boldsymbol{P}^{-1}\boldsymbol{A}\boldsymbol{P} = \begin{bmatrix} 0 & 1 \\ -a_0 & -a_1 \end{bmatrix}$；$\overline{\boldsymbol{B}} = \boldsymbol{P}^{-1}\boldsymbol{B} = \begin{bmatrix} 0 \\ 1 \end{bmatrix}$；$\overline{\boldsymbol{C}} = \boldsymbol{C}\boldsymbol{P} = [b_0 \quad b_1]$。

(2) 被控系统针对能控标准型 $\overline{\sum}(\overline{\boldsymbol{A}},\ \overline{\boldsymbol{B}},\ \overline{\boldsymbol{C}})$ 引入状态反馈，即

$$u = \nu - \overline{\boldsymbol{k}}\,\overline{\boldsymbol{x}} \tag{5－36}$$

式中：$\overline{\boldsymbol{k}} = [\overline{\boldsymbol{k}}_0 \quad \overline{\boldsymbol{k}}_1]$，可求得对 $\overline{\boldsymbol{x}}$ 的闭环系统 $\sum(\overline{\boldsymbol{A}} - \overline{\boldsymbol{B}}\overline{\boldsymbol{k}},\ \overline{\boldsymbol{B}},\ \overline{\boldsymbol{C}})$ 的状态空间表达式仍为能控标准型，即

$$\begin{cases}\overline{\boldsymbol{X}} = (\overline{\boldsymbol{A}} - \overline{\boldsymbol{B}}\,\overline{\boldsymbol{k}})\overline{\boldsymbol{x}} + \overline{\boldsymbol{B}}u \\ \boldsymbol{Y} = \overline{\boldsymbol{C}\boldsymbol{x}}\end{cases} \tag{5－37}$$

式中：$\overline{\boldsymbol{A}} - \overline{\boldsymbol{B}}\,\overline{\boldsymbol{k}} = \begin{bmatrix} 0 & 1 \\ -(a_0 + \overline{k}_0) & -(a_1 + \overline{k}_1) \end{bmatrix}$

则闭环系统 $\overline{\sum}(\overline{A}-\overline{B}\overline{k}, \overline{B}, \overline{C})$ 的特征多项式和传递函数分别为

$$f_k(s)=\det[SI-(\overline{A}-\overline{B}\overline{k})]=s^2+(a_1+\overline{k_1})s+(a_1+\overline{k_0}) \tag{5-38}$$

$$\Phi_k(s)=\overline{C}[SI-(\overline{A}-\overline{B}\overline{k})]^{-1}\overline{B}=\frac{b_1+b_0}{s^2+(a_1+\overline{k_1})s+(a_1+\overline{k_0})} \tag{5-39}$$

(3) 被控系统如图 5-25 所示，其中 $T_i=1, T=0.05$，则被控系统的状态方程和输出方程为

$$\dot{X}=\begin{bmatrix}-20 & 20\\ -1 & 0\end{bmatrix}X+\begin{bmatrix}0\\1\end{bmatrix}u \tag{5-40}$$

$$Y=[1 \quad 0]X$$

期望性能指标为：超调量 $\delta\%\leqslant 20\%$，峰值时间 $t_p\leqslant 0.5$ s。

$$\Phi(s)=\frac{\omega_n^2}{s^2+2\xi\omega_n s+\omega_n^2} \tag{5-41}$$

由 $\delta\%=e^{-\xi\pi/\sqrt{1-\xi^2}}\leqslant 20\%$，得 $\xi=0.456$，取 $\xi=0.46$，则 $t_p=\dfrac{\pi}{\omega_n\sqrt{1-\xi^2}}\leqslant 0.5$，得 $\omega_n\geqslant 7$，取 $\omega_n=10$，可写出期望特征多项式为

$$P^*(s)=s^2+9.2s+100=s^2+a_1^*s+a_0^*=(s-\lambda_1^*)(s-\lambda_2^*) \tag{5-42}$$

因此，根据性能指标确定系统的期望极点为

$$\begin{cases}\lambda_1^*=-4.6+8.88\mathrm{j}\\ \lambda_2^*=-4.6-8.88\mathrm{j}\end{cases} \tag{5-43}$$

令 $f_k(s)=P^*(s)$，可解出能控标准型 $\overline{\sum}(\overline{A}, \overline{B}, \overline{C})$，使闭环极点配置到期望极点的状态反馈增益矩阵为

$$\overline{k}=[\overline{k}_0 \quad \overline{k}_1]=[a_0^*-a_0 \quad a_1^*-a_1]=[80 \quad -10.8] \tag{5-44}$$

将 $X=P\overline{x}$ 代入式(5-36)，得

$$u=\nu-\overline{k}\,\overline{x}=\nu-\overline{k}P^{-1}x=\nu-kx$$

则原被控系统 $\sum_0(A, B, C)$ 即对应于状态 X，引入状态反馈使闭环极点配置到期望极点的状态反馈增益矩阵为

$$K=\overline{k}P^{-1}$$

$$P=[B \quad AB]\begin{bmatrix}a_1 & 1\\ 1 & 0\end{bmatrix}=\begin{bmatrix}0 & 20\\ 1 & 0\end{bmatrix}\begin{bmatrix}20 & 1\\ 1 & 0\end{bmatrix}=\begin{bmatrix}20 & 0\\ 20 & 1\end{bmatrix}$$

$$P^{-1}=\begin{bmatrix}20 & 0\\ 20 & 1\end{bmatrix}^{-1}=\frac{P^*}{|P|}=\frac{\begin{bmatrix}1 & 0\\ -20 & 20\end{bmatrix}}{20}=\begin{bmatrix}\frac{1}{20} & 0\\ -1 & 1\end{bmatrix}$$

$$K=[\overline{k_0} \quad \overline{k_1}]P^{-1}=[80 \quad -10.8]\begin{bmatrix}\frac{1}{20} & 0\\ -1 & 1\end{bmatrix}=[14.8 \quad -10.8]$$

增益阵 L 是用来满足静态要求的，可取 $L=5$，设计实验连线如图 5-31 所示的极点配

置后系统的模拟电路。

2）传递函数法计算状态反馈量

对于二阶闭环系统，还可以用传递函数法简便地进行状态反馈，以达到期望的性能指标。

（1）被控系统。

如图 5－25 所示的二阶闭环系统的传递函数为

$$\begin{aligned}\Phi(s) &= \frac{1}{T_i s(Ts+1)+1} \\ &= \frac{1}{T_i T s^2 + T_i s + 1} \\ &= \frac{b_0}{s^2 + a_1 s + a_0}\end{aligned} \quad (5-45)$$

（2）状态反馈后的被控系统。

状态反馈后的系统如图 5－29 所示。

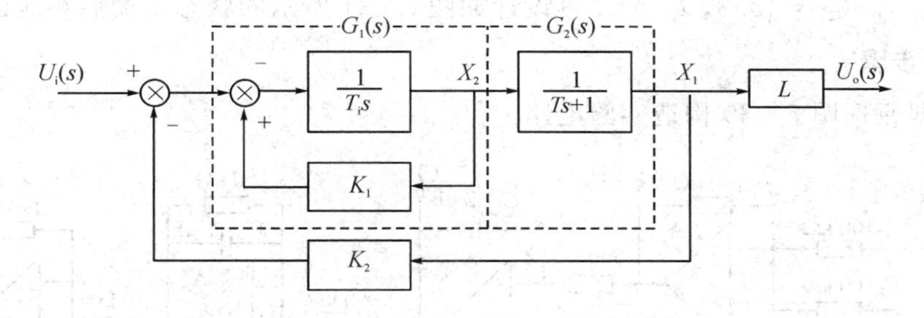

图 5－29　状态反馈后的系统结构图

根据图 5－29 列出状态反馈后的被控系统的传递函数为

$$G_1(s) = \frac{\dfrac{1}{T_i s}}{\dfrac{1-K_1}{T_i s}} = \frac{1}{T_i s - K_1} \qquad G_2(s) = \frac{1}{Ts-1} \quad (5-46)$$

注：$G_1(s)$是一个带正反馈的闭环系统，$G(s)_2$ 是一个惯性环节。

$$\begin{aligned}\Phi(s) &= \frac{G_1(s)G_2(s)}{1+G_1(s)G_2(s)K_2} \\ &= \frac{1}{(T_i s - K_1)(Ts+1)+K_2} \\ &= \frac{\dfrac{1}{T_i T}}{s^2 + \dfrac{T_i - K_1 T}{T_i T}s + \dfrac{K_2 - K}{T_i T}}\end{aligned} \quad (5-47)$$

与式(5－45)比对可知：

$$a_1 = \frac{T_i - K_1 T}{T_i T} \quad a_0 = \frac{K_2 - K_1}{T_i T} \qquad b_0 = \frac{1}{T_i T} = \frac{a_0}{K_2 - K_1} \quad (5-48)$$

显然，状态反馈后的被控系统的闭环增益降低了$(K_2 - K_1) \times 100\%$，为了满足静态要求，须增加“增益阵”L,即

$$L = K_2 - K_1 \tag{5-49}$$

根据式(5-47)和(5-48)求出 K_1、K_2 和 L，设计状态反馈后系统的模拟电路。

(3) 被控系统如图 5-25 所示，其中 $T_i = 1$，$T = 0.05$，则系统传递函数为

$$\Phi(s) = \frac{1}{T_i s(Ts+1)+1} \tag{5-50}$$

如图 5-25 所示的被控系统，若期望性能指标校正为：超调量 $\delta\% \leqslant 20\%$，峰值时间 $t_p \leqslant 0.5$ s。由 $\delta\% = e^{-\xi\pi/\sqrt{1-\xi^2}} \leqslant 20\%$，得 $\xi = 0.456$，取 $\xi = 0.46$；$t_p = \dfrac{\pi}{\omega_n\sqrt{1-\xi^2}} \leqslant 0.5$，$\omega_n \geqslant 7$，取 $\omega_n = 10$，可写出期望特征多项式为

$$\Phi(s) = \frac{\omega_n^2}{s^2 + 2\xi\omega_n s + \omega_n^2} = \frac{100}{s^2 + 9.2s + 100} \tag{5-51}$$

按图 5-29 进行状态反馈。将式(5-31)的结果代入式(5-47)、(5-48)和(5-49)，求出：$K_1 = 10.8$，$K_2 = 15.8$，$L = 5$，可设计如图 5-31 所示的状态反馈后系统的模拟电路。

5. 实验步骤

(1) 根据原理图 5-30 构造实验电路。

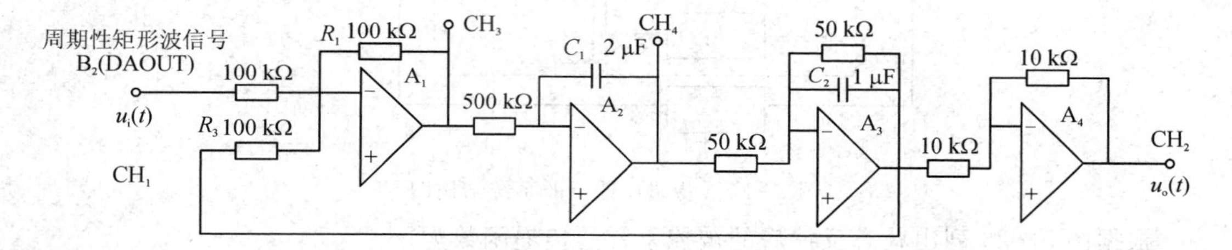

图 5-30 状态反馈前系统的模拟电路

① 观察状态反馈前系统。观察系统阶跃响应，在系统输出的时域特性曲线上测量其超调量、峰值时间、上升时间及调节时间。

② 观察状态反馈后系统。根据如图 5-30 所示的被控系统，若期望性能指标校正为：超调量 $\delta\% \leqslant 20\%$，峰值时间 $t_p \leqslant 0.5$ s，设计状态反馈后系统的模拟电路如图 5-31 所示。经计算要求反馈系数 $K_1 = -10.8 = R_1/R_2$，$R_1 = 200$ kΩ，则 $R_2 = 9.3$ kΩ；反馈系数 $K_2 = 15.8 = R_1/R_3$，$R_1 = 100$ kΩ，则 $R_3 = 6.3$ kΩ。

观察系统阶跃响应，在系统输出的时域特性曲线测量其超调量、峰值时间、上升时间及调节时间($\delta\% < 20\%$，$t_p = 0.36$ s)。很明显，经过状态反馈后，系统的超调量和峰值时间可满足期望的性能指标。

(2) 观察系统阶跃响应，测量状态反馈前、后的时域特性曲线，观测校正后的超调量 $\delta\%$、峰值时间 t_p、上升时间 t_r 及调整时间 t_s。

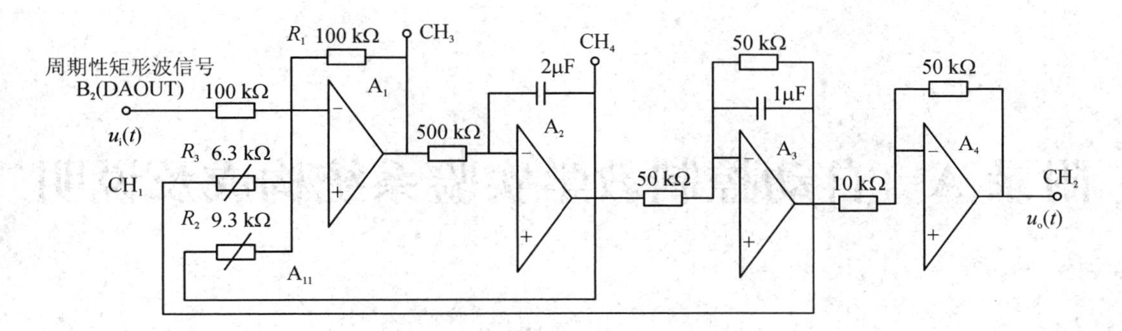

图 5-31　状态反馈后系统的模拟电路

6. 思考与讨论

将实验结果与理论知识对比，并进行讨论。

7. 记录实验数据

表 5-8 为实验数据记录表。

表 5-8　状态反馈及极点配置实验数据

被控系统参数		超调量 δ%	峰值时间 t_p	测量值	
积分常数 T_i	惯性常数 T	（设计目标）	（设计目标）	超调量 δ%	峰值时间 t_p
1	0.05	＜20%	＜0.5		
		＜5%	＜0.5		
0.4		＜20%	＜0.5		
		＜5%	＜0.5		

<table>
<tr><td colspan="2">系统</td><td>$u_o(t_p)$</td><td>$u_o(\infty)$</td><td>δ%</td><td>t_r</td><td>t_s</td><td>t_p</td></tr>
<tr><td colspan="2">极点配置前</td><td></td><td></td><td></td><td></td><td></td><td></td></tr>
<tr><td colspan="2">极点配置后</td><td></td><td></td><td></td><td></td><td></td><td></td></tr>
<tr><td colspan="2">极点配置前</td><td></td><td></td><td></td><td></td><td></td><td></td></tr>
<tr><td colspan="2">极点配置后</td><td></td><td></td><td></td><td></td><td></td><td></td></tr>
<tr><td rowspan="2">阶跃响应曲线</td><td>极点配置前</td><td colspan="3"></td><td colspan="3"></td></tr>
<tr><td>极点配置后</td><td colspan="3"></td><td colspan="3"></td></tr>
</table>

附录A　自动控制教学实验系统构成及说明

A.1　构成

根据功能，本实验机划分了各种实验区，且这些实验区均在主实验板上。实验区组成如表A-1所示。

表A-1　实验装置上实验区的组成

分区	名　称	功　能	对应单元
A实验区	模拟运算单元	有6个模拟运算单元，每单元由多组电阻或电容构成的输入回路、反馈回路和1个运算放大器组成	A1～A6
	模拟运算扩充库	包括反相模拟运算单元(A8～A10)、校正网络库(A7)、放大器(A12)和(0～999.9) kΩ的直读式可变电阻、1个电位器及多个电容(A11)	A7～A12
B实验区	手控阶跃信号发生器	由手动调节幅度控制(电位器)，可调整阶跃发生器的输出电压信号的幅值。其可调范围为(0～+5) V、(-5～+5) V	B1
	函数发生器	可提供矩形波输出。矩形波的幅度和脉宽(电位器)均可调节	B4
	数/模转换器	十位数/模(D/A)转换，输出(-5～+5) V电压，可作为信号源正弦波、非线性特性(继电特性、饱和特性、死区特性、间隙特性)的输出	
	模/数转换器	十位A/D转换，采样电压范围为(-5～+5) V的模拟信号输入，可作为实验用A/D采样通道和非线性特性的输入	B2
	采样/保持器	2路采样/保持器LF398，单稳态电路4538	
	虚拟示波器	4路输入信号为(-5～+5) V，其中2路为不衰减输入，2路为可衰减3倍后输入，也可不衰减输入(包含在模/数转换器中)	B5
	整形模块	用于频率特性测试	B3
S实验区	电源控制	电源开关以及(+5、+12、-12)V电压输出端口插座	B6 S1
	基准电压	(+5.0、-5.00、+2.40)V电压基准，其中-5.00 V和+2.40 V可电位器微调	S2
	系统控制	由系统控制主CPU控制芯片、RS232通信芯片以及总清按钮组成	S3

主实验板外形尺寸为36 cm×28 cm，主实验板的布置简图如图A-1所示。

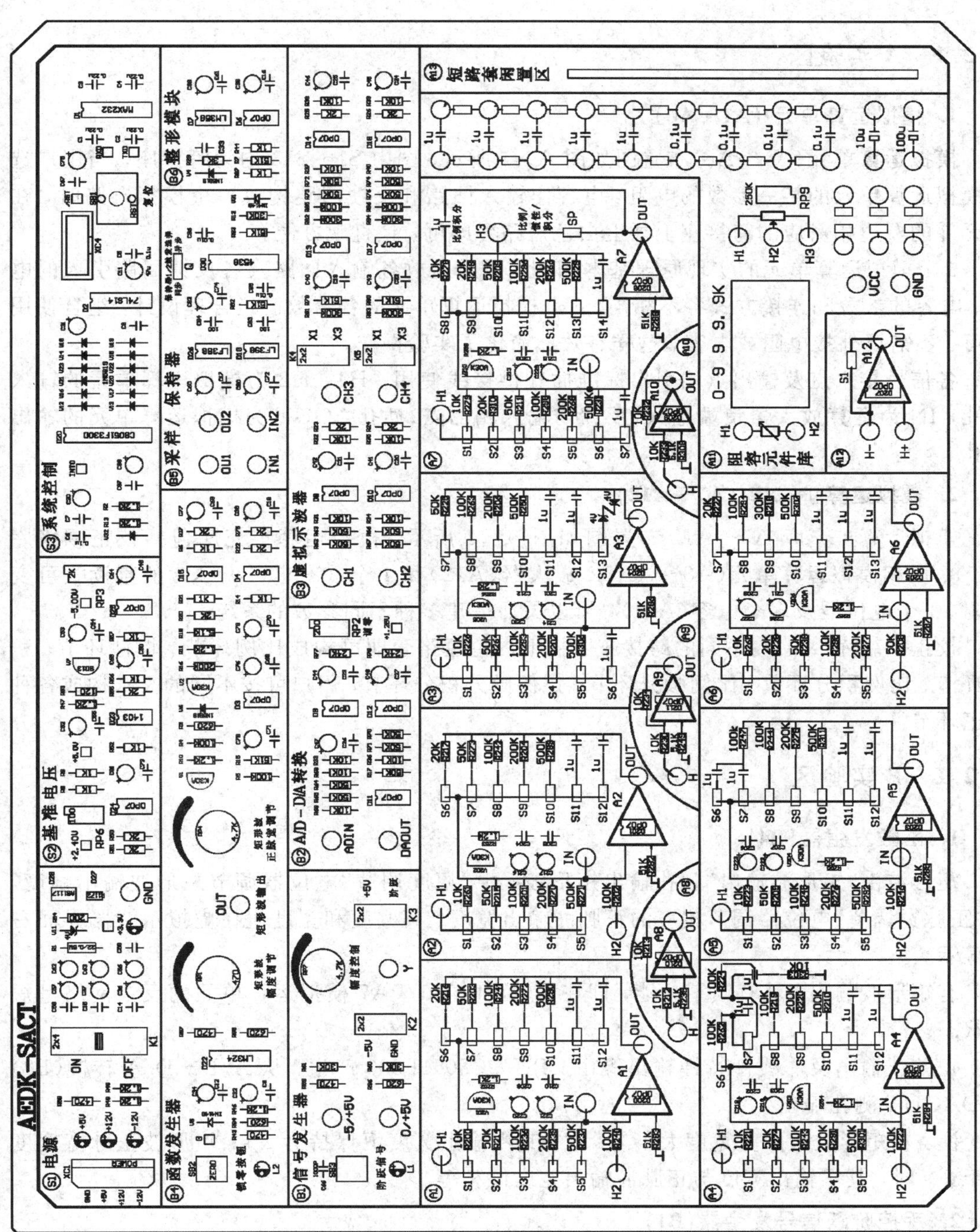

图A-1 主实验板的布置简图

A.2　实验装置布局说明

A.2.1　A 实验区

1. 模拟运算单元（A1～A6）

模拟运算单元(A1～A6)布置图如图 A-1 所示，图中 S1～S13 均为跨接座，当用户选中模拟运算单元的某一参数的电阻、电容作输入回路和反馈回路构成一个模拟电路时，在该元件的左边相对应的跨接座上插上白色短路套即可，且直观方便。

6 个模拟运算单元的实现原理基本相同，只是运放各输入回路及各反馈回路引入的电阻、电容的参数和连接方式各不相同。6 个模拟运算单元的各参数已经合理设计，组合使用即可，不需要外接电阻或电容，这样有效地简化了实验操作。

各信号接入点及输出点均引出标准插孔供接线使用。H1、H2 为模拟运算单元的输入插孔，IN 为运算放大器负端输入(反馈与输入相加点)插孔，OUT 为模拟运算单元的输出插孔。

2. 模拟运算扩充库（A7～A12）

模拟运算扩充库 A7～A12 布置图如图 A-1 所示。模拟运算扩充库包括校正网络库(A7)、反相模拟运算单元(A8～A10)、放大器(A12)和 1 个(0～999.9) kΩ 的直读式可变电阻、1 个电位器及多个电容(A11)，可以灵活搭建多种不同参数的系统。

校正网络库(A7)在不同的跨接座上插上白色短路套即可构成比例环节、惯性环节、积分环节、比例积分环节、比例微分环节、比例微分积分环节，用户可按不同的需求构成各种校正环节。

A.2.2　B 实验区

1. 函数发生器(B4)

矩形波由“矩形波输出”测孔输出矩形波，由“幅度调节”电位器调节矩形波输出幅度，由“正脉宽调节”电位器调节相应的正脉冲输出宽度，其幅度和宽度值在虚拟示波器界面右侧显示。

有矩形波输出，就有锁零功能，即在零输出时 A1～A7 模拟运算单元的反馈网络呈短路状态。

正弦波输出及非线性特性输出等由 CPU-C8051F330 产生，从 A/D-D/A 转换(B2)的 DAOUT 测孔输出。

注：当矩形波正脉宽宽度大于 2 s 时，其零输出宽度恒保持为 2 s；矩形波正脉宽宽度小于 2 s 时，其零输出宽度与正脉冲输出宽度值相等。

2. 手控阶跃信号发生器(B1)

手控阶跃发生模块由阶跃信号按钮 SB3、L1 灯及两个测孔组成。当按下按钮 SB3 时，L1 灯亮，其“0/+5 V”测孔将从 0 V 阶跃成+5 V，“-5 V/+5 V”测孔将从-5 V 阶跃成+5 V；当按钮弹出时，L1 灯灭，其输出状态相反。注：该按钮是一个带锁开关，如要改变状态，则必须再按一次。

幅度控制模块由开关 K2、K3 和电位器组成。开关 K2 的上端已连接了－5 V，下端已连接了 GND；开关 K3 的上端已连接了＋5 V，下端已连接了“0/＋5 V”阶跃信号输出。可以有三种状态输出：

(1) K2 开关拨下，K3 开关拨上，在电位器的 Y 测孔可得到“0～＋5 V”连续可调电压输出。

(2) K2 开关拨上，K3 开关也拨上，在电位器的 Y 测孔可得到“－5 V～＋5 V”连续可调电压输出。

(3) K2 开关拨下，K3 开关也拨下，在电位器的 Y 测孔将得到手控连续可调“0～＋5 V”阶跃信号。

3. A/D－D/A 转换(B2)

本实验机采用 C8051F330 自带的 A/D－D/A 转换器作为 D/A 转换和 A/D 转换，D/A 转换经运放处理后，在 DAOUT 测孔输出为(－5～＋5) V；A/D 转换经运放处理后，在 ADIN 测孔输入为(0～＋5) V。

4. 虚拟示波器(B3)

虚拟示波器提供四通道模拟信号输入 CH1～CH4 测孔，配合上位机软件的示波器窗口，可以实现波形的显示、存储，可以有效地观察实验中各点信号的波形。

该虚拟示波器有 4 路输入，其中 2 路为不衰减输入，2 路配有量程开关。当量程开关拨到×1 位置时，表示输入不衰减，输入范围(－5～＋5) V，如果超出此范围，应把量程开关拨到×3 位置，可衰减 3 倍后输入。

5. 采样/保持器(B5)

B5 模块包含两组采样/保持器，采用 LF398 实现保持。“IN”测孔为采样输入端；“OUT”测孔为输出端，采样控制端由方波控制(内部连线已连接)。该模块中的“保持器 1/2 触发选择”短路套可选择使该两组采样保持器同步或异步触发。

6. 整形模块(B6)

用于频率特性测试。

A.2.3 S 实验区

1. 电源控制(S1)

提供(±12、＋5、＋3.3)V(由＋5V 转)电源。K1 为电源开关。该单元中的 XC1 电源引出插座，用于与选购件板连接，为选购件板提供电源。

2. 基准电压(S2)

本单元可提供(＋5.0、－5.00、＋2.40)V 基准电压。其中－5.00 V 和＋2.40 V 基准电压可以通过调整该单元中的 RP3 和 RP6 电位器来调整基准电压。(在出厂时已调整好)

3. 系统控制(S3)

系统控制模块由 CPU-C8051F330D 及 MAX232 等芯片组成，并附有 C8051F330 编程插座 XC4，供二次开发用。

附录 B　虚拟示波器

B.1　时域示波器的使用

线性系统时域分析界面为时域示波器显示，是指显示界面中 X 轴为时间 t，Y 轴为电压 U。图 B-1 为示波器的时域显示运行界面，只要单击“开始”按钮，示波器就可以运行，此时可以用实验机上虚拟示波器(B3)单元的(CH1)、(CH2)、(CH3)和(CH4)测孔来采集、观察波形。其中 CH3 和 CH4 各有输入范围选择开关，当输入电压小于 −5 V 或大于 +5 V 时应选用×1 挡，如果大于此电压输入范围应选用×3 挡(表示输入信号衰减 3 倍后进入示波器)。

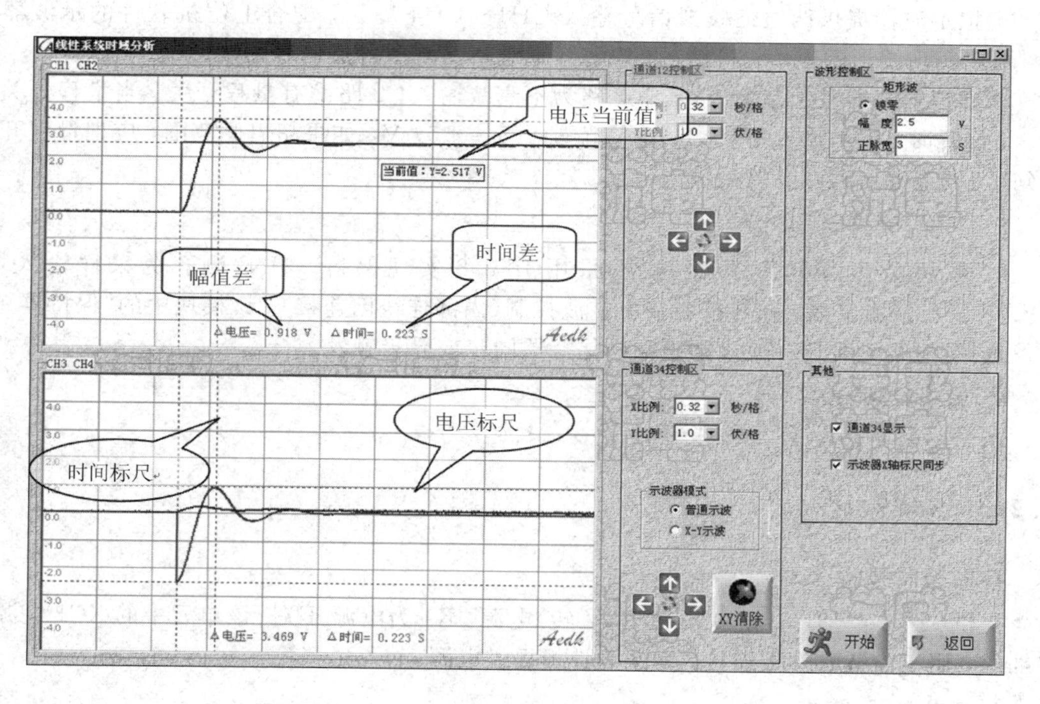

图 B-1　虚拟示波器时域显示运行界面

在计算机显示屏上，左半屏为两个示波显示界面，其中上面为通道(CH1)和(CH2)的显示界面，下面为通道(CH3)和(CH4)的显示界面。右半屏为示波器显示的控制区域，现介绍如下。

1. 控制区的操作使用

1）通道12控制区

通道12控制区中的控制按钮只对CH1和CH2示波器界面起作用。该控制区有X和Y坐标比例调节选择，以及界面显示的↑↓←→（上下左右）移动按钮，和在其中间的恢复控制按钮。

2）通道34控制区

通道34控制区中的控制按钮只对CH3和CH4示波器界面起作用。该控制区有X和Y坐标比例调节选择，以及界面显示的↑↓←→（上下左右）移动按钮，和在其中间的恢复控制按钮。示波器模式选择有两种："普通示波"和"X-Y"示波，"普通示波"X轴为时间t，Y轴为电压U；"X-Y"示波是指相平面显示方式，X轴为通道CH1或CH3，Y轴为CH2或CH4。"XY清除"按钮为清除波形显示。

3）波形控制区

波形控制区可设置信号输出参数，即可设置信号源矩形波的幅度和正脉宽度。注：界面设置参数的矩形波由B2单元（DAOUT）输出；界面参数不可设置的矩形波由函数发生器B4单元（OUT）输出，在未单击"开始"按钮之前，"OUT"（矩形波输出孔）接到虚拟示波器B3单元的"CH1"通道，调节"矩形波幅度调节"和"矩形波正脉宽"电位器，此时软件界面上可显示矩形波的宽度和幅度变化，用于实验开始之前对系统输入信号的调节和控制，其中矩形波幅度信息必须由CH1通道输入。

4）其他

其他控制选择有"通道34显示"和"示波器X轴标尺同步"。"通道34显示"可选择下面界面CH3和CH4虚拟示波器显示的开/关，系统默认为显示状态；"示波器X轴标尺同步"用于上下两幅界面X轴标尺调节的同步性，选择为同步调节时，调节任何一幅的X轴坐标比例，另一幅也做相应的调节；若不选择，则为异步调节方式，调节任何一幅的X轴坐标比例，另一幅不做改变。

5）开始、停止和返回

单击"开始"按钮运行实验界面，开始实验，相应的按钮变为"停止"；实验运行中单击"停止"按钮，则实验界面停止，此时可观察实验曲线波形；单击"返回"按钮，则关闭显示界面，返回到实验项目选择界面（注：单击"返回"按钮之前必须先停止实验！）

2. 显示区的操作使用

1）信号幅值测量

信号幅值测量有标尺测量和鼠标单击测量两种方法。

① 标尺测量：在显示界面的左右各有一条滑竿标尺（虚线），用户鼠标点住滑竿标尺上、下移动到显示界面中需标定的位置，此时界面下方将显示"Δ电压＝x. xxxV"，即为两个滑竿标尺的电压差值，如图B-1所示。

② 鼠标单击测量：当鼠标在显示界面上右键单击一下后，滑动到需要测量的点，此时鼠标跟随显示"当前值：Y＝x. xxxV"，即为当前鼠标所指点的电压值，如图B-1所示。

2）信号时间测量

① 移动波形。在运行开始到停止，示波器可能已采样了多幅波形，因此用户首先可单

击显示界面的 ←→ 按钮来获取显示所需的画面。

② 压缩/扩展波形。在显示界面的右方有一个“X 比例”选择框，可选择不同的显示比例，达到波形的压缩与扩展。

③ 信号时间的测量。当信号在显示界面处于最佳测量状态后，用户可以点住显示界面左右各一条的滑竿，左、右移动到波形需标定的点的位置，此时界面下方将显示“Δ 时间＝x. xxxS”，即为两个滑竿标尺的时间差值，如图 B－1 所示。

B. 2 频域示波器的使用

1. 控制区的操作使用

1）显示选择

显示选择有“全部显示”、“闭环幅频特性”、“闭环相频特性”、“闭环幅相特性”、“开环幅频特性”、“开环相频特性”、“开环幅相特性”7 种类型。用户为了便于观察，可以选择所需观察和曲线类型，选中后该曲线类型将放大。图 B－2 是“全部显示”时的界面。

2）闭环信息和开环信息

用于显示当前幅频特性、相频特性及幅相特性值。

3）进度信息

用于显示当前正在测试的角频率点的进度及本次实验测试的全部进度。

4）功能键

开始/停止键：单击“开始”键开始频率特性曲线实验，按键上的字变成“停止”；单击“停止”键结束频率特性曲线实验，按键上的字变成“开始”。

暂停/继续键：单击“暂停”键可中断当前频率特性测试，按键上的字变成“继续”；单击“继续”键可继续进行当前频率特性测试，按键上的字变成“暂停”。

返回键：返回上级界面。

截图键：如需要保存特性曲线，可在界面上单击“截图”键，然后在弹出的对话框中设置文件名和存放位置。

转时域键：在测试过程中，暂停后，或所设定的扫描角频率点测试全部结束后，单击该键，将转到“频率特性测试”界面上，单击“开始”键，可以“时域方式”观察正在测试的角频率点的时域特性。在该界面上单击“返回”键，则返回“频率特性曲线”界面继续特性曲线测试。

测试数据键：在测试结束后单击该键，将弹出“测试数据表”界面，显示本次实验测试的全部幅频特性、相频特性及幅相特性值。

搜索谐振频率键：在测试结束后单击该键，将自动搜索闭环特性的谐振峰值，同时把搜索过程中新增添的频率点补到原频率特性曲线上，直到搜索到谐振频率，自动停止搜索。若要中断搜索，则单击“停止搜索”键即可。注：搜索谐振频率时，应确保谐振峰值区域两侧各有已测的测试点！

搜索穿越频率键：在测试结束后单击该键，将自动搜索开环特性的穿越频率，同时把搜索过程中新增添的频率点补到原频率特性曲线上，直到搜索到穿越频率，自动停止搜索。

若要中断搜索，则单击“停止搜索”键即可。注：搜索穿越频率时，应确保穿越频率区域两侧各有已测的测试点！

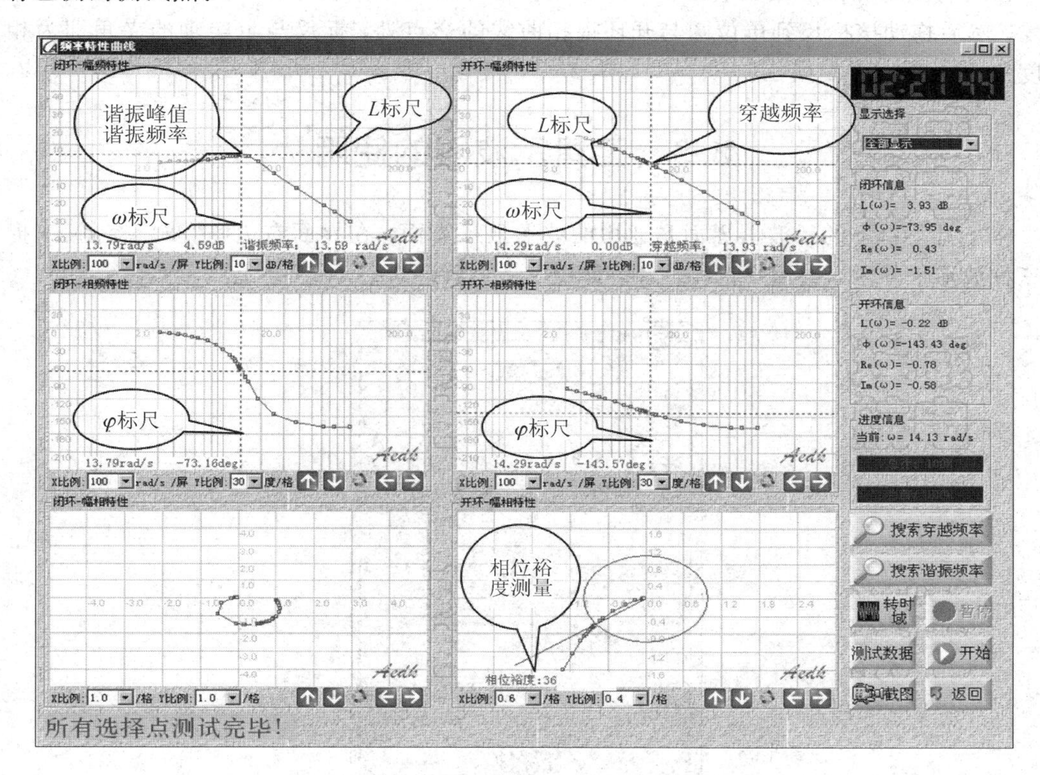

图 B-2　虚拟示波器频率特性曲线界面

2. 显示区的操作使用

1）标尺

在幅频特性、相频特性曲线上，可以拖动 ω 标尺、L 标尺、φ 标尺，在曲线图左下方会显示标尺值。在开环幅相特性曲线上，可以拖动相位裕度测量标尺，测量系统的相位裕度 γ 值。

2）鼠标

随着鼠标移动，在6个频率特性界面上分别显示鼠标所在位置的开/闭环幅频特性、相频特性及幅相特性坐标值；如果鼠标移动到频率特性曲线上已测试过的角频率点时，该点将变为绿色显示，同时显示相应值。例如，当鼠标在幅相特性曲线上移动时会显示鼠标所在位置的实部 Re 和虚部 Im，当鼠标移动到已测试过的角频率点时，该点将变为绿色显示，同时显示该点的实部 Re、虚部 Im 和该点的 ω 值。

3）增添新角频率点

在测试频率特性结束后，可以在幅频特性、相频特性曲线上增添新角频率点。

用户可移动鼠标到需增添的新角频率 ω 点处双击鼠标左键，该点测试完后，在特性曲线上将出现“黄色”的点，同时在界面右侧“闭环信息和开环信息”栏上显示该系统用户点取的角频率点的 ω、L、φ、Im、Re。如果增添的角频率点足够多，则特性曲线将成为近似光滑的曲线。

4）相位裕度的测量

在所有频率测试点结束后，在开环幅相特性界面区域单击一下，则会出现相位裕度的标尺，然后拖动该标尺到单位圆与开环幅相曲线的交点处，标尺与负实轴的夹角即为相位裕度角 γ，如图 B－2 所示。

B.3　工具示波器的使用

在工具菜单下的示波器界面是通用的波形显示界面，在界面右边的“波形控制区”提供了三种波形信号源，供用户选择使用，如图 B－3 所示。

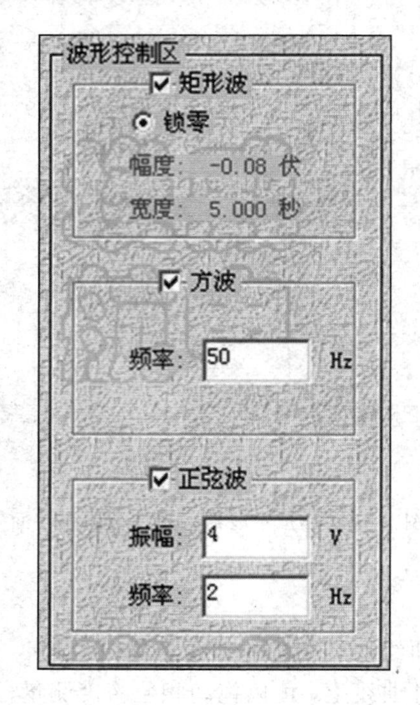

图 B－3　示波器界面波形控制区

当选择波形控制区中的“矩形波”选项时，相应的“锁零”控制有效；反之，若不选择“矩形波”选项，则“锁零”不起作用。程序开始运行后，B4 单元的“OUT”孔有矩形波输出。在未单击实验软件“开始”按钮之前，在实验机上函数发生器 B4 单元的“OUT”(矩形波输出孔)接到虚拟示波器 B3 单元的“CH1”通道，调节“矩形波幅度调节”和“矩形波正脉宽”电位器，此时软件界面上可显示矩形波的宽度和幅度变化，用于实验开始之前对系统输入信号的调节和控制。注：矩形波幅度信息必须由 CH1 通道输入。

当选择“方波”选项后，可设置方波的频率(Hz)，用于采样保持器的采样控制(内部已连线)。

当选择“正弦波”选项后，可设置正弦波的振幅和频率，程序开始运行后，B2 单元的“DAOUT”孔有相应的正弦波输出。

工具示波器界面上其他的功能选择和按钮使用可参阅“B.1 时域示波器的使用”。

参考文献

[1] 胡寿松. 自动控制原理[M]. 5版. 北京：科学出版社，2007.
[2] 胡寿松.自动控制原理[M]. 7版. 北京：科学出版社，2019.
[3] 胡寿松. 自动控制原理习题解析[M]. 3版. 北京：科学出版社，2018.
[4] 吴麒. 自动控制原理(上、下册)[M]. 2版. 北京：清华大学出版社，2006.
[5] 刘国海，杨年法. 自动控制原理[M]. 北京：机械工业出版社，2018.
[6] 千博，过润秋，屈胜利. 自动控制原理[M]. 西安：西安电子科技大学出版社，2018.
[7] 郑勇，等. 自动控制原理实验教程[M]. 北京：国防工业出版社，2010.
[8] 程鹏. 自动控制原理实验教程[M]. 北京：清华大学出版社，2008.
[9] 王素青. 自动控制原理实验与实践[M]. 北京：国防工业出版社，2015.
[10] 陈春俊，张洁，戴松涛. 控制原理与系统实验教程[M]. 成都：西南交大出版社，2007.
[11] 吴怀宇. 控制原理与系统分析实验教程[M]. 北京：电子工业出版社，2009.
[12] 戴亚平. 自动控制理论与应用实验指导[M]. 北京：机械工业出版社，2017.
[13] 景洲，张爱民. 自动控制原理实验指导[M]. 西安：西安交通大学出版社，2014.
[14] 阮谢永. 自动控制原理实验指导书[M]. 成都：电子科技大学出版社，2015.
[15] 降爱琴. 自动控制原理及系统实验实训教程[M]. 北京：中国电力出版社 2009.
[16] 李俊华，张国强，王敏. 自动控制原理简明教程[M]. 西安：西北工业大学出版社，2018.
[17] 陈祥光，孙玉梅，吴磊，等. 自动控制原理及应用[M]. 北京：清华大学出版社，2018.
[18] 张以杰，李瑞堂. 自动控制原理[M]. 西安：西北电讯工程学院，1986.
[19] 童诗白，华成英. 模拟电子技术基础[M]. 北京：清华大学出版社，2015.
[20] 孙肖子. 模拟电子电路及技术基础[M]. 3版.西安：西安电子科技大学出版社，2017.
[21] 李红，谢松法. 复变函数与积分变换[M]. 5版.北京：高等教育出版社，2018.
[22] 西安中晶电子有限公司实验箱配套实验指导书.